高等学校计算机科学与技术 **项目驱动案例实践** 系列教材

Java Web应用开发
与项目案例教程

梁立新 梁震戈 编著

清华大学出版社

北京

内 容 简 介

本书采用"项目驱动"教学模式,通过完整的项目案例系统地介绍 Java Web 应用开发技术。全书包括 Java Web 应用开发概述、Web 页面基础(HTML、CSS 和 JavaScript)、JDBC 核心技术、JDBC 高级技术、Servlet 核心技术、Session 状态持久化技术、Filter 和 Listener 技术、JSP 技术、MVC 模式和 JSP 自定义标签等内容。本书注重理论与实践相结合,内容翔实,提供大量实例,突出应用能力和创新能力的培养,将一个实际项目的知识点分解在各章作为案例讲解,是一本实用性突出的教材。

本书可作为普通高等学校计算机类专业本专科相关课程的教材,也可供相关应用设计与开发人员参考使用。

图书在版编目(CIP)数据

Java Web 应用开发与项目案例教程/梁立新,梁震戈编著. —北京:清华大学出版社,2021.12
高等学校计算机科学与技术项目驱动案例实践系列教材
ISBN 978-7-302-59582-3

Ⅰ.①J… Ⅱ.①梁… ②梁… Ⅲ.①JAVA 语言－程序设计－高等学校－教材 Ⅳ.①TP312.8

中国版本图书馆 CIP 数据核字(2021)第 238563 号

责任编辑:张瑞庆
封面设计:常雪影
责任校对:徐俊伟
责任印制:刘海龙

出版发行:清华大学出版社
   网   址:http://www.tup.com.cn,http://www.wqbook.com
   地   址:北京清华大学学研大厦 A 座   邮 编:100084
  社 总 机:010-62770175   邮 购:010-83470235
  投稿与读者服务:010-62776969,c-service@tup.tsinghua.edu.cn
  质量反馈:010-62772015,zhiliang@tup.tsinghua.edu.cn
  课件下载:http://www.tup.com.cn,010-83470236
印 装 者:三河市铭诚印务有限公司
经 销:全国新华书店
开 本:185mm×260mm   印 张:22   字 数:533 千字
版 次:2021 年 12 月第 1 版   印 次:2021 年 12 月第 1 次印刷
定 价:69.00 元

产品编号:087984-01

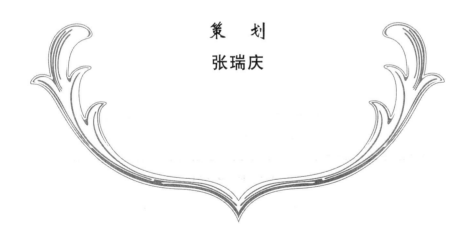

序　言　1

作为教育部高等学校计算机科学与技术教学指导委员会的工作内容之一，自从 2003 年参与清华大学出版社的"21 世纪大学本科计算机专业系列教材"的组织工作以来，陆续参加或见证了多个出版社的多套教材的出版，但是现在读者看到的这一套"高等学校计算机科学与技术项目驱动案例实践系列教材"有着特殊的意义。

这个特殊性在于其内容。这是第一套我所涉及的以项目驱动教学为特色，实践性极强的规划教材。如何培养符合国家信息产业发展要求的计算机专业人才，一直是这些年人们十分关心的问题。加强学生的实践能力的培养，是人们达成的重要共识之一。为此，高等学校计算机科学与技术教学指导委员会专门编写了《高等学校计算机科学与技术专业实践教学体系与规范》(清华大学出版社出版)。但是，如何加强学生的实践能力培养，在现实中依然遇到种种困难。困难之一，就是合适教材的缺乏。以往的系列教材，大都比较"传统"，没有跳出固有的框框。而这一套教材，在设计上采用软件行业中卓有成效的项目驱动教学思想，突出"做中学"的理念，突出案例(而不是"练习作业")的作用，为高校计算机专业教材的繁荣带来了一股新风。

这个特殊性在于其作者。本套教材目前规划了十余本，其主要编写人不是我们常见的知名大学教授，而是知名软件人才培训机构或者企业的骨干人员，以及在该机构或者企业得到过培训的并且在高校教学一线有多年教学经验的大学教师。我认为这样一种作者组合很有意义，他们既对发展中的软件行业有具体的认识，对实践中的软件技术有深刻的理解，对大型软件系统的开发有丰富的经验，也有在大学教书的经历和体会，他们能在一起合作编写教材本身就是一件了不起的事情，没有这样的作者组合是难以想象这种教材的规划编写的。我一直感到中国的大学计算机教材尽管繁荣，但也比较"单一"，作者群的同质化是这种风格单一的主要原因。对比国外英文教材，除了 Addison Wesley 和 Morgan Kaufmann 等出版的经典教材长盛不衰外，我们也看到 O'Reilly"动物教材"等的异军突起——这些教材的作者，大都是实战经验丰富的资深专业人士。

这个特殊性还在于其产生的背景。也许是由于我在计算机技术方面的动手能力相对比较弱，其实也不太懂如何教学生提高动手能力，因此一直希望有一个机会实际地了解所谓"实训"到底是怎么回事，也希望能有一种安排让现在

教学岗位的一些青年教师得到相关的培训和体会。于是作为 2006—2010 年教育部高等学校计算机科学与技术教学指导委员会的一项工作，我们和教育部软件工程专业大学生实习实训基地（亚思晟）合作，举办了 6 期"高等学校青年教师软件工程设计开发高级研修班"，时间虽然只是短短的 1～2 周，但是对于大多数参加研修的青年教师来说都是很有收获的一段时光，在对他们的结业问卷中充分反映了这一点。从这种研修班得到的认识之一，就是目前市场上缺乏相应的教材。于是，这套"高等学校计算机科学与技术项目驱动案例实践系列教材"应运而生。

当然，这样一套教材，由于"新"，难免有风险。从内容程度的把握、知识点的提炼与铺陈，到与其他教学内容的结合，都需要在实践中逐步磨合。同时，这样一套教材对我们的高校教师也是一种挑战，只能按传统方式讲软件课程的人可能会觉得有些障碍。相信清华大学出版社今后将和作者以及高等学校计算机科学与技术教学指导委员会一起，举办一些相应的培训活动。总之，我认为编写这样的教材本身就是一种很有意义的实践，祝愿成功。也希望看到更多业界资深技术人员加入到大学教材编写的行列中来，和高校一线教师密切合作，将学科、行业的新知识、新技术、新成果写入教材，开发适用性和实践性强的优秀教材，共同为提高高等教育教学质量和人才培养质量做出贡献。

原教育部高等学校计算机科学与技术教学指导委员会副主任、北京大学教授

序　言　2
项目驱动是学习计算机最好的方法

　　应梁立新老师之邀,我为他主持编著的"高等学校计算机科学与技术项目驱动案例实践系列教材"写个序言。时值庚子年疫情,我正在深圳坪山的一个酒店里接受隔离,得以有更多时间对过去几十年来亲历的国内外计算机的教与学进行双向反思,特别是通过对近距离接触过的不同教育背景培养出来的计算机软件人才,在面向大型应用软件工程开发项目时的表现进行比较,切实感受到我们的工科教育,由开始学习基础理论科目,到学习专业基础课,再到毕业设计论文/课题的传统模式,应该彻底改革了,尤其是在应用技术专业类教学方面。

　　那么,什么是学习计算机技术最好的方法呢? 回答这个问题之前,我们先看看近年来德国和美国是怎么做的。

　　德国雷根斯堡应用技术大学莫托克(Mottok)教授与深圳技术大学大数据与互联网学院共建了一个实验室——中德工业安全与应用实验室。我们有个中德在线教育的合作研究项目也正在进行中。当聊起两国之间教育效果的比较话题时,莫托克教授介绍说,他的研究小组从人类学习的角度,把一个人掌握知识的过程分为 5 个层次:考试(Examination),经历(Experience),案例(Example),解释(Explanation),揭示(Exposure),简称 Ex^5 模型。其中,考试是最直观的:能够结合自己的经历,加上一些案例分析,再用自己的语言直白地解释出来。这是一个逐渐提升的过程。然而,最难的,也是最好的,则是那些能够揭示概念、现象和过程中各种因素之间相互关系的部分。

　　无独有偶。最近几年,在美国众多的工程类大学中,最受家长和学生关注的,并不是传统的 MIT、Caltech、Stanford 等几所名校。排名蹿升最快的是一所位于波士顿附近的私立本科工程大学——富兰克林欧林学院(Franklin W. Olin College of Engineering,又称 Olin College,欧林学院)。这个学院不大,最大的特色是坚持以实用教育为导向,与许多传统的"先理论后实践"的工程院校不同,这个学院强调的不仅仅是教授基本知识概念,而且要求学生把各个知识点与实际生活中的问题联系起来,找出解决方案。换句话说,就是以解决实际问题为导向,以项目为驱动。

　　其实大家都知道,日常生活中,学得好,干得好,教得好,这是 3 个完全不同层面的事。学得好是一回事儿,干得好是另一回事儿。要想做到教得好,除了学得好之外,教者自身还必须具有丰富的实战经验,就是我们常说的项目经验。

FOREWORD

最能把德国莫托克教授说的 5 个层次有效打通的一个方法,也是美国欧林学院坚持的实用教育原则,就是项目驱动型教学,即学生有目标,以项目为驱动;教师有实战经验,可以把相关的不同案例结合新知识,解释给学生听。在学与教的过程中,可以揭示各个知识点之间的相互联系,便于学生真正掌握知识,并且运用知识工具解决实际问题。同时,在解决实际问题中不断总结、学习,逐步完善、提高和创新,在实践中将这些知识和经验逐步融合成学生自我的综合素质。

梁立新老师在中国、美国和加拿大等国家的很多地方有多年一线计算机项目开发及实战经验。他早年在北京创办的计算机专业培训公司,为业界输送了大量市场急需的编程人才。"高等学校计算机科学与技术项目驱动案例实践系列教材"的最大特点,就是把理论知识与实践案例相结合,以项目驱动,认知学习。相信这套系列教材能够帮助学生尽快掌握计算机基础知识,从学习到实践,把自己掌握的技术知识,熟练应用到社会需求的各个领域,为将来成为行业专才打下坚实的基础。

相韶华

深圳零一学院执行院长、教授

前　言

　　21世纪,什么技术将影响人类的生活? 什么产业将决定国家的发展? 信息技术与信息产业是首选的答案。高等学校学生是企业和政府的后备军,国家教育行政部门计划在高校中普及信息技术与软件工程教育。经过多所高校的实践,信息技术与软件工程教育受到学生的普遍欢迎,取得了很好的教学效果。然而也存在一些不容忽视的共性问题,其中突出的就是教材问题。

　　从近两年信息技术与软件工程教育研究来看,许多任课教师提出目前教材不合适。具体体现在:第一,信息技术与软件工程专业的术语很多,对于没有这些知识背景的学生学习起来具有一定难度;第二,书中案例比较匮乏,与企业的实际情况相差太远,致使案例可参考性差;第三,缺乏具体的课程实践指导和真实项目。因此,针对高等学校信息技术与软件工程课程教学特点与需求,编写适用的规范化教材已刻不容缓。

　　本书就是针对以上问题编写的。作者希望推广一种最有效的学习与培训的捷径,这就是Project-Driven Training,也就是用项目实践来带动理论的学习(或者叫作"做中学")。基于此,作者将"艾斯医药商务系统"项目案例贯穿于Java Web应用开发各个模块的理论讲解,包括:Java Web应用开发概述,Web页面基础(HTML、CSS和JavaScript),JDBC核心技术,JDBC高级技术,Servlet核心技术,Session状态持久化技术,Filter和Listener技术,JSP技术,MVC模式和JSP自定义标签等。通过项目实践,可以对技术应用有明确的目的性(为什么学),也可以对技术原理更好地融会贯通(学什么),还可以更好地检验学习效果(学得怎样)。

　　本书具有如下特色。

　　(1) 重项目实践。

　　作者多年从事项目开发的经验和体会是"IT是做出来的,不是想出来的";理论虽然重要,但一定要为实践服务;以项目为主线,带动理论的学习是最好、最快、最有效的方法。本书的特色是提供了一个完整的医药商务系统项目。通过本书,希望读者能够对Java Web开发技术和流程有个整体了解,减少对项目的盲目感和神秘感,能够根据本书的体系循序渐进地动手做出自己的真实项目。

　　(2) 重理论要点。

　　本书以"艾斯医药商务系统"项目实践为主线,着重介绍Java Web开发理论

PREFACE

中最重要、最精华的部分,以及它们的融会贯通,而不是面面俱到,没有重点和特色。读者首先通过项目把握整体概貌;然后深入局部细节,系统学习理论;最后不断优化和扩展细节,完善整体框架和改进项目。本书既有 Java Web 项目开发的整体框架,又有重点理论和技术。一书在手,思路清晰,项目无忧。

为了便于教学,本书配有教学课件,读者可从清华大学出版社的网站(www.tup.com.cn)下载。

本书第一作者梁立新的工作单位为深圳技术大学,本书获得深圳技术大学的大力支持和教材出版资助,在此特别感谢。

由于编者的水平有限,书中难免有不足之处,敬请广大读者批评指正。

梁立新

2021 年 9 月

C O N T E N T S

目　录

第一部分　概　　述

第二部分　Web 页面基础

CONTENTS

第三部分　JDBC

C O N T E N T S

第四部分　Servlet

C O N T E N T S

第五部分　JSP

C O N T E N T S

CONTENTS

第一部分　概　　述

学习目的与要求

本章简要介绍 Java Web 应用开发涉及的相关技术。通过本章的学习,能够了解 Java Web 应用的整体技术组成以及各部分技术在 Web 开发中的相关应用;对 Java Web 应用开发形成整体认识,以利于后续相关内容的学习。

本章主要内容

- Web 页面基础。
- Java 技术。
- 开发工具。

目前,国内外信息化建设已经进入以 Web 应用为核心的时代。Java 语言是 Web 应用中最热门的编程语言之一,有着广阔的应用前景。概括起来,实施 Java Web 应用开发需要重点掌握以下内容。

(1) Web 页面基础:包括 HTML(Hypertext Markup Language,超文本标记语言)、CSS(Cascading Style Sheets,层叠样式表)和 JavaScript。

(2) Java 技术:包括 JDBC(Java Database Connectivity,Java 数据库连接)、Servlet 和 JSP(Java Server Pages,Java 动态页面)。

(3) 开发工具:包括关系数据库管理系统、Web 服务器和集成开发环境。

1.1 Web 页面基础

Web 页面基础包括 3 个部分:HTML 负责页面的内容部分;CSS 负责页面的表现部分;JavaScript 负责页面的行为部分。三者相互分离,又一起工作。

1.1.1　HTML

HTML 是一种用来制作超文本文档的简单标记语言,是网页制作的基本语言。用 HTML 编写的超文本文档称为 HTML 文档。HTML 的作用就是对网页的内容、格式及网页中的超链接进行描述,然后由网页浏览器读取网站上的 HTML 文档,再根据此类文档中的描述组织并显示相应的 Web 页面。

HTML 是 Web 编程的基础,它具有以下基本特点。

(1) 简易性:HTML 版本升级采用超集方式,从而更加灵活方便。

(2) 可扩展性:HTML 的广泛应用带来了加强功能和增加标识符等要求,HTML 采取子类元素的方式,为系统扩展带来保证。

(3) 平台无关性:HTML 可以使用在广泛的平台上,能独立于各种操作系统(如 UNIX、Windows 等)。

(4) 通用性:HTML 是网络的通用语言,它允许网页制作人建立文本与图片相结合的复杂页面,这些页面可以被网上任何其他人浏览到,无论使用的是什么类型的计算机或浏览器。

1.1.2　CSS

在编写 HTML 文档时,我们通常会希望具有一定的格式,比如同级章节标题的字体、字号、颜色等要一致,图片和表格的编排要按照某种规则等。如果对每个元素分别去设定其格式,那么对于篇幅较长的文档工作量会相当大,并且当修改某个规则时,所有元素都要重新编排,这样会带来很多不便。

CSS 就是来解决这些问题的。CSS(Cascading Style Sheets,层叠样式表)是指格式,是各种网页元素所呈现的形态,比如网页中文本的字体、字号、颜色、图片的编排等。CSS 是用于增强控制网页样式并允许将表现信息与网页内容分离的一种语言。CSS 提供比 HTML 标签属性更多的特性让用户设置,应用起来也相对灵活。

使用 CSS 不仅能使页面的字体变得更漂亮、更容易编排,而且还能使设计者轻松地控制页面的布局。如果想将许多网页的风格、格式同时更新就不用再一页页地更新了,而是可以将站点上的网页风格设置为用一个 CSS 文件控制,只要修改这个控制文件中的相应部分就可以改变所有页面的风格。

使用 CSS 有以下 3 个优点。

(1) 格式和内容相分离。

(2) 提高页面的浏览速度。

(3) 易于维护。

1.1.3　JavaScript

为了提高 Web 页面的行为和性能,提供人机交互的友好界面,在 Web 开发中可以使用 JavaScript 网页脚本语言。JavaScript 在客户端执行,速度快,在设计 Web 项目时起着不可忽视的作用。

JavaScript 是一种由浏览器解释的脚本语言。对于传统的网页交互,客户端的一举一动都必须经过服务器端的响应才能反馈回来,而 JavaScript 能够在客户端代替服务器端做某些事情,从而提升用户体验。它具有以下基本特点。

(1) 它是一种脚本语言:JavaScript 是一种脚本语言,采用小程序段的方式实现编程。与其他脚本语言一样,JavaScript 同样也是一种解释性语言。它的基本结构形式与 C、C++、VB 十分类似,但与这些语言不同的是,它无须编译,而是在程序运行过程中被逐行地解释执行。

(2) 基于对象的语言:JavaScript 是基于对象的(Object-Based),而不是面向对象的。之所以说它是一门基于对象的语言,主要是因为它没有提供抽象、继承、重载等有关面向对象语言的特性,而是把其他语言所创建的复杂对象统一起来,形成一个非常强大的对象系统。虽然 JavaScript 是基于对象的,但它还是具有一些面向对象的基本特征。它可以根据需要创建自己的对象,从而进一步扩大 JavaScript 的应用范围,增强编写功能强大 Web 应用的能力。

(3) 简单性:JavaScript 的简单性主要体现在:①它是一种基于 Java 基本语句和控制流之上的简单而紧凑的设计;②它的变量类型是采用弱类型,并未使用严格的数据类型。

(4) 安全性:JavaScript 是安全的,它不允许访问本地的硬盘,并不能将数据存入到服务器上,不允许对网络文档进行修改和删除,只能通过浏览器实现信息浏览或动态交互,从而有效地防止数据的丢失。

(5) 动态性:JavaScript 是动态的,它可以直接对用户或客户输入做出响应,无须经过 Web 服务程序。它对用户的响应,是采用以事件驱动的方式进行的。事件驱动是指在页面中执行了某种操作所产生的动作。例如,按下鼠标、移动窗口、选择菜单等都可以被视为事件。当事件发生后,可能会引起相应的事件响应。

1.2 Java 技术

Java 技术体系比较庞大,包括多项技术规范。对于 Web 项目开发而言,包含 JDBC、Servlet 和 JSP 等基本技术。

1.2.1 JDBC 技术

在 Java Web 应用开发中,数据库系统的使用不可或缺。JDBC 是为在 Java 应用中访问数据库而设计的一组 Java API,是 Java 数据库应用开发的一项核心技术。

JDBC 可以为多种关系数据库提供统一访问,它由一组用 Java 语言编写的类和接口组成。JDBC 提供了一种基准,据此可以构建更高级的工具和接口,使数据库开发人员能够编写数据库应用程序。JDBC 为访问不同的数据库提供了一种统一的途径,为开发者屏蔽了一些细节问题。JDBC 的目标是让 Java 程序员实现用 JDBC 连接任何提供了 JDBC 驱动程序的数据库系统,这样就使得程序员无须对特定的数据库系统的特点有过多了解,从而大大简化和加快了开发过程。

简单来讲,JDBC 可做 3 件事:

(1) 与数据库建立连接。

(2) 发送 SQL 语句。

（3）处理结果。

1.2.2 Servlet 技术

Servlet 是运行在服务器端的程序。Servlet 由 Web 服务器（如 Tomcat）加载和执行，Web 服务器将客户端的请求传递给 Servlet，Servlet 执行相应方法，由服务器将响应结果返回给客户端。

Servlet 具有以下主要优点。

（1）Servlet 是持久的。Servlet 只需被 Web 服务器加载一次，而且可以在不同请求之间保持服务（如数据库连接）。

（2）Servlet 是与平台无关的。Servlet 是用 Java 语言编写的，它继承了 Java 语言的平台无关性。

（3）Servlet 是可扩展的。它具备了 Java 语言所能带来的所有优点。Java 语言是健壮的、面向对象的编程语言，容易扩展以适应新的需求，Servlet 自然也具备了这些特征。

（4）Servlet 是安全的。从外界调用一个 Servlet 的唯一方法就是通过 Web 服务器，这提供了高水平的安全性保障，尤其是在 Web 服务器有防火墙保护的时候。

1.2.3 JSP 技术

JSP（Java Server Pages）是从 Servlet 上分离出来的一部分，简化了开发，加强了界面设计。JSP 定位于交互网页的开发，但功能较 Servlet 弱了很多，并且高级开发中只充当用户界面部分。JSP 容器收到客户端发出的请求时，首先执行其中的程序片段，然后将执行结果以 HTML 格式响应给客户端。其中程序片段可以是：操作数据库、重新定向网页以及发送 E-mail 等，这些都是建立动态网站所需要的功能。所有操作都在服务器端执行，网络上传送给客户端的仅是得到的结果，客户端的浏览器将结果展现。因此，JSP 称为服务器端语言（Server-Side Language）。

JSP 的主要优点如下。

（1）一次编写，到处执行特性。作为 Java 平台的一部分，JSP 技术拥有 Java 语言"一次编写，到处执行"（Write Once，Run Anywhere）的特性。随着越来越多的开发商将 JSP 技术添加到他们的产品中，用户可以针对自己公司的需求，做出审慎评估后，选择符合公司成本及规模的服务器。假若未来的需求有所变更时，更换服务器平台并不影响之前所投下的成本、人力所开发的应用程序。

（2）搭配可重复使用的组件。JSP 技术可依赖于重复使用跨平台的组件（如 JavaBean 或 Enterprise JavaBean 组件）来执行更复杂的运算、数据处理。开发人员能够共享开发完成的组件，或者能够加强这些组件的功能，让更多用户或是客户团体使用。基于组件的开发方式，可以加快整体开发过程，也大大降低公司的开发成本和人力。

（3）采用标签化页面开发。Web 网页开发人员不一定都是熟悉 Java 语言的程序员。因此，JSP 技术将许多功能封装起来成为一个自定义的标签。这些功能是完全根据 XML 的标准来制定的，即 JSP 技术中的标签库（Tag Library）。因此，Web 页面开发人员可以运用自定义好的标签来达成工作需求，而无须再写复杂的 Java 语法，让 Web 页面开发人员亦能快速开发出动态内容网页。今后，第三方开发人员和其他人员可以为常用功能建立自己的标签库,让 Web 网页开发人员能够使用熟悉的开发工具,采用如同 HTML 一样的标签语法来实现特定功能。

(4) N-tier 企业应用架构的支持。鉴于网络的发展,为适应未来服务越来越繁杂的要求,且不再受地域的限制,我们必须放弃以往 Client-Server 的 Two-tier 架构,进而转向更具弹性的分布式对象系统。JSP 技术是 Java Enterprise Edition(JavaEE)中的一部分,它主要负责前端显示经过复杂运算后的结果内容,而分布式的对象系统则主要依赖 EJB (Enterprise JavaBean)和 JNDI(Java Naming and Directory Interface)构建而成。

1.3　开发工具

1.3.1　关系数据库管理系统

在实际的 Web 应用中,数据库的应用必不可少,所以需要对数据库管理系统有所了解。

关系数据库管理系统(Relational Database Management Systems,RDBMS)通过由数据、关系和对数据的约束三者组成的数据模型来存放和管理数据。在关系数据库中数据以行和列的形式存储,以便于用户理解,这一系列的行和列被称为表,一组表便组成了数据库。在关系数据库中,各数据项之间用关系来组织。关系是表之间的一种连接,通过关系可以更灵活地表示和操纵数据。

本书主要介绍和使用 MySQL 数据库。

MySQL 是一个中小型关系数据库管理系统,开发者为瑞典 MySQL AB 公司。目前,MySQL 被广泛地应用在 Internet 上的中小型网站中。与其他大型数据库(如 Oracle、DB2、SQL Server 等)相比,MySQL 有它的不足之处,如规模小、功能有限等,但是这丝毫也没有减少它受欢迎的程度。由于其体积小、速度快、总体拥有成本低,尤其是开放源码这一特点,使许多中小型网站为了降低网站总体成本而选择 MySQL 作为网站数据库。

MySQL 是一个多用户、多线程的 SQL 数据库,是一个采用客户/服务器结构的应用,它由一个服务器守护程序 mysqld 以及很多不同的客户程序和库组成。它是目前市场上运行最快的 SQL(Structured Query Language,结构化查询语言)数据库之一,它的功能特点是:可以同时处理几乎不限数量的用户,处理 500 万条以上的记录,命令执行速度快,简单有效的用户特权系统。

1. 下载并启动 MySQL 安装向导

可以从 http://dev.mysql.com/downloads/下载 MySQL Community Server 安装软件包。建议安装 MySQL 5.5 之后的版本,这里我们使用的是 MySQL 8.0.19。如果下载的安装软件包在 Zip 文件中,需要先提取文件。解压缩后如果包含 setup.exe 文件,双击启动安装过程。如果有.msi 文件,那么双击启动安装过程。

2. 选择安装类型

有 3 种安装类型:Typical(典型安装)、Complete(完全安装)和 Custom(定制安装)。Typical 只安装 MySQL 服务器、mysql 命令行客户端和命令行实用程序。命令行客户端和实用程序包括 mysqldump、myisamchk 以及其他几个工具，以帮助用户管理 MySQL 服务器。

Complete 将安装软件包内包含的所有组件。完全安装软件包包括的组件包括嵌入式服务器库、基准套件、支持脚本和文档。

Custom 允许用户完全控制想要安装的软件包和安装路径。

如果用户选择 Typical 或 Complete 安装并单击 Next 按钮，将进入确认窗口确认选择并开始安装。如果用户选择 Custom 并单击 Next 按钮，将进入定制安装对话框。

安装之后 MySQL 将会以服务的方式启动并运行。

1.3.2　Web 服务器

在应用方面，Web 服务器主要是针对于应用的配置和部署，如对配置文件属性的修改，对访问权限和并发性的控制等。

本书会重点介绍 Tomcat 服务器的使用。Tomcat 是一个免费的开源的 Web 服务器，它是 Apache 基金会 Jakarta 项目中的一个核心项目，由 Apache 的其他一些公司及个人共同开发而成。

Tomcat 提供了各种平台的版本供下载，我们建议使用的是 Tomcat 8.5 版，可以从 https://tomcat.apache.org/index.html 上下载其源码版或者二进制版。由于 Java 的跨平台特性，基于 Java 的 Tomcat 也具有跨平台性。

1. Tomcat 的安装

Tomcat 的安装非常简单，只需下载 zip/tar.gz 任何压缩文件，之后将此文件解压到某目录。这样将会生成一子目录，如"apache-tomcat-8.5.34"。接下来设置环境变量 JAVA_HOME 指向 JDK 的目录。最后使用"bin"目录中的脚本启动与关闭 Tomcat。

（1）启动。

UNIX：bin/startup.sh。

Win32：bin\startup.bat。

（2）关闭。

UNIX：bin/shutdown.sh。

Win32：bin\shutdown.bat。

2. Tomcat 的主要目录结构

假设你已将 Tomcat 解压，你会得到目录结构，目录名将在下面一一描述。

- bin：存放二进制命令等，包含启动/关闭脚本等。
- conf：存放不同的配置文件，包括 server.xml(Tomcat 的主要配置文件)和为不同的 Tomcat 配置的 Web 应用设置默认值的文件 web.xml。
- lib：包含 Tomcat 使用的 JAR 格式文件。UNIX 或 Windows 平台下此目录中的任何文件都被加到 Tomcat 的 classpath 中。
- logs：Tomcat 摆放日志文件(log file)的地方。
- webapps：包含所部署的 Web 应用项目。

此外 Tomcat 会创建如下目录。

work：Tomcat 自动生成，放置 Tomcat 运行时的临时文件（如编译后的 JSP 文件）。我们在调试 JSP 程序时，要用到这些编译成 Servlet 的文件。如果在 Tomcat 运行时删除此目录，则 JSP 页面将不能运行。（JSP 将在后面详细介绍）

1.3.3　集成开发环境

"工欲善其事，必先利其器。"对于 Web 应用开发人员来讲，好的集成开发环境（Integrated Development Environment，IDE）是非常重要的。目前在市场上占主导位置的一个 Java 集成开发平台就是基于 Eclipse 的 MyEclipse 工具。我们将使用 MyEclipse 来开发 Java Web 应用，这里我们选择 MyEclipse 2017 版本作为开发工具，读者可以到 https://www.myeclipsecn.com 网址下载并安装。

MyEclipse 2017 集成（内置）了 Java Development Kit 和 Tomcat 8.5，这样就不需要单独安装它们了。（当然，为了测试和部署的方便性，像 1.3.2 节所述，也可以单独安装 Tomcat。）

1.3.4　开发工具的集成

1. MyEclipse 连接 Tomcat

MyEclipse 2017 中已经内置了 Tomcat 8.5，我们不需要单独再安装。当然，也可以选择外部独立的 Tomcat，下面进行介绍。

（1）确定自己下载并安装了 Tomcat 8.5，假定安装目录是 C:\apache-tomcat-8.5.34。之后打开 MyEclipse 2017。

（2）选择 Window→Preferences 命令，进入如图 1-1 所示的界面。

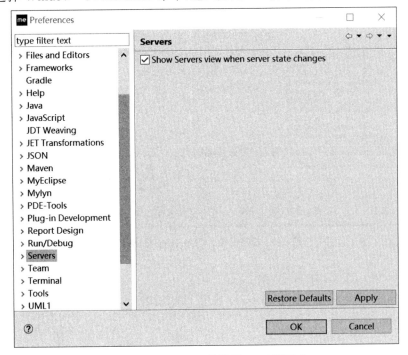

图 1-1　MyEclipse 连接 Tomcat 界面 1

（3）选择 Servers→Runtime Environments 命令，如图 1-2 所示。

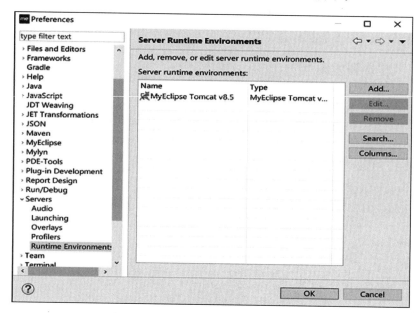

图 1-2　MyEclipse 连接 Tomcat 界面 2

（4）单击 Add 按钮，选择 Tomcat→Apache Tomcat v8.5 命令，如图 1-3 所示。

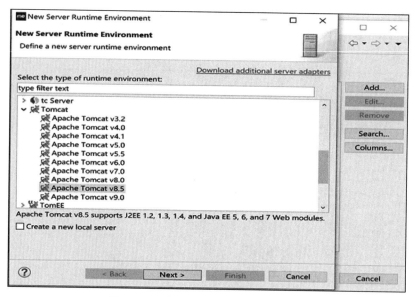

图 1-3　MyEclipse 连接 Tomcat 界面 3

（5）单击 Next 按钮，如图 1-4 所示。

（6）单击 Browse 按钮，找到 Tomcat 在本机的安装目录，这里是 C:\apache-tomcat-8.5.34，如图 1-5 所示。

（7）单击"确定"按钮即可。

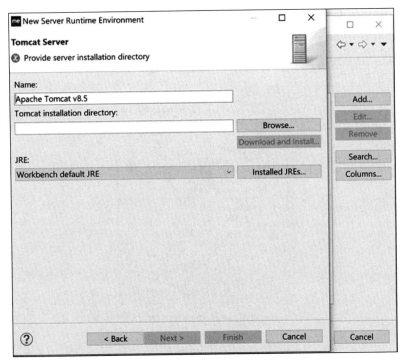

图 1-4 MyEclipse 连接 Tomcat 界面 4

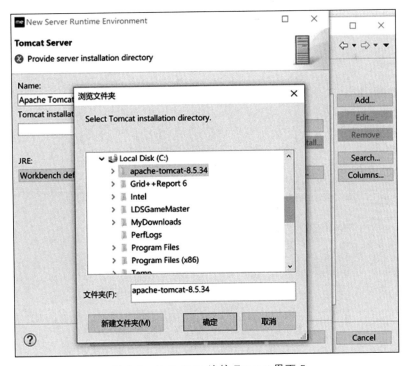

图 1-5 MyEclipse 连接 Tomcat 界面 5

2. MyEclipse 连接 MySQL 数据库

（1）选择 Window→Show View 命令，打开如图 1-6 所示的界面。

图 1-6　MyEclipse 连接 MySQL 界面 1

（2）在 Show View 窗口中选择 Database→DB→Browser 命令，单击 OK 按钮，结果如图 1-7 所示。

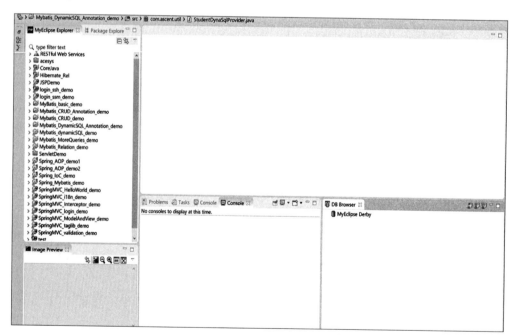

图 1-7　MyEclipse 连接 MySQL 界面 2

（3）上面操作打开了 DB Browser 视图，在该视图的空白区右击，弹出快捷菜单，如图 1-8 所示。

（4）在快捷菜单中选择 New 命令后出现如图 1-9 所示的配置连接界面。

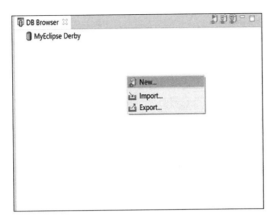

图 1-8 MyEclipse 连接 MySQL 界面 3

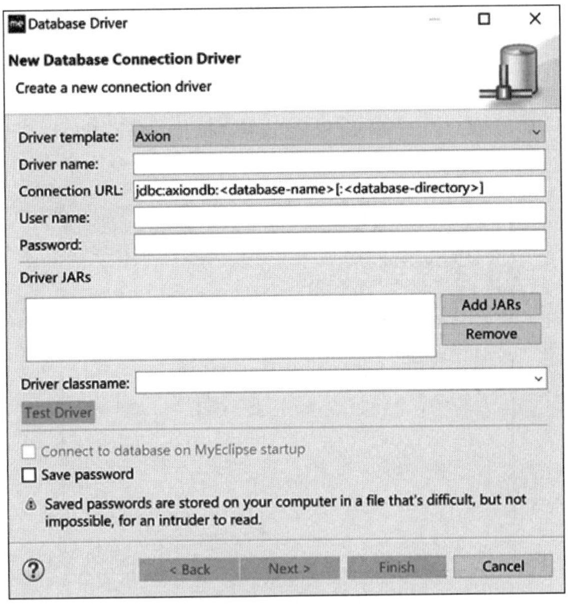

图 1-9 MyEclipse 连接 MySQL 界面 4

（5）Driver template 选择 MySQL Connector/J；Driver name 可自己随意取名，这里命名为 llx；Connection URL 配置自己的数据库 url，这里是 jdbc：mysql：//localhost：3306/test；User name、Password 为自己安装 MySQL 时的用户名和密码，这里都是 root；Driver JARs 选择 MySQL 驱动包，这里用的是 mysql-connector-java-5.1.46.jar；Driver classname 选择 com.mysql.jdbc.Driver；单击 Test Driver 确保连接成功，可以勾选 Save password 复选框以便以后每次连接不用再输入密码，如图 1-10 所示。之后单击 Next 按钮。

最后单击 Finish 按钮配置完成。

（6）成功设置后，DB Browser 视图区会出现刚设置的连接，右击连接后选择 Open Connection，正确连接到数据库，如图 1-11 所示。

上述操作已经正确设置了 MySQL 连接，在进行应用开发时，可以通过设置好的连接查看和操作数据。

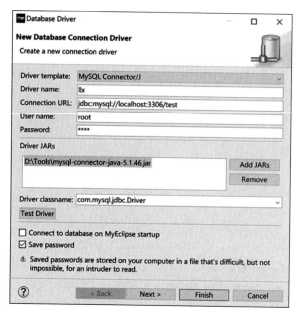

图 1-10 MyEclipse 连接 MySQL 界面 5

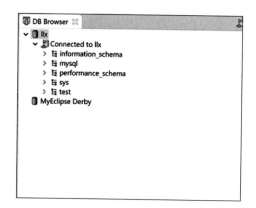

图 1-11 MyEclipse 连接 MySQL 界面 6

习题

1. 常用的 Web 页面技术有哪些？分别描述各技术。
2. 常用的 Java Web 开发技术有哪些？分别描述各技术。
3. 常用的 Java Web 开发工具有哪些？分别描述各工具。

学习目的与要求

在学习软件技术的过程中，一种最有效的学习与培训的捷径是 Project-Driven Training，也就是通过项目实践来带动理论的学习。本章简单介绍"艾斯医药系统"项目的背景知识，读者需了解项目背景及需求，掌握项目的系统结构，并能运行该系统，为后面的学习做好铺垫。这个项目的开发过程将会贯穿之后的各个章节，并结合相关知识点来具体实现。

本章主要内容

- 项目需求分析。
- 项目系统分析和设计。
- 项目运行指南。

2.1 项目需求分析

艾斯医药商务系统包括"用户管理""商品浏览""商品查询""购物管理"和"后台管理"等功能模块。其中，"用户管理"模块负责用户注册、用户登录及用户退出信息的维护。登录成功的用户可以浏览商品，查询特定商品的信息，对于选中的商品进行购买，包括加入购物车和生成订单。"后台管理"模块处理从购物网站转过来的订单，包括发送邮件、商品列表和用户列表。艾斯医药商务系统结构如图 2-1 所示。

1. 用户管理

1）注册用户信息

对于新用户，单击"注册"按钮，进入用户注册页面，填

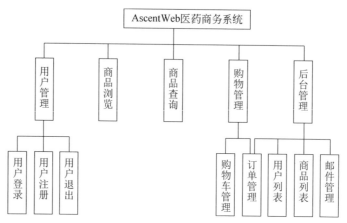

图 2-1　艾斯医药商务系统结构

写相关注册信息，∗ 为必填项；填写完成后单击"确定"按钮，弹出"注册成功"对话框，即成功注册。

2）用户登录验证

对于已注册的用户，进入用户登录页面，如图 2-2 所示。

输入用户名和密码，单击 Login 按钮，用户名和密码正确则登录成功，进入电子商务网站之后可以看到用户登录成功页面，如图 2-3 所示。

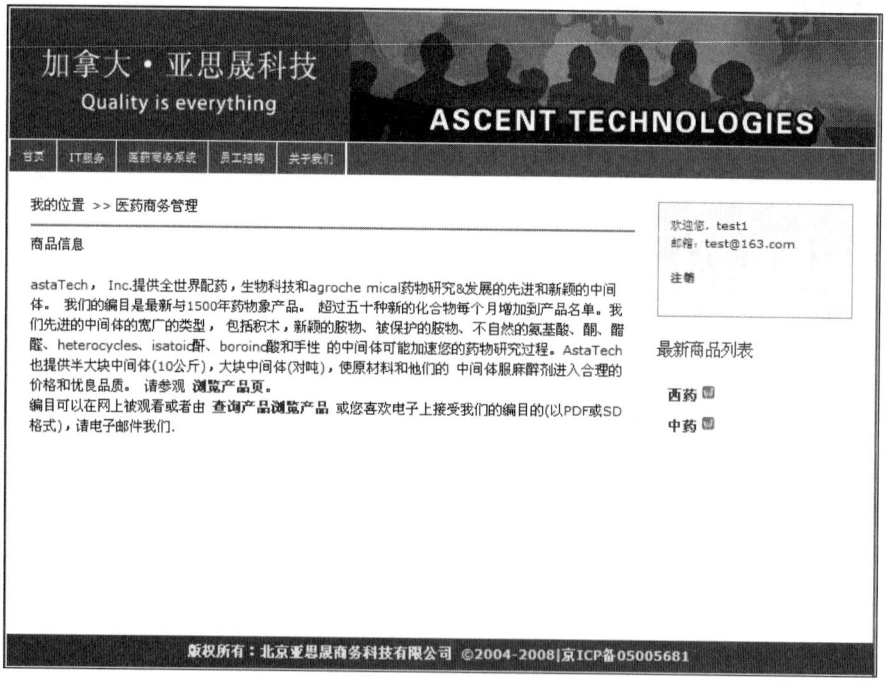

图 2-2　用户登录页面

图 2-3　用户登录成功页面

2. 商品浏览（开发用例为药品）

网站的商品列表列出当前网站所有的商品名称。当用户单击某一商品名称时，会列出该商品的详细信息（包括商品名称、商品编号、图片等），如图 2-4 所示。

图 2-4 浏览商品页面

3. 商品查询

用户可以在网站的商品查询页面（如图 2-5）选择查询条件，输入查询关键字，单击"查询"按钮可以查看网站是否有此商品，系统将查找结果（如果有此商品，返回商品的详细信息，如果没有，返回当前没有此商品的信息）返回给用户，如图 2-6 所示。

图 2-5 商品查询页面

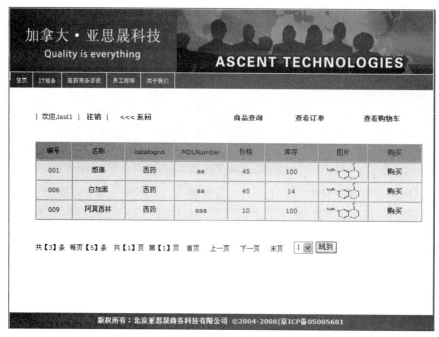

图 2-6　商品查询结果页面

4. 购物管理

1）查看和修改购物车商品

用户可以随时查看自己的购物车，可以添加或删除购物车中的商品，可以修改商品购买量，如图 2-7～图 2-9 所示。

图 2-7　购物车管理页面

图 2-8 继续增加商品购物车管理页面

图 2-9 减少商品及修改质量购物车管理页面

2）生成订单

在浏览商品时,用户可以在查看商品的列表或详细信息时添加商品到购物车,添加完毕可以选择继续购物或是结算,如果选择结算,要填写用户信息,如图 2-10 所示。

图 2-10 购物结算页面

购物结算、提交结束后,提示信息页面如图 2-11 所示。

图 2-11 提示信息页面

5. 后台管理

后台管理主要包括以下功能模块。

1）邮件管理

设置管理员邮箱地址，包括转发邮件及管理员接收邮件地址，如图 2-12 所示。

图 2-12 邮件管理页面

2）商品列表

商品列表页面如图 2-13 所示。

图 2-13 商品列表页面

（1）商品添加,包括各项信息和图片的上传等。

（2）商品修改,修改商品的信息。

（3）商品删除,管理员对商品进行删除操作。

3）用户列表

用户列表页面如图 2-14 所示。

图 2-14　用户列表页面

（1）用户修改:用户各项信息的修改。

（2）用户权限管理:管理员对用户进行权限的授权。

（3）用户删除:管理员对用户进行删除操作。该删除为"软删除",还可以恢复操作。

2.2　项目系统分析和设计

2.2.1　Java Web 应用程序设计

本项目中使用了 Servlet＋JSP＋JavaBean 技术建立艾斯医药商务系统网站。在这套技术中,JSP 用于前端展现——视图层;Servlet 用于控制用户请求以及调用相应的业务组件——控制器层。JSP 将数据传递给 Servlet,Servlet 去调用具体的 JavaBean 用于处理前端页面 JSP 发来的请求,完成具体的业务逻辑过程,请求参数通过 Servlet 技术获取并传递给 JavaBean,最后将处理结果传递给相应的 JSP 进行展现。

Web 应用程序的组织结构可以分为 5 部分,详细介绍见表 2-1～表 2-5。

1. JSP 文件

表 2-1 列出了每个 JSP 文件以及实现的功能。

表 2-1　JSP 文件列表

文 件 名 称	功　　能
index.jsp	首页
error.jsp	错误页面
add_products_admin.jsp	添加商品页面
admin_ordershow.jsp	管理员订单页面
admin_orderuser.jsp	查看订单用户页面
admin_products_show.jsp	管理员管理商品页面
changesuperuser.jsp	修改用户角色页面
mailmamager.jsp	邮件管理页面
orderitem_show.jsp	订单项查询页面
ordershow.jsp	订单查看页面
products_show.jsp	商品查看
products_showusers.jsp	注册用户管理页面
update_products_admin.jsp	修改商品信息页面
updateproductuser.jsp	修改用户信息页面
carthow.jsp	购物车管理页面
checkout.jsp	结算页面
checkoutsucc.jsp	结算成功页面
contactus.jsp	联系我们页面
employee.jsp	招聘信息页面
itservice.jsp	公司介绍页面
product_search.jsp	商品搜索页面
products_search_show.jsp	商品搜索结果页面
products_show.jsp	商品信息列表页面
products.jsp	公司产品介绍
regist_succ.jsp	注册成功页面
register.jsp	注册页面

2. Servlet 文件

表 2-2 列出了每个 Servlet 文件及实现的功能。

表 2-2　Servlet 文件列表

文 件 名 称	功　　能	文 件 名 称	功　　能
LoginServlet.java	用户登录控制器	ProductServlet.java	商品管理控制器
MailServlet.java	邮件管理控制器	ShopCartServlet.java	购物管理控制器
OrderServlet.java	订单管理控制器	UserManagerServlet.java	用户管理控制器

3. JavaBean 文件

表 2-3 列出了 JavaBean 文件及实现的功能。

表 2-3　JavaBean 文件列表

文 件 名 称	功　　能	文 件 名 称	功　　能
Mailtb.java	邮件类	Product.java	商品类
Orderitem.java	订单项类	Usr.java	用户类
Orders.java	用户订单类	UserProduct.java	用户和商品类

4. DAO(数据存取类)文件

表 2-4 列出了 DAO 文件及实现的功能。

表 2-4　DAO 文件列表

文 件 名 称	功　　能
LoginDAO.java	处理登录和退出业务的类
MailDAO.java	处理邮件管理相关功能的类
OrderDAO.java	处理订单管理相关的类(删除、修改和查询等)
ProductDAO.java	处理商品管理相关功能的类
UserManagerDAO.java	处理用户管理相关功能的类

5. Util(工具类)文件

表 2-5 列出了 Util 文件及实现的功能。

表 2-5　Util 文件列表

文 件 名 称	功　　能
AuthImg.java	验证码生成类
CartItem.java	封装商品及购买数量的类
DataAccess.java	数据库连接类
DatabaseConfigParser.java	解析数据库配置文件类
Jmyz.java	发送邮件时进行权限控制的辅助类

文 件 名 称	功　　能
PageBean.java	分页封装类
SendMail.java	发送邮件类
SetCharacterEncodingFilter.java	将提交过来的信息里的特殊字符进行处理
ShopCart.java	购物车类
SignonFliter.java	是否具有登录权限的过滤器
XMLConfigParser.java	解析 XML 类

此外，在 src 下放置了数据库配置文件 datebase.conf.xml。

2.2.2　数据库设计

数据库结构如图 2-15 所示。

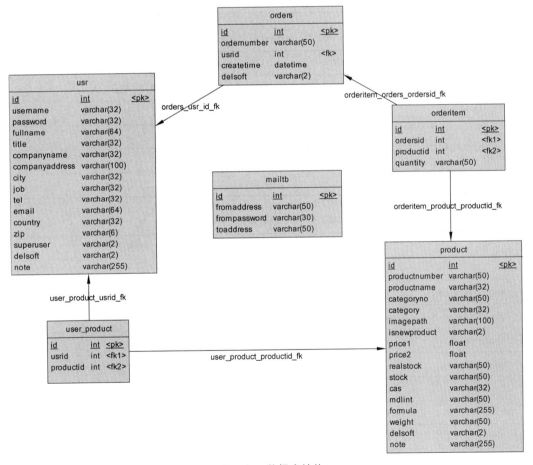

图 2-15　数据库结构

具体表结构见表 2-6～表 2-11。

表 2-6　mailtb（邮件表）表结构

列　名	类　型	描　述
id	int	表示邮件 ID,是自动递增的主键
fromaddress	varchar（50）	表示发邮件地址
frompassword	varchar（30）	表示发邮件密码
toaddress	varchar（50）	表示收邮件地址

表 2-7　orderitem（订单项表）表结构

列　名	类　型	描　述
id	int	表示订单项 ID,是自动递增的主键
ordersid	int	表示订单 ID,是外键,引用 orders 表主键
productid	int	表示商品 ID,是外键,引用 product 表主键
quantity	varchar(50)	表示商品购买数量

表 2-8　orders（订单）表结构

列　名	类　型	描　述
id	int	表示订单 ID,是自动递增的主键
ordernumber	varchar(50)	表示订单编号
usrid	int	表示客户 ID,是外键,引用 usr 表主键
createtime	datetime	表示订单创建时间
delsoft	varchar(2)	软删除标志位,1 为删除,0 为正常

表 2-9　product（商品）表结构

列　名	类　型	描　述
id	int	表示商品 ID,是自动递增的主键
productnumber	varchar(50)	表示商品编号
productname	varchar(32)	表示商品名称
categoryno	varchar(50)	表示分类编号
category	varchar(32)	表示分类名称
imagepath	varchar(100)	表示图片名称
isnewproduct	varchar(2)	表示是否新产品,1 是新产品,0 不是新产品
price1	float	表示价格
price2	float	表示会员价格
realstock	varchar(50)	表示库存量
stock	varchar(50)	表示剩余量

续表

列　　名	类　　型	描　　述
cas	varchar(32)	表示商品摘要信息
mdlint	varchar(50)	表示 MDL 编号
formula	varchar(255)	表示药品化学方程式
weight	varchar(50)	表示重量
delsoft	varchar(2)	软删除标志位,1 为软删除,0 为正常
note	varchar(255)	表示备注

表 2-10　usr(用户)表结构

列　　名	类　　型	描　　述
id	int	表示用户 ID,是自动递增的主键
username	varchar(32)	表示用户名称
password	varchar(32)	表示用户密码
fullname	varchar(64)	表示全名,真实姓名
title	varchar(32)	表示职称级别
companyname	varchar(32)	表示用户公司名称
companyaddress	varchar(100)	表示用户公司地址
city	varchar(32)	表示用户生活城市
job	varchar(32)	表示用户职业
tel	varchar(32)	表示用户电话
email	varchar(64)	表示用户 E-mail
country	varchar(32)	表示用户国家
zip	varchar(6)	表示邮编
superuser	varchar(2)	用户权限标志位,1 为普通注册用户,2 为管理员,3 为高级管理员
delsoft	varchar(2)	软删除标志位,1 为软删除,0 为正常
note	varchar(255)	表示备注

表 2-11　user_product(用户商品)表结构

列　　名	类　　型	描　　述
id	int	表示邮件 ID,是自动递增的主键
usrid	int	表示用户 ID
productid	int	表示商品 ID

2.3 项目运行指南

下面介绍本项目运行环境及过程。

(1) 项目所需要的环境如下。

① MySQL 8.0.19。

② Tomcat 8.5.34。

③ 集成开发环境(IDE)为 MyEclipse 2017 CI 7。

注意：这些软件的版本很重要，版本太高或太低都可能会带来部署和运行问题。

(2) 创建数据库。

首先建立数据库并导入数据，具体步骤如下。

① 启动 MySQL 命令行，要求输入数据库密码，输入正确的密码，按回车键进入 MySQL，如图 2-16 所示。

```
(base) MacBook-Pro-3:~ hehuan$ mysql -u root -p
Enter password:
Welcome to the MySQL monitor.  Commands end with ; or \g.
Your MySQL connection id is 10
Server version: 8.0.19 MySQL Community Server - GPL

Copyright (c) 2000, 2020, Oracle and/or its affiliates. All rights reserved.

Oracle is a registered trademark of Oracle Corporation and/or its
affiliates. Other names may be trademarks of their respective
owners.

Type 'help;' or '\h' for help. Type '\c' to clear the current input statement.

mysql>
```

图 2-16　进入 MySQL

② 创建 ascentweb 数据库，并使用 ascentweb 数据库，具体如图 2-17 所示。

```
mysql> create database ascentweb;
Query OK, 1 row affected (0.00 sec)

mysql> use ascentweb;
Database changed
```

图 2-17　创建并使用 ascentweb 数据库

③ 执行导入命令 `mysql> source /Users/hehuan/Desktop/ascentweb_mysql.sql;`，其中/Users/hehuan/Desktop/ascentweb_mysql.sql 是 SQL 脚本，可以把它放在任意目录下，本例放在/Users/hehuan/Desktop 下，按回车键执行导入命令，具体导入数据如图 2-18 所示。

成功导入数据后，此时数据库建立成功。读者也可以使用 MySQL GUI 客户端，在其中进行类似操作。

(3) 将 AsecentWeb.war 解压后的 AscentWeb 文件夹复制到 tomcat\webapps 下，找到 tomcat\webapps\AscentWeb\WEB-INF\classes\database.conf.xml 文件，打开并修改 dataSource 相关信息为自己的数据库信息。

```
Query OK, 0 rows affected (0.01 sec)
Query OK, 0 rows affected, 1 warning (0.00 sec)
Query OK, 0 rows affected (0.01 sec)
Query OK, 1 row affected (0.00 sec)
Query OK, 1 row affected (0.00 sec)
Query OK, 1 row affected (0.01 sec)
Query OK, 1 row affected (0.00 sec)
```

图 2-18 导入数据

database.conf.xml 文件的内容如下。

```
<database-conf>
<datasource>
<driver>com.mysql.cj.jdbc.Driver</driver>
<url>jdbc:mysql://localhost:3306/ascentweb?useUnicode=true&amp;
characterEncoding=gb2312&amp;serverTimezone=UTC</url>
<user>数据库用户名</user>
<password>数据库密码</password>
</datasource>
</database-conf>
```

修改完成,项目就可以启动运行了。

注意:在修改过程中不要破坏 database.conf.xml 文件格式,否则项目无法正常启动。

(4)启动 Tomcat,正确启动后,输入 http://localhost:8080/AscentWeb,项目正确启动并运行。

(5)管理员用户名为 admin,密码为 123456,登录试运行。

(6)用户还可以作为普通人员登录网站试运行。

常见的用户实际名字、登录名和密码信息如表 2-12 所示。

具体信息可查询数据库中的 usr 表。

表 2-12 用户信息

登 录 名	密 码
lixing	lixing
ascent	ascent
shang	shang

习题

1. 艾斯医药商务系统主要包括哪些模块?
2. 艾斯医药商务系统的 Web 整体组织结构是什么?
3. 艾斯医药商务系统的数据库设计主要包括哪些表?

第二部分　Web 页面基础

学习目的与要求

本章简要介绍 HTML,包括 HTML 网页文件的整体结构和常用的 HTML 标签,同时介绍 CSS(Cascading Style Sheet)。通过本章的学习,理解 HTML 页面和 CSS 基本原理,能够开发静态 Web 页面。

本章主要内容

- HTML 网页文件结构。
- HTML 基本标签。
- HTML 其他常用标签。
- CSS。

HTML(Hyper Text Markup Language,超文本标记语言)是 Web 应用中用于编写网页的语言。HTML 中每个用来作为标记的符号都可以被看作一条命令,它告诉浏览器应该如何显示文件的内容。

3.1 HTML 网页文件结构

一个完整的 HTML 文件由标题、段落、表格和文本等各种嵌入的对象组成,这些对象统称为元素。HTML 使用标记来分隔并描述这些元素。实际上,整个 HTML 文件就是由元素与标记组成的。

下面是一个 HTML 文件的基本结构。

```
<html>文件开始标记
<head>文件头开始的标记
…文件头的内容
</head>文件头结束的标记
```

```
<body>文件主体开始的标记
…文件主体的内容
</body>文件主体结束的标记
</html>文件结束标记
```

从上面的代码可以看出，HTML 文件包含文件头和文件体两部分，其中各标记含义如下。

<html>…</html>：<html>在最外层，表示这对标记间的内容是 HMTL 文件，其中包括<head>和<body>标记。HTML 文件中所有的内容都应该在这两个标记之间，一个 HTML 文件总是以<html>开始，以</html>结束。

<head>…</head>：HTML 文件的头部标记，通常将这两个标签之间的内容统称为 HTML 的头部。文件的头部描述了文件的各种属性和信息，包括文件的标题、在 Web 中的位置以及和其他文件的关系等。绝大多数文件头部包含的数据都不会作为内容显示给读者。

<body>…</body>：用来指明文件的主体区域，网页所要显示的内容都放在这个标记内，其结束标记</body>指明主体区域的结束。

HTML 文件（包括 CSS 和 JavaScript）可以使用操作系统自带的文本编辑器进行编辑，也可以使用下列专业的工具来编辑。推荐以下几款常用的编辑器。

```
Dreamweaver: https://www.adobe.com/products/dreamweaver.html
Notepad++: https://notepad-plus-plus.org/
VS Code: https://code.visualstudio.com/
```

（1）新建 HTML 文件，输入以下代码。

```
<html>
<head>
<meta charset="utf-8">
<title>Web 页面开发</title>
</head>
<body>
  <h1>HTML 开发基础</h1>
  <p>HTML 是一种用于创建网页的标准标记语言。</p>
  </body>
</html>
```

（2）另存为 HTML 文件，文件名为 html_test.html。当保存 HTML 文件时，既可以使用 htm 扩展名，也可以使用 html 扩展名。两者没有区别，完全根据自己的喜好。

（3）在浏览器中运行这个 HTML 文件。

启动系统的浏览器，然后选择"文件"菜单中的"打开文件"命令，或者直接在文件夹中双击创建的 HTML 文件，显示结果如图 3-1 所示。

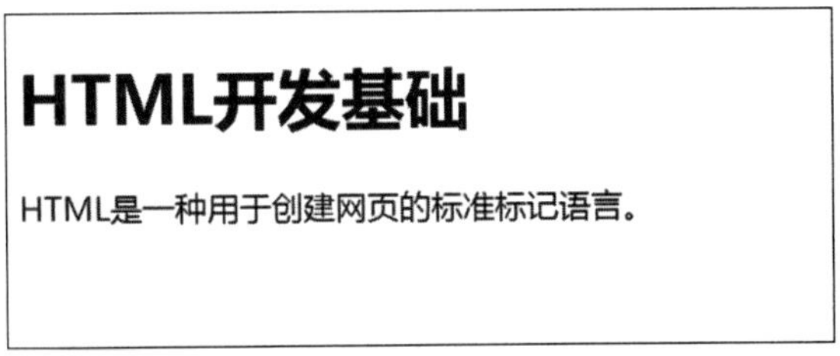

HTML开发基础

HTML是一种用于创建网页的标准标记语言。

图 3-1 显示效果

3.2 HTML 基本标签

HTML 文件是由各种 HTML 元素组成的,如 html(HTML 文件的根)元素、head(HTML 头部)元素、body(HTML 主体)元素、title(HTML 标题)元素和 p(段落)元素等。如果一个元素包含另一个元素,它就是被包含元素的父元素,被包含元素称为子元素。这些元素都是通过由尖括号"<>"组成的标签形式来表现的。

HTML 标签通常是由一对尖括号"<>"及标签名组成的。标签分为起始标签(start tag)和结束标签(end tag)两种,两者的标签名称是相同的,只是结束标签多了一个斜杠"/"。例如,<p>…</p>段落标签。<p>为起始标签,</p>为结束标签,p 为标签名称,它是英文 paragraph(段落)的缩写。HTML 元素指的是从起始标签到结束标签的所有代码。起始标签和结束标签之间是 HTML 元素的内容,它既可以是需要显示在网页中的文字内容,也可以是其他元素。空元素既不包含文本也不包含其他元素。它看起来像是起始标签和结束标签的结合,由左尖括号开头,接着是元素的名和可能包含的属性,然后是一个可选的空格和一个可选的斜杠,最后是必有的右尖括号。如定义换行的
 就是空元素。

HTML 标签名称对大小写不敏感,如<P>…</p>和<P>…</P>的效果是一样的。不过,HTML 规范推荐使用小写字母表示标签。

HTML 标签可以拥有属性。属性总是以名称/值对的形式出现,例如 name="value"并且总是在 HTML 元素的开始标签中规定,如图 3-2 所示。

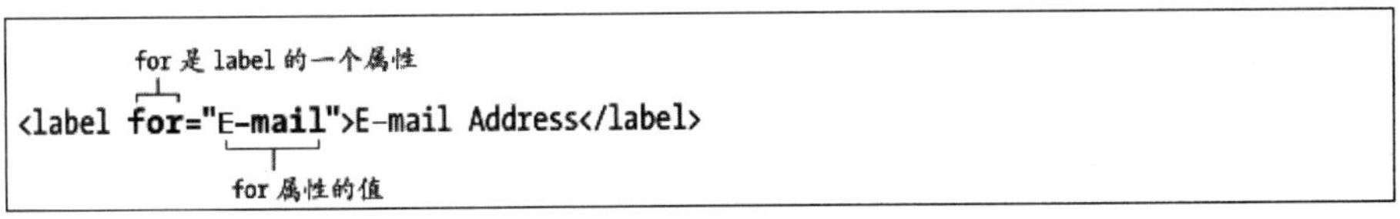

for 是 label 的一个属性
<label for="E-mail">E-mail Address</label>
for 属性的值

图 3-2 属性和值

下面介绍基本的 HTML 标签。

1. HTML 标题

HTML 标题(Heading)是通过 <h1>~<h6> 等标签进行定义的,此标签只能在 head 标签内出现。例如:

```
<h1>最大字号标题</h1>
<h2>中字号标题</h2>
```

```
<h6>最小字号标题</h6>
```

说明：浏览器会自动在标题的前后添加空行。默认情况下，HTML 会自动在块级元素前后添加一个额外的空行，例如段落、标题元素前后。

2. HTML 段落

HTML 段落是通过 <p> 标签进行定义的。例如：

```
<p>HTML 的英文全称是 Hyper Text Markup Language,它是超文本置标语言的缩写,是
Internet 上用于编写网页的主要语言。</p>
<p>HTML 中每个用来作为标记的符号都可以被看作一条命令,它告诉浏览器应该如何显示文件的
内容。</p>
```

说明：浏览器会自动在段落的前后添加空行。(<p> 是块级元素)

3. HTML 注释

HTML 注释是通过 <! -- > 标签进行定义的。例如：

```
<!--这是我的注释内容 -->
```

说明：用于注释 HTML 源码,只能在源码中看到,不在 HTML 效果中展示。

4. HTML 图像

HTML 图像是通过 <img> 标签进行定义的。例如：

```
<img src="image01.jpg" width="100" height="150" />
```

说明：图像的名称和宽、高是以属性的形式提供的。

5. 表格

表格由 <table> 标签来定义。每个表格均有若干行(由 <tr> 标签定义),每行被分割为若干单元格(由 <td> 标签定义)。数据单元格可以包含文本、图片、列表、段落、表单、水平线、表格等。例如：

```
<table border="1">
<tr>
<td>row 1,column 1</td>
<td>row 1, column 2</td>
</tr>
<tr>
<td>row 2,column 1</td>
<td>row 2,column 2</td>
</tr>
</table>
```

浏览器显示结果：

row 1,column 1	row 1,column 2
row 2,column 1	row 2,column 2

6. 表单

表单是一个包含表单元素的区域。表单元素允许用户在表单中(如文本域、下拉列表、单选按钮、复选框等)输入信息,然后服务器端可以获得用户输入的数据。表单使用表单标签(<form>)定义。

```
<form>
...
  input 元素
...
</form>
```

多数情况下被用到的表单标签是输入标签(<input>)。输入类型是由类型属性(type)定义的。大多数经常被用到的输入类型如下。

1) 文本域

当用户要在表单中键入字母、数字等内容时,就会用到文本域。

```
<form>
姓名:
<input type="text" name="name" />
<br />
年龄:
<input type="text" name="age" />
</form>
```

浏览器显示结果:

姓名:

年龄:

注意:表单本身并不可见。同时,在大多数浏览器中,文本域的默认宽度是 20 个字符。

2) 单选按钮

当用户从若干给定的选择中选取其一时,就会用到单选按钮。

```
<form>
<input type="radio" name="sex" value="male" />男
<br />
<input type="radio" name="sex" value="female" />女
</form>
```

浏览器显示结果:

○ 男

○ 女

注意:选项只能从中选取其一。

3）复选框

当用户需要从若干给定的选择中选取一个或若干选项时，就会用到复选框。

```
<form>
<input type="checkbox" name="apple" />
我喜欢苹果
<br />
<input type="checkbox" name="banana" />
我喜欢香蕉
</form>
```

浏览器显示结果：

☐ 我喜欢苹果

☐ 我喜欢香蕉

4）表单的动作属性（Action）和确认按钮

当用户单击"确认"按钮时，表单的内容会被传送到另一个文件。表单的动作属性定义了目的文件的文件名。由动作属性定义的这个文件通常会对接收到的输入数据进行相关的处理。

```
<form name="input" action="login.jsp" method="get">
用户名：
<input type="text" name="user" />
密码：
<input type="password" name="password">
<input type="submit" value="提交" />
</form>
```

浏览器显示结果：

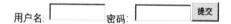

在上面的文本框内输入用户名和密码，然后单击"确认"按钮，那么输入数据会传送到"login.jsp"的页面。该页面将验证用户是否为合法用户。

3.3 HTML 其他常用标签

1. 超链接

Web 上的网页都是互相链接的，通过超链接可以链接到其他页面，这里的超链接就是具有链接能力的文字或者图片。可以链接文本、媒体等，了解更多内容的接口。

1）建立超链接标签＜A＞

建立超链接的标签为＜A＞，基本格式为：

```
<A href="链接地址" target="超链接窗口打开方式">超链接名称</A>
```

例如：

```
< a href="http://www.ascenttech.com.cn/ruanjianjishufuwu.htm" target="_blank" >
软件技术服务</a>
```

属性 href 指定了链接到的目标地址，该地址可以是文件所在位置，也可以是一个 URL，只有正确指定目标地址，才能正确访问需要的资源。

属性 target 用于指定打开链接的目标窗口，其默认方式是原窗口。其他的取值如表 3-1 所示。

表 3-1 超链接标签<A>的属性

属 性 值	描　　　述
parent	在上一级窗口打开，一般在分帧的框架页面中使用
blank	在新窗口打开
self	在同一帧或窗口中打开，和默认值相同
top	在浏览器的整个窗口中打开，忽略任何框架

其中，超链接名称可以是文字，也可以是图像或其他网页元素。文本会带有下画线并且与其他文字的颜色有区别，图形通常带有边框显示。当用鼠标单击该元素时，就会跳转到链接地址所指定的位置。

2）链接的路径

在超链接中，文件的存放位置和路径以及 URL 必须指定清楚才能正确链接，这种链接路径分为绝对路径、相对路径两种。

绝对路径是主页上的文件或目录在硬盘上的真正路径，使用绝对路径作为链接路径比较清晰，但是也存在一定的缺陷，比如把文件夹改名或者移动以后，相关的链接都将失效，这样就必须对所有 HTML 文件的链接重新编写，会很麻烦。比如有个页面 index.htm，该页面的绝对路径为 D:\AcesysHtml\index.htm，页面中有一个图片位置为 D:\AcesysHtml\img\buy.jpg，如果在这台机器上可以很顺利地通过页面访问这个图片，但是如果将这些文件移动到其他位置进行发布，没有放到 D 盘中，那么就会因为这个路径的指定而找不到该图片。典型的绝对路径格式为：通信协议://服务器地址:通信端口/文件位置……/文件名。

为了解决绝对路径不能随便移动或修改文件的问题，可以使用相对路径来指定链接的位置。相对路径是以当前文件所在的路径为基准，进行相对文件的查找。一个相对的 URL 不包括协议和主机信息，表示它的路径与当前文档的访问协议和主机名相通。相对路径的好处是只要相关的文件相对位置没有发生改变就可以访问到，比如前面提到的图片和页面之间的相对路径就是 img\buy.jpg，也就是可以忽略二者共同的路径部分，只写相对的部分，这样即使它们被移动了位置，只要它们是同时被移动，相对位置没有改变，就不会出现访问出错。

在描述相对路径中，在路径前加../表示上一级目录中的文件，如果上两级则表示为../../，那么相对路径的几种写法如下。

- product.htm，表示跟本文件在同一目录下。

- ../product.htm,表示是上一级目录下的文件。
- product/product.htm,表示当前目录下的文件夹 product 下的文件。

3）超链接的应用

假设有 3 个文件,分别为 index.html、itservice.html、products.html。其中,index.html 是起始页面,itservice.html 和 products.html 在 product 文件夹下,product 文件夹与 index.html 是在同一级别,在 index.html 中可以链接到后面两个页面上,index.html 的代码如下。

```
<html>
<head>
<title>AscentWeb 电子商务</title>
</head>

<body>
<div >
    <h1>加拿大·亚思晟科技 </h1>
    <h2>Quality is everything!</h2>
</div>

  <div >
  <ul>
  <li><a href="index.html">首页</a></li>
  <li><a href="product/itservice.html">IT 服务</a></li>
  <li><a href="product/products.html">电子商务系统</a></li>
  </ul>
</div>
</body>
</html>
```

2. HTML 框架结构标签(<frameset>)

（1）框架结构标签(<frameset>)定义如何将窗口分割为框架。

（2）每个 frameset 定义了一系列行或列。

（3）rows/columns 的值规定了每行或每列占据屏幕的面积。

通过使用框架,可以在同一个浏览器窗口中显示不只一个页面。每份 HTML 文件称为一个框架,并且每个框架都独立于其他框架。

框架结构 HTML 文件 frameset.html 如下。

```
<!doctype html>
<html>
<head>
<title>HTML Frameset</title>
</head>
<frameset cols="30%,70%">
   <frame src="frame_a.html">
   <frame src="frame_b.html">
</frameset>
```

```
</html>
```

HTML 文件 frame_a.html 如下。

```
<!DOCTYPE html>
<html>
<body bgcolor="e9967a">
<h1>我是第一列</h1>
</body>
</html>
```

HTML 文件 frame_b.html 如下。

```
<!DOCTYPE html>
<html>
<body bgcolor="#00ccff">
<h1>我是第二列</h1>
</body>
</html>
```

在上面的这个例子中设置了一个两列的框架集。第一列被设置为占据浏览器窗口的30%;第二列被设置为占据浏览器窗口的70%。HTML 文件 frame_a.htm 被置于第一个列中,而 HTML 文件 frame_b.htm 被置于第二列中,效果如图 3-3 所示。

图 3-3　框架使用效果

3. HTML 区块

HTML 区块元素:大多数 HTML 元素为块级元素或内联元素。

(1) 块级元素:通常在浏览器显示时会以新行开始(和结束),例如:＜ul＞ ＜p＞＜h1＞ ＜table＞等。

(2) 内联元素:在显示时不会以新的一行开始,例如:＜strong＞ ＜a＞ ＜img＞＜span＞等文本的容器。

1) ＜div＞元素

HTML ＜div＞元素是块级元素,它可用于组合其他 HTML 元素的容器。

＜div＞元素没有特定的含义。除此之外,由于它属于块级元素,浏览器会在其前后显示折行;如果和 CSS 一同使用,＜div＞元素可用于对大的内容块设置样式属性。

<div>元素的另一个常见的用途是文档布局。它取代了使用表格定义布局的老式方法。

例如,div_test.html 代码如下。

```html
<html>
<head>
<meta charset="utf-8">
<title>div 块级元素</title>
</head>
<body>
<h3>这是标题 3</h3>
  <p>这是段落</p>
<div style="color:#00FF00">
  <h3>这是标题三</h3>
  <p>这是段落</p>
</div>
</body>
</html>
```

显示效果如图 3-4 所示。

图 3-4　块级元素效果

2) span 元素

<span>属于内联元素。<span>可作为文本的容器,与 CSS 一同使用时可作为部分文本设置样式属性。

例如,span_test.html 代码如下。

```html
<!DOCTYPE html>
<html>
<head>
<title>span 内联元素</title>
</head>
<body>
<p>基于 Web 技术的物联网应用与开发 <span style="color:blue;font-weight:bold">智云平台</span><span style="color:red;font-weight:bold">硬件设备</span>线上资源
</p>
</body>
</html>
```

显示效果如图 3-5 所示。

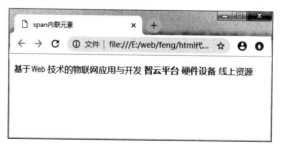

图 3-5　内联元素效果

3.4 CSS

前面了解了如何通过 HTML 创建文件结构和内容，接下来介绍 CSS(Cascading Style Sheet)怎么为 HTML 添加表现样式。

每个 HTML 元素都有一组样式属性，可以通过 CSS 设定。这些属性涉及元素在屏幕上显示时的不同方面，比如在屏幕上位置、边框的宽度，文本内容的字体、字号和颜色，等等。CSS 就是一种先选择 HTML 元素，然后再设定选中元素 CSS 属性的机制。CSS 选择器和要应用的样式构成了一条 CSS 规则。

CSS 的主要特点有：能精确定位，控制页面中的每一个元素；能对 HTML 处理的样式做最好的补充；能把内容和格式处理相分离，大大减少工作量。

3.4.1 创建 CSS

CSS 的编写很容易，可以是文本编辑器、样式表编辑器或者专业开发工具。无论用哪种方式，都是要创建一个以 css 为扩展名的文件，该文件中包含了要设定的规则。通常，把它保存在一个特定的目录下。

样式表的基础就是组成它的 CSS 规则，每一条规则都是单独的语句。CSS 规则由选择器(selector)和声明两部分组成。声明由属性(propoerty)和属性的值组成。其语法格式为：

```
选择器{声明 1; 声明 2; …; 声明 N}
```

CSS 会自动忽略掉附加的空白，所以为了方便阅读，可以添加一些空格。

1. 选择器

用来指定针对哪一个 HTML 标签应用样式表的部分，任何 HTML 元素都可以是一个 CSS 的选择器。例如：

```
P {color: red}
```

中的选择器是 P，规则就会选择所有<p>标签的样式，该规则表示在段落标签里的内容为红色。

2. 声明

声明是包含在大括号中的内容，首先给出属性名，可以包括颜色、边界和字体等；然后是属性值，给一个属性能够接受的值，加上分号之后可以指定多个样式。例如：

```
H1{font-size: 24pt; color: green}
```

上述语句表示标题中的字体大小为 24pt，颜色为绿色。

3. 组合规则

用户通过大括号内列出声明，有时候对于同一个选择器列出了几个规则，这时候规则是可以合并起来写的，同时很多不同的选择器却具有重复的样式表声明，为了减少样式表

的重复声明,组合的选择器声明是允许的。例如:

```
H1, H2, H3, H4, H5, H6 {
  color: red;
  font-family: sans-serif}
```

该规则标明 H1、H2、H3、H4、H5、H6 的颜色都为红色,并且字体为 sans-serif。

4. 继承

实际上,所有在选择器中嵌套的选择器都会继承外层选择器指定的属性值,除非另外更改。例如,一个 BODY 定义了的颜色值也会应用到段落的文本中。

有些情况是内部选择器不继承周围的选择器的值,但理论上这些都是特殊的。例如,上边界属性是不会继承的;直觉上,一个段落不会有同文件 BODY 一样的上边界值。

5. 注释

注释是用户嵌入 CSS 代码中的专用位,浏览器会忽略注释。样式表里面的注解使用与 C 语言编程中一样的约定方法去指定。CSS 的注释以字符 / * 开始,以 * / 结束,两者之间的内容浏览器都会忽略,注解的例子以下格式。

```
/ * 这是注释内容 * /
```

注释可以出现在 CSS 文件中的任何位置。

下面创建一个简单的样式表:

```
/**************** Body and tag styles ****************/

body{
font:76%Verdana,Tahoma,Arial,sans-serif;
line-height:1.4em;
text-align:center;
color:#303030;
background:#e8eaec;
}

a{
color:#467aa7;
font-weight:bold;
text-decoration:none;
background-color:inherit;
}

p{padding:0 0 1.6em 0;}
p form{margin-top:0; margin-bottom:20px;}
```

3.4.2　添加 CSS 的方法

为了使 CSS 所设置的样式能够在网页中产生作用,必须通过一些方法将 CSS 和

HTML 挂接在一起,才可以正常工作。

在 HTML 中,添加的样式表有 4 种:行内样式表、嵌入样式表、链接样式表和输入样式表。

1. 行内样式表

行内样式表(Inline Styles)是最简单的一种使用方式,由标签 style 属性支持,CSS 规则直接写在标签内。例如:

```
<p style="font-size:10px; bgcolor:#fff000; ">
```

这种方法的不便之处在于必须在每行中都加入样式表规则,否则到下一行时浏览器将转回到文件的默认设置。虽然加入行内的样式表相比较来说不如嵌入样式表、链接样式表及输入样式表的功能强大,但是有时候它非常有用。

2. 嵌入样式表

嵌入样式表(Embeded Styles)是一个样式集,它是网页代码的一部分,在带有<style>标签的 HTML 文件内直接嵌入 CSS,它与行内样式表有相似的地方,但是又不同,行内样式表的作用域只有一行,而嵌入式样式表可以作用于整个文件。

对于嵌入样式表,使用<style>标签,它也只能在<head>内使用,语法格式为:

```
<style type="text/css" media="media-type">
```

其他 CSS 规则为:

```
</style>
```

例如:

```
<HTML>
<STYLE TYPE="text/css">
<!--
H1{color:green;font-family:impact}
P{background:yellow;font-family:counter}
-->
</STYLE>
<HEAD>
<TITLE>My First Stylesheet</TITLE>
</HEAD>
<BODY>
...
```

在嵌入样式表规则下,浏览器在整个 HTML 页面中都执行该规则。这里的<style>标签是 HTML,它告诉网页浏览器:包含在标签内的是 CSS 代码。

使用嵌入样式表的好处是在初始时编辑容易,并给 HTML 提供一个即时的视觉提升,而且当不需要规则应用到所有网页,而只在特定页面应用时比较方便,但是嵌入样式表维护和更新网站比较困难,当需要设计包含多页面的网站时,需要复制和粘贴样式表到每个页面,而且当进行修改的时候必须编辑每一张网页,这时候用链接样式表是最适合的。

3. 链接样式表

链接样式表(Linked Style)也称外部样式表,它首先定义一个扩展名为 css 的文件,该文件包含所有需要用到的 CSS 规则,不包含任何 HTML 代码,比如 blue.css。创建样式表文件后,需要将其与要进行格式设置的 HTML 文件进行关联,这种添加样式表的方式是通过 HTML 中<link>标签来实现的,Link 标签只在 HTML 页面的<head>部分出现。链接样式表的方法就是在 HTML 文件的<head>部分添加如下代码。

```
<head>
<title>line</title>
<link rel="stylesheet"  href="./css/andreas08(blue).css" type="text/css"
media=" screen, projection " />
</head>
```

由于 Link 标签只有一个开始标签,没有相匹配的关闭标签,所以在结尾处添加一个斜杠,来结束标签,Link 有很多属性,但是这里最重要的就是上面例子中的几个属性。

- Rel 属性:表示链接类型,定义连接的文件和 HTML 文档之间的关系时就设为 stylesheet。
- Href 属性:指出了样式表的位置,它只是个普通的 URL 地址,可以是相对地址,也可以是绝对地址。
- Type 属性:指明了链接样式表的样式语言,对于级联样式表,它的取值为 text/css。
- Media 属性:用于指定样式表被接受的介质或媒体,允许的值有:

  lscreen(默认值),提交到计算机屏幕;

  lprint,输出到打印机;

  lprojection,提交到投影机;

  laural,扬声器;

  lbraille,提交到凸字触觉感知设备;

  ltty,电传打字机(使用固定的字体);

  ltv,电视机;

  lall,所有输出设备。

如果有多样的媒体,则可以通过逗号隔开的列表或 all 指定。

4. 输入样式表

输入样式表(Imported Styles)方法同链接样式表类似,不同之处在于链接样式表不能同其他方法结合使用,但输入样式表则可以。注意,使用@import 导入外部的样式表文件时,需要在<style>标签内,例如,StyleSheetDemo.html 代码如下。

```
<html>
<style type="text/css">
<!--
@ import url(company.css);
H1{color:orange;font-family:impact}
-->
```

```
</style>
<head>
<title>My First Stylesheet
</title>
</head>
<body>
<h1>Stylesheet:The Tool of the Web Design Gods
</h1>
<p>Amaze your friends!Squash your enemies!
</p>
</body>
</html>
```

其中输入的 company.css 文件内容为：

```
H1{color:green;font-family:times}
P{background:yellow;font-family:counier}
```

3.4.3　CSS 选择器

选择器决定样式规则应用于哪些元素。最简单的选择器可以对给定类型的所有元素（如所有的 h2 标题）进行样式化，有的选择器允许人们根据元素的类、上下文、状态等来应用格式化规则。

选择器可以定义以下 5 个不同的标准来选择要进行格式化的元素。

- 元素的类型或名称。
- 元素所在的上下文。
- 元素的类或 id。
- 元素的伪类或伪元素。
- 元素是否有某些属性和值。

1. 元素选择器

最常见的 CSS 选择器是元素选择器。换句话说，文档的元素就是最基本的选择器。如果设置 HTML 的样式，选择器通常将是某个 HTML 元素，比如 p、h1、em、a，甚至可以是 HTML 本身。

```
h1 {color:blue;}
h2 {color:silver;}
```

2. 派生选择器

在 CSS 中，可以根据元素的祖先、父元素或同胞元素来定位它们。派生选择器允许根据文档的上下文关系来确定某个标签的样式。通过合理地使用派生选择器，可以使 HTML 代码变得更加整洁。

如果希望列表中的 strong 元素变为斜体字，而不是通常的粗体字，可以这样定义一个派生选择器，例如 strong_test.html 代码如下。

```
<!doctype html>
<html>
<head>
<meta charset="utf-8">
<title>Web页面开发</title>
<style type="text/css">
li strong {
    font-style: italic;
    font-weight: normal;
   }
</style>
</head>
<body>
    <p><strong>我是粗体字,不是斜体字,因为我不在列表当中,所以这个规则对我不起作用
</strong></p>
    <ol>
    <li><strong>我是斜体字。这是因为 strong 元素位于 li 元素内。</strong></li>
    <li>我是正常的字体。</li>
    </ol>
</body>
</html>
```

页面显示效果如图 3-6 所示。

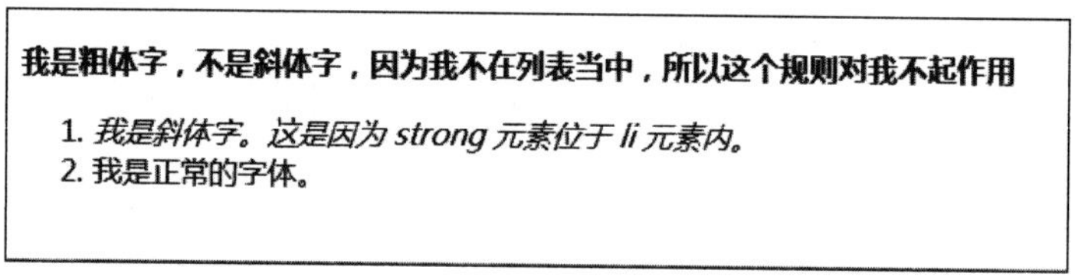

图 3-6　派生选择器显示效果

派生类选择器的格式为:

标签 1 标签 2 {声明}

说明:标签 2 就是我们想要选择的目标,而且只有在标签 1 是其祖先元素(不一定是父元素)的情况下才会被选中。

派生类选择器,严格地讲(也就是 CSS 规范里)应该叫作后代组合式选择器(descendant combinator selector),就是一组以空格分隔的标签名。用于选择作为指定祖先元素后代的标签。

3. id 选择器

并非所有的选择器都需要指定元素的名称。如果对某一类的元素进行格式化,而不管属于这个类的元素的类型,就可以从选择器中去掉元素名称。id 选择器可以为标有特定 id 的 HTML 元素指定特定的样式。

id 选择器:以 "#" 来定义,不加空格。下面的两个 id 选择器,第一个可以定义包含 id="red"属性的元素颜色为红色,第二个定义包含 id="green"属性的元素颜色为绿色。

```
# red {color:red;}
# green {color:green;}
```

下面的 HTML 代码中,id 属性为 red 的 p 元素显示为红色,而 id 属性为 green 的 p 元素显示为绿色。

```
<p id="red">电子商务</p>
<p id="green">购物管理界面</p>
```

注意:id 属性只能在每个 HTML 文档中出现一次。

在现代布局中,id 选择器常常用于建立派生选择器。例如:

```
# sidebar p {
  font-style: italic;
  text-align: right;
  margin-top: 0.5em;
  }
```

上面的样式只会应用于出现在 id 是 sidebar 的元素内的段落。这个元素很可能是 div 或者是表格单元,尽管它也可能是一个表格或者其他块级元素。它甚至可以是一个内联元素,比如<em></em>或者<span></span>,不过这样的用法是非法的,因为不可以在内联元素<span>中嵌入<p>。

即使被标注为 sidebar 的元素只能在文档中出现一次,这个 id 选择器作为派生选择器也可以被使用很多次。例如:

```
# sidebar p {
  font-style: italic;
  text-align: right;
  margin-top: 0.5em;
  }
# sidebar h2 {
  font-size: 1em;
  font-weight: normal;
  font-style: italic;
  margin: 0;
  line-height: 1.5;
  text-align: right;
  }
```

在这里,与页面中的其他 p 元素明显不同的是,sidebar 内的 p 元素得到了特殊的处理;与页面中其他所有 h2 元素明显不同的是,sidebar 中的 h2 元素也得到了不同的特殊处理。

id 选择器即使不被用来创建派生选择器,它也可以独立发挥作用。

```
# sidebar {
  border: 1px dotted # 000;
  padding: 10px;
  }
```

根据这条规则,id 为 sidebar 的元素将拥有一个像素宽的黑色点状边框,同时其周围会有 10 像素宽的内边距(padding,内部空白)。老版本的 Windows/IE 浏览器可能忽略这条规则,除非特别地定义这个选择器所属的元素。例如:

```
div#sidebar {
border: 1px dotted #000;
padding: 10px;
}
```

4. class 选择器

类选择器的语法格式为:

.类名

例如:

```
.center {text-align: center}
```

在上面的例子中,所有拥有 center 类的 HTML 元素均为居中。

在下面的 HTML 代码中,h1 和 p 元素都有 center 类。这意味着两者都将遵守.center 选择器中的规则。

```
<h1 class="center">标题一将会居中显示。</h1>
<p class="center">段落将会居中显示。</p>
```

注意:类名的第一个字符不能使用数字。它无法在 Mozilla 或 Firefox 中起作用,且类选择器前面是点"."紧跟着类名,两者之间没有空格。

和 id 一样,class 也可被用作派生选择器。例如:

```
.fancy td {
  color: #f60;
  background: #666;
  }
```

在上面这个例子中,类名为 fancy 的更大的元素内部的表格单元都会以灰色背景显示橙色文字(名为 fancy 的更大的元素可能是一个表格或者一个 div)。

元素也可以基于它们的类而被选择。例如:

```
td.fancy {
  color: #f60;
  background: #666;
  }
```

在上面的例子中,类名为 fancy 的表格单元将是带有灰色背景的橙色。

```
<td class="fancy">
```

可以将类 fancy 分配给任何一个表格元素任意多的次数。那些以 fancy 标注的单元格都会是带有灰色背景的橙色。那些没有被分配名为 fancy 的类的单元格不会受这条规则的影响。还有一点值得注意,class 为 fancy 的段落也不会是带有灰色背景的橙色,当然任何其他被标注为 fancy 的元素也不会受这条规则的影响。这都是书写这条规则的方式,这个效果被限制于被标注为 fancy 的表格单元(即使用 td 元素来选择 fancy 类)。

要在 class 选择器和 id 选择器之间做出选择的时候,建议尽可能地使用 class 选择器。这主要是因为我们可以复用 class 选择器。id 选择器会引入下面两个问题。

(1)在一个页面中,一个 id 只能出现在一个元素上。这会导致在其他元素上重复样式,而不是通过 class 共享样式。

(2)它们的特殊性比 class 选择器要强得多。这意味着如果要覆盖使用 id 选择器定义的样式,就要编写特殊性更强的 CSS 规则。如果数量不多,可能还不难管理;如果处理规模较大的网站,其 CSS 就会变得比实际所需的更长、更复杂。

5. 属性选择器

对带有指定属性的 HTML 元素设置样式。可以为拥有指定属性的 HTML 元素设置样式,而不仅限于 class 和 id 属性。

说明:只有在规定了! DOCTYPE 时,IE7 和 IE8 才支持属性选择器。在 IE6 及更低的版本中,不支持属性选择。

下面的程序示例为带有 title 属性(不要与 title 元素弄混淆)的所有元素设置样式,例如,title_test.html 代码如下。

```
<!doctype html>
<html>
<head>
    <style type="text/css">
    [title]
    {
    color:green;
    }
    </style>
</head>
<body>
    <h1>属性选择器应用</h1>
    <p title="智能家居">智能家居</p>
</body>
</html>
```

页面显示效果如图 3-7 所示。

属性选择器应用

智能家居

图 3-7 属性选择器显示效果

下面的例子为 title="智能家居" 的所有元素设置样式。

```
[title="智能家居"]
{
border:5px solid green;
}
```

下面的例子为包含指定值的 title 属性的所有元素设置样式。适用于由空格分隔的属性值。

```
[title~ =hello] {color:red;}
```

下面的例子为带有包含指定值的 lang 属性的所有元素设置样式。适用于由连字符分隔的属性值。

```
[lang|=en] {color:red;}
```

属性选择器在为不带有 class 或 id 的表单设置样式时特别有用。例如,title_test2.html 代码如下。

```
<!DOCTYPE html>
<html>
<head>
<meta charset="utf-8">
<title>Web 页面开发</title>
<style>
input[type="text"]
{
  width:150px;
  display:block;
  margin-bottom:10px;
  background-color:yellow;
}
input[type="button"]
{
  width:120px;
  margin-left:35px;
  display:block;
}
</style>
</head>
<body>

<form name="input" action="demo-form.php" method="get">
传感器:<input type="text" name="sensor" value="控制" size="20">
节点:<input type="text" name="dev" value="602" size="20">
<input type="button" value="提交">
```

```
</form>
</body>
</html>
```

页面显示效果如图 3-8 所示。

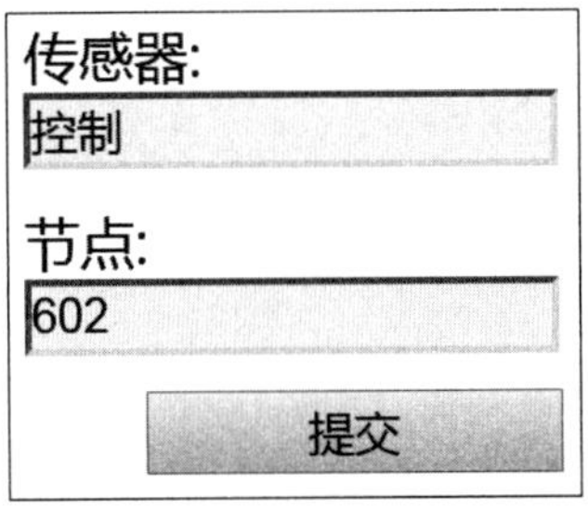

图 3-8　属性选择器设置表单样式

属性选择器参考表如表 3-2 所示。

表 3-2　属性选择器参考表

选 择 器	属 性 值
[attribute]	匹配指定属性,不论具体值是什么
[attribute＝value]	完全匹配指定属性值
[attribute～＝value]	属性只是以空格分隔的多个单词,其中有一个完全匹配指定值
[attribute|＝value]	属性值以 value- 打头
[attribute^＝value]	属性值以 value 开头,value 为完整的单词或单词的一部分
[attribute＄＝value]	属性值以 value 结尾,value 为完整的单词或单词的一部分
[attribute＊＝value]	属性值为指定值的子字符串

6. 伪类

CSS 伪类(Pseudo-classes)用于向某些选择器添加特殊的效果。常用的伪类元素如表 3-3 所示。

表 3-3　常用的伪类元素

属 性	描 述
:first-letter	向文本的第一个字母添加特殊样式,只能用于块级元素
:first-line	向文本的首行添加特殊样式,只能用于块级元素
:before	在元素之前添加内容
:after	在元素之后添加内容

伪类元素语法为:

```
selector:pseudo-element {property:value;}
```

例如,pseudo_test.html 代码如下。

```
<!DOCTYPE html>
<html>
<head>
    <style type="text/css">
        h1:before {content:url(light-on.png)}
    </style>
</head>
<body>
    <h1>这是一个标题</h1>
    <p>: before 伪元素在元素之前插入内容</p>
    <h1>这是一个标题</h1>
</body>
</html>
```

页面显示效果如图 3-9 所示。

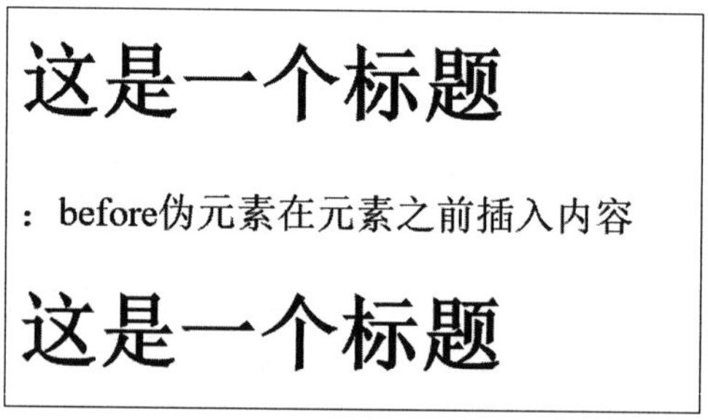

图 3-9　伪类选择器显示效果

3.4.4　CSS 基本样式

1. CSS 背景

CSS 背景属性用于定义 HTML 元素的背景。

CSS 规定下的背景相关属性有:

- background-color(背景颜色)。
- background-image(背景图像)。
- background-repeat(背景图像重复)。
- background-position(背景图像设置定位)。
- background-attachment(背景图像附着)。

1) 背景颜色

background-color 属性定义了元素的背景颜色。然后它会根据设定的颜色填充背景图层页面的背景颜色使用在 body 的选择器中。例如:

```
body {background-color: #caebff;}
```

CSS 中,颜色值通常采用以下方式定义。

十六进制值：如"♯ffff00"。

RGB 值：如"rgb(255,255,0)"。

颜色名称：如"red"。

以下实例中，h1、p 和 div 元素拥有不同的背景颜色。

```
h1 {background-color:#6495ed;}
p {background-color:#e0ffff;}
div {background-color:#b0c4de;}
```

2）背景图像

background-image 属性描述了元素的背景图像。默认情况下，背景图像进行平铺重复显示，以覆盖整个元素实体。例如：

```
body {background-image:url('fire.png');}
```

3）背景图像重复

控制背景重复方式的 background-repeat 属性有 4 个值。默认值就是 repeat，效果就是水平和垂直方向都重复，直至填满元素的背景区域为止。另外 3 个值分别是只在水平方向重复的 repeat-x、只在垂直方向上重复的 repeat-y 和在任何方向上都不重复（或者说只让背景图像显示一次）的 no-repeat。

背景图像水平或垂直平铺：默认情况下 background-image 属性会在页面的水平或者垂直方向平铺。一些图像如果在水平方向与垂直方向平铺，这样看起来很不协调，如果图像只在水平方向平铺（repeat-x），页面背景会更好些。例如：

```
body
{
background-image:url('img.png');
background-repeat:repeat-x;
}
```

4）背景图像设置定位（background-position）与不平铺

如果不想让背景图像平铺，影响文本的排版可以使用 background-repeat 属性。例如：

```
body {background-image:url('fire.png');
background-repeat:no-repeat;
}
```

为了让页面排版更加合理，不影响文本的阅读，可以利用 background-position 属性改变图像在背景中的位置。例如：

```
body
{
background-image:url('fire.png');
background-repeat:no-repeat;
background-position:right top;
}
```

5）背景图像附着

背景图像附着采用 background-attachment 属性,它有 3 个值:

（1）fixed,背景图像会附着在浏览器窗口上（也就是说,即使访问者滚动页面,图像仍会继续显示）。

（2）scroll,访问者滚动页面时背景图像会移动。

（3）local,只有访问者滚动背景图像所在的元素（而不是整个页面）时,背景图像才移动。例如:

```
body
    {
    background-image:url('fire.png');
    background-repeat:no-repeat;
    background-attachment:fixed;
    }
```

6）背景简写属性

在以上实例中,我们已经看到页面的背景颜色可以通过很多的属性来控制。为了简化这些属性的代码,可以将这些属性合并在同一个属性中。

背景颜色的简写属性为:

```
body {background:#ffffff url(' camera.png') no-repeat right top;}
```

当使用简写属性时,属性值的顺序为: background-color、background-image、background-repeat、background-attachment、background-position。

以上属性无须全部使用,可以按照页面的实际需要使用。背景属性描述如表 3-4 所示。

表 3-4　背景属性描述

Property	描　　述
background	简写属性,作用是将背景属性设置在一个声明中
background-color	设置元素的背景颜色
background-image	把图像设置为背景
background-repeat	设置背景图像是否及如何重复
background-attachment	背景图像是否固定或者随着页面的其余部分滚动
background-position	设置背景图像的起始位置

2. CSS 文本

CSS 文本属性用于定义文本的外观。通过文本属性,可以改变文本的颜色、字符间距,对齐文本,装饰文本,对文本进行缩进,等等。

1）文本颜色

颜色属性被用来设置文字的颜色,CSS 颜色值可参阅完整的颜色值相关文档。

颜色是通过 CSS 指定格式指定。

十六进制值：如 #ff0000。

RGB 值：如 RGB(255,0,0)或者 RGB(r%,g%,b%)。

颜色的名称：如 red。

一个网页的背景颜色是在主体内选择。例如,可以如下选择背景颜色。

```
body {color:red;}
h1 {color:#00ff00;}
h2 {color:rgb(255,0,0);}
```

2）文本的对齐方式

文本排列属性(text-align)用来设置文本的水平对齐方式。根据需要,可以让文本左对齐、右对齐、居中对齐或两端对齐,如图 3-10 所示。

```
h1 {text-align:center}
h2 {text-align:left}
h3 {text-align:right}
```

图 3-10 文本对齐样式

文本对齐常用值如表 3-5 所示。

表 3-5 文本对齐常用值

值	描 述	值	描 述
left	把文本排列到左边。默认值由浏览器决定	justify	实现两端对齐的文本效果
right	把文本排列到右边	inherit	规定应该从父元素继承 text-align 属性的值
center	把文本排列到中间		

3）文本装饰

text-decoration 有以下 5 个值。

none：关闭应用到一个元素上的所有装饰。

underline：对元素加下画线。

overline：在文本的顶端画一条上画线。

line-through：在文本中间画一条贯穿线,等价于 HTML 中的 S 和 strike 元素。

blink：让文本闪烁。

text-decoration 属性用来设置或删除文本的装饰。none 值会关闭原本应用到一个元素上的所有装饰。通常,无装饰的文本为默认外观。但是对于超链接,从设计的角度看 text-decoration 属性主要是用来删除它的下画线。

```
a {text-decoration:none;}
```

4）文本大小写转换

文本转换属性用于指定在一个文本中的大写或小写字母。可用于设置所有字句变成大写或小写字母，或指定每个单词的首字母大写。例如：

```
p.uppercase {text-transform:uppercase;}
p.lowercase {text-transform:lowercase;}
p.capitalize {text-transform:capitalize;}
```

5）文本缩进

使用 text-indent 属性，所有元素的第一行都可以缩进一个给定的长度，甚至该长度可以是负值。

这个属性最常见的用途是将段落的首行缩进。下面的规则会使所有段落的首行缩进 5em。

```
p {text-indent: 5em;}
```

注意：一般来说，可以为所有块级元素应用 text-indent，但无法将该属性应用于行内元素，图像之类的替换元素也无法应用 text-indent 属性。不过，如果一个块级元素（如段落）的首行中有一幅图像，那么它会随该行的其余文本移动。

提示：如果想把一个行内元素的第一行"缩进"，可以用左内边距或外边距创造这种效果。

3. CSS 字体

CSS 字体属性用于定义文本的字体系列、大小、加粗、风格（如斜体）和变形（如小型大写字母）。

1）字体系列

在 CSS 中，有以下两种不同类型的字体系列名称。

（1）通用字体系列：拥有相似外观的字体系统组合（如"Serif"或"Monospace"）。

（2）特定字体系列：具体的字体系列（如"Times"或"Courier"）。

除了各种特定的字体系列外，CSS 还定义了 5 种通用字体系列：Serif 字体、Sans-serif 字体、Monospace 字体、Cursive 字体、Fantasy 字体。

font-family 属性用于设置文本的字体系列。

font-family 属性应该设置几个字体名称作为一种"后备"机制，如果浏览器不支持第一种字体，它将尝试下一种字体。

注意：如果字体系列的名称超过一个字，它必须用引号，如 font family:"宋体"。

多个字体系列之间用一个逗号分隔指明。例如：

```
p.serif{font-family:"Times New Roman",Times,serif;}
```

2）字体样式

字体样式主要是用于指定斜体文字的字体样式属性。这个属性有以下 3 个值。

（1）normal：正常显示文本。

（2）italic：以斜体字显示文字。

（3）oblique：文字向一边倾斜（和斜体非常类似，但不支持）。例如：

```
p.normal {font-style:normal;}
p.italic {font-style:italic;}
p.oblique {font-style:oblique;}
```

3）字体大小

font-size 属性用于设置文本的大小。能否管理文字的大小，在网页设计中是非常重要的。但是，不能通过调整字体大小使段落看上去像标题，或者使标题看上去像段落。请务必使用正确的 HTML 标签，即用<h1>～<h6>表示标题，用<p>表示段落。表示字体大小的值可以是绝对或相对的大小。

绝对值：

● 将文本设置为指定的大小。

● 不允许用户在所有浏览器中改变文本大小（不利于可用性）。

● 绝对大小在确定了输出的物理尺寸时很有用。

相对值：

● 相对于周围的元素来设置大小。

● 允许用户在浏览器改变文本大小。

注意：如果不指定一个字体的大小，默认大小和普通文本段落一样，是 16 像素（16px＝1em）。

设置文字的大小与像素，完全控制文字大小。例如：

```
h1 {font-size:35px;}
h2 {font-size:28px;}
p {font-size:18px;}
```

上面的例子可以在 Internet Explorer 9、Firefox、Chrome、Opera 和 Safari 中通过缩放浏览器调整文本大小。虽然可以通过浏览器的缩放工具调整文本大小，但是，这种调整是整个页面，而不仅仅是文本。

用 em 这样的相对单位来设置字体大小，可以有更大的灵活性，而且对定义页面中特定的设计部件（如空白、边距等）的尺寸很有帮助。在各种尺寸的设备（如智能手机、平板电脑等）不断涌现的今天，使用相对单位有助于建立在各种设备都能显示良好的页面（这就是响应式 Web 设计涉及的内容），因此许多开发者使用 em 单位代替像素。

1em 和当前字体大小相等。在浏览器中默认的文字大小是 16px，因此 1em 的默认大小是 16px。可以通过下面这个公式将像素转换为 em：px/16＝em。例如：

```
h1 {font-size:2.1875em;}        /* 35px/16=2.1875em */
h2 {font-size:1.75em;}          /* 28px/16=1.75em */
p {font-size:1.125em;}          /* 18px/16=1.125em */
```

在上面的例子中，em 的文字大小是与前面例子中的像素一样。不过，如果使用单位 em，则可以在所有浏览器中调整文本大小。

不幸的是，仍然是 IE 浏览器的问题。调整文本大小时，它的显示会比正常的尺寸更大或更小。但使用百分比和 em 组合在所有浏览器的解决方案中,将 body 里的 font-size: 100% 声明为 em,可为

字体大小设置参考的基准。例如:

```
body {font-size:100%;}
h1 {font-size:2..1875em;}
h2 {font-size:1.75em;}
p {font-size:1.125em;}
```

CSS 字体属性如表 3-6 所示。

表 3-6　CSS 字体属性

属　　性	描　　　　述	属　　性	描　　　　述
font	在一个声明中设置所有的字体属性	font-style	指定文本的字体样式
font-family	指定文本的字体系列	font-variant	以小型大写字体或者正常字体显示文本
font-size	指定文本的字体大小	font-weight	指定字体的粗细

4. CSS 链接

能够设置链接样式的 CSS 属性有很多种(如 color、font-family、background 等)。链接的特殊性在于能够根据它们所处的状态来设置其样式。

1) 链接的 4 种状态

a:link:普通的、未被访问的链接。

a:visited:用户已访问的链接。

a:hover:鼠标指针位于链接的上方。

a:active:链接被单击的时刻。

```
a:link {color:#000000;}              /* 未访问链接是黑色 */
a:visited {color:#00FF00;}           /* 已访问链接是绿色 */
a:hover {color:#FF00FF;}             /* 鼠标移动到链接上是粉红色 */
a:active {color:#0000FF;}            /* 鼠标单击是蓝色 */
```

注意:当设置为若干链路状态的样式时,也有以下顺序规则。

(1) a:hover 必须跟在 a:link 和 a:visited 后面;

(2) a:active 必须跟在 a:hover 后面。

根据上述链接的颜色变化的例子,看它是在什么状态。也可以通过其他常见方式转换链接的样式。

2) 文本修饰

text-decoration 属性主要用于删除链接中的下画线。例如:

```
a:link {text-decoration:none;}
a:visited {text-decoration:none;}
a:hover {text-decoration:underline;}
a:active {text-decoration:underline;}
```

3）背景颜色

background-color 属性用于指定链接背景色。例如：

```
a:link {background-color:#00ff00;}
a:visited {background-color:#ff0000;}
a:hover {background-color:#0000ff;}
a:active {background-color:#ffff00;}
```

5. CSS 表格

CSS 表格属性可以用于改善表格的外观。CSS 表格样式属性说明如表 3-7 所示。

表 3-7　表格样式属性说明

属　　　　性	描　　　　述
border-collapse	设置是否把表格边框合并为单一的边框
border-spacing	设置分隔单元格边框的距离
caption-side	设置表格标题的位置
empty-cells	设置是否显示表格中的空单元格
table-layout	设置显示单元、行和列的算法

1）设置表格边框

如果需要在 CSS 中设置表格边框，请使用 border 属性。下面的例子为 table、th 和 td 设置了红色边框。

```
table, th, td {border: 1px solid red;}
```

2）去掉边框

border-collapse 属性用于设置是否将 table 表格边框折叠为单一边框。例如：

```
table{border-collapse:collapse;}
table,th, td{border: 1px solid red;}
```

3）设置表格的宽度和高度

通过 width 和 height 属性定义表格的宽度和高度。

下面的例子将表格宽度设置为 100%，同时将 th 元素的高度设置为 50px。

```
table{width:100%;}
th{height:50px;}
```

4）设置表格文本对齐

text-align 和 vertical-align 属性用于设置表格中文本的对齐方式。

text-align 属性用于设置表格中文本水平对齐方式，如左对齐、右对齐或居中。例如：

```
<!--td 单元格内文本右对齐-->
td{text-align:right;}
```

vertical-align 属性用于设置垂直对齐方式，如顶部对齐、底部对齐或居中对齐。例如：

```
<!--td 单元格高度 50px,文本底部对齐-->
td{height:50px;vertical-align:bottom;}
```

5）设置表格颜色

下面的例子是设置边框的颜色,以及 th 元素的文本和背景颜色。

```
<!--设置表格边框粗细为 1px,颜色为绿色,同时设置表题背景色为绿色,文本颜色为白色-->
table, td, th{border:1px solid green;}
th{
  background-color:green;
  color:white;
}
```

3.5 项目案例

3.5.1 学习目标

（1）掌握静态页面的开发、运行原理。
（2）掌握 HTML 一般标签的使用。
（3）掌握页面的设计技巧,力求美观、大方。

3.5.2 案例描述

每个系统都拥有一个漂亮美观的主页面。艾斯医药系统的主页面非常简洁,给人以赏心悦目的感觉,当然这离不开 CSS 的支持,以及精美的图片设计,由于本书篇幅有限,不能对所有技术一一介绍,请读者参照相关资料去学习。

3.5.3 案例要点

标签的使用,CSS 脚本的编写,图片的设计,以及确保它们所存放的路径被正确引用。

3.5.4 案例实施

（1）设计以下图片,并存放到./images 文件夹下。

（2）创建 andreas08(blue).css 文件,并存放到./css 文件夹下（可选）。
（3）创建 index.html 文件,并存放到./路径下。

```
<!DOCTYPE html PUBLIC "-//W3C//DTD XHTML 1.1//EN"
"http://www.w3.org/TR/xhtml11/DTD/xhtml11.dtd">
<html xmlns="http://www.w3.org/1999/xhtml" xml:lang="en">
<head>
<title>AscentSys 医药商务系统</title>
```

```html
<meta http-equiv="content-type" content="text/html; charset=GB2312" />
<meta name="description" content="Your website description goes here" />
<meta name="keywords" content="your,keywords,goes,here" />
<link rel="stylesheet"  id="styles" href="./css/andreas08(blue).css"
type="text/css"
media="screen,projection" />
</head>


<body>
<div id="container" >
<div id="header";>
<h1>加拿大·亚思晟科技 </h1>
<h2>Quality is everything!</h2>
</div>
<div id="navigation">
<ul>
<li class="selected"></li>
<li><a href="index.html">首页</a></li>
<li><a href="product/itservice.html">IT 服务</a></li>
<li><a href="product/products.html">医药商务系统</a></li>
<li><a href="product/employee.html">员工招聘</a></li>
<li><a href="product/ContactUs.html">关于我们</a></li>
<li></li>
</ul>
</div>
<div id="content">
<h2>Welcome To Ascent Technologies</h2>
<div class="splitcontentleft">
  <div class="box">
<h3><img src="images/lxrycyy.gif" alt="" width="184" height="124" /></h3>
</div>
</div>
<div class="splitcontentright">
  <p>亚思晟商务科技有限公司(简称 &quot;亚思晟科技 &quot;)由海外归国 IT 专业技术人士在
北京中关村海淀留学生创业园创办成立。公司总部位于北京、在加拿大、美国、日本和中国的石家
庄、长春、秦皇岛、吉林、廊坊等地设有分部。凭借着卓越的技术水平、经验丰富的管理团队、强大的
资源整合能力和"诚信、开放、创新、卓越"的经营理念,亚思晟科技奠定了公司在本地和海外 IT 服
务市场的优势地位,获得了客户的一致认可和好评,并与客户建立了长期的战略合作伙伴关系。公
司立足于中国 IT 的现实和特点,利用国际先进、成熟的技术和经验,提供高端优质的 IT 服务,包括
软件高端培训、软件开发及维护、软件外包、软件产品研发和本地化等。公司具有突出的技术优势,
包括:具备北美电子应用平台技术;通过北京中关村科技园高科技产品认证;具有突出的人才优势,
拥有美国 MBA,纽约华尔街及加拿大证券交易中心认证管理专家;以及其他加拿大 IT 技术移民和海
外留学人员。</p>
  <p><strong>Good luck with your new design!</strong></p>
</div>
</div>
<div id="subcontent">
<form name="form" method="post" action="">
```

```html
  <div class="small box">
    <table width="150" border="0" cellspacing="0" cellpadding="0">
      <tr>
        <td width="30%" valign="middle"><img src="images\username.jpg"
            width="61" height="17" align="bottom" />
            <input name="username" id="username" type="text" size="7"/>
        </td>
      </tr>
      <tr>
        <td valign="middle"><img src="images\password.jpg" width="61" height="17" />
            <input name="password" id="password" type="password" size="6" /></td>
      </tr>
      <tr>
        <td height="30" valign="bottom"><input name="image" type="image"
            onclick="return checkLoginIndex(form);" src="images\login_1_7.jpg"
            alt="登录" width="44" height="17" border="0"/>
               
            <select name="sel" onchange="changeStyle(this)">
            <option value="andreas08(blue).css" selected="selected">默认风格
                </option>
            <option value="andreas08(orange).css">橘色</option>
            <option value="andreas08(green).css">绿色</option>
            </select></td>
      </tr>
    </table>
  </div>
  </form>
  <h2>最新商品列表</h2>
  <ul class="menublock"><li><a href="#">西药</a><a href="#"><img
    src="images/buy.gif" width="20" height="16" border="0"/></a></li>
    <li><a href="#">生化药</a><a href="#"><img src="images/buy.gif" width="20"
    height="16" border="0"/></a></li>
  </ul>
<h2>友情链接</h2>
<ul class="menublock">
  <li><a href="http://www.ascenttech.cn" target="_blank">亚思晟视频在线</a>
    </li>
  <li><a href="http://www.ascenttech.com.cn/" target="_blank">亚思晟公司主页
    </a></li>
  </ul>
</div>
<div id="footer">
<p><a href="http://www.ascenttech.com.cn/" target="_blank">版权所有:北京亚思晟
商务科技有限公司 &copy;2004-2008|京 ICP 备 05005681</a></p>
</div>
</div>
</body>
</html>
```

（4）页面展示，如图 3-11 所示。

图 3-11　页面展示效果

3.5.5　特别提示

关于 andreas08(blue).css 文件的内容在这里并没有给出，请读者参照项目的源代码。

3.5.6　拓展与提高

请熟悉常用的 HTML 开发工具 DreamWeaver 的使用。

习题

1. HTML 文件的基本结构是什么？

2. HTML 的基本标签有哪些？

3. 分别描述超链接标签、框架结构标签和 HTML 区块标签。

4. CSS 规则由哪两部分组成？分别描述它们。

5. 在 HTML 中添加的样式表有哪几种？

6. 请用 HTML 编写个人简历页面。页面内容以表格形式体现，信息内容包括个人基础信息、近期照片、学习经历以及兴趣爱好与特长等。

第 **4** 章

JavaScript

学习目的与要求

本章简要介绍 JavaScript，包括 JavaScript 的使用、语法基础、事件处理和 JavaScript 对象。通过本章的学习，要求掌握 JavaScript 的基本原理，能够编写页面中的脚本代码。

本章主要内容

- JavaScript 的使用。
- JavaScript 的语法基础。
- JavaScript 事件处理。
- JavaScript 对象。

JavaScript 是一种直译式脚本语言，是一种动态类型、弱类型、基于原型的语言，内置支持类型。它的解释器被称为 JavaScript 引擎，为浏览器的一部分，广泛用于客户端的脚本语言，用来在 HTML 网页中增加动态交互功能。JavaScript 简单易学，即使是程序设计新手也可以非常容易地使用 JavaScript 进行简单的编程。

JavaScript 的主要作用是：

（1）校验用户输出的内容。

（2）有效地组织网页内容。

（3）动态地显示网页内容。

（4）弥补静态网页不能实现的功能。

（5）动画显示。

4.1 JavaScript 的使用

HTML 定义网页的内容,CSS 定义网页的表现,JavaScript 则定义特殊的行为。编写好 JavaScript 脚本程序之后,就可以和 HTML 及 CSS 一起使用了,具体方法如下。

1. 添加嵌入脚本

嵌入脚本位于 HTML 文档之内,同 CSS 很相似。HTML 中的脚本必须位于＜script＞与＜/script＞标签之间。＜script＞和＜/script＞会告诉 JavaScript 在何处开始和结束。脚本可被放置在 HTML 页面的＜body＞或者＜head＞部分中。

一些旧的实例可能会在＜script＞标签中使用 type＝"text/javascript"。现在已经不必这样做了。JavaScript 是所有现代浏览器以及 HTML 中的默认脚本语言。

1)＜head＞中的 JavaScript 函数

在下面的例子中,把一个 JavaScript 函数放置到 HTML 页面的＜head＞部分。该函数会在单击按钮时被调用。

实例 JSHeadDemo.html 代码如下。

```
<!DOCTYPE html>
<html>
<head>
    <script>
        function myFunction()
        {
            document.getElementById("example").innerHTML="我是图片 2";
        }
    </script>
</head>
<body>
    <p id="example">我是图片 1</p>
    <button type="button" onclick="myFunction()">修改</button>
</body>
</html>
```

页面显示效果如图 4-1 所示。

图 4-1　按钮调用函数页面显示效果

2)＜body＞中的 JavaScript 函数

在下面的例子中,把一个 JavaScript 函数放置到 HTML 页面的 ＜body＞ 部分。该函数会在单击按钮时被调用。

实例 JSBodyDemo.html 代码如下。

```html
<!DOCTYPE html>
<html>
<body>
    <p id="example">我是图片 1</p>
    <button type="button" onclick="myFunction()">修改</button>
    <script>
        function myFunction()
        {
            document.getElementById("example").innerHTML="我是图片 2";
        }
    </script>
</body>
</html>
```

2. 外部的 JavaScript

和为页面添加样式表一样，从外部文件加载脚本通常比在 HTML 中嵌入脚本要好一些。这样做的好处也是类似的，即可以在需要某一脚本的每个页面加载同一个 JavaScript 文件。需要对脚本进行修改时，就可以仅编辑一个脚本，而不是在各个单独的 HTML 页面更新相似的脚本。无论是加载外部脚本还是嵌入脚本，均使用 script(脚本)元素。

外部 JavaScript 文件的文件扩展名是 js。如需使用外部文件，请在＜script＞标签的 "src"属性中设置该 js 文件。

```html
<!DOCTYPE html>
<html>
<body>
<script src="myScript.js"></script>
</body>
</html>
```

可以将脚本放置于 ＜head＞ 或者 ＜body＞中，放在 ＜script＞ 标签中的脚本与外部引用的脚本运行效果完全一致。

myScript.js 文件代码如下。

```javascript
function myFunction()
{
    document.getElementById("example").innerHTML="我是图片 2";
}
```

注意：外部脚本不能包含＜script＞标签。

4.2　JavaScript 的语法基础

4.2.1　JavaScript 的标识符和关键字

1. 标识符

标识符是 JavaScript 中定义的符号，如变量名、函数名、数组名、对象名等。在

JavaScript 中,合法的标识符的命名规则和 Java 以及其他许多程序设计语言的命名规则相同,即标识符可以由任意顺序的大小写字母、下画线(_)、美元符号($)组成,但标识符不能以数字开始,不能是 JavaScript 中的保留字。下面是合法的标识符:

```
_
My_varibale
P20
_name
$money
```

在 JavaScript 中,标识符是大小写敏感的,即_name 和_Name 是两个不同的标识符。

2. 关键字

JavaScript 同其他程序设计语言一样也拥有自己的关键字,即保留字,是系统定义的具有特定含义的特殊标识符,用户不能用来作为自定义标识符。

JavaScript 有许多关键字,这些关键字可分为两种类型,JavaScript 保留关键字和 ECMA 扩展的保留字。以下为 JavaScript 的关键字。

break	case	continue	default	delete		do	else	false	finally
for	function	if	in	instanceof	new	null	return	this
throw	true	try	typeof	var		void	while	with

下面列出的关键字在目前的 JavaScript 版本中并未使用,但在 ECMAScript 标准中它们被作为以备将来扩展语言的需要而保留的关键字。

abstract	boolean	byte	char	class	const	debugger
double	enum	export	extends	final	float	goto
implements	import	int	interface	long	native	package
private	protected	public	short	static	super	synchronized
throws	transient	volatile				

除了不能将保留字用作标识符名之外,还有很多其他的词也不能被用作标识符,它们是被 JavaScript 用作属性名、方法名和构造函数名的标识符。如果用这些名字创建了一个变量或函数,就会重定义已经存在的属性或函数,一般来说不应该这么做,除非你自己确实要重定义该属性或函数。下面列出了 DCMAScript V3 标准中需要避免使用的其他标识符(注:英文大小写无关)。

arguments	Array	Boolean	Date	decodeURI
decodeURIComponent	encodeURI	Error	escape	Eval
EvalError	Function	Infinity	isFinite	isNaN
Math	NaN	Number	Object	parseFloat
parseInt	RangeError	ReferenceError	RegExp	String
SyntaxError	TypeError	undefined	unescape	URIError

不同的 JavaScript 版本可能会定义其他的全局属性或函数,开发人员在给变量或函数命名时不应该和这些全局变量或函数的名字相同。另外,还要避免定义以两个下画线开头的标识符,因为 JavaScript 常常将这种形式的标识符用于内部用途。

4.2.2 JavaScript 的基本数据类型

在 JavaScript 中有 4 种基本的数据类型。

- 数值型：整数和浮点数。
- 字符串型：用双引号或单引号括起来的字符或数值。
- 布尔型：使用 True 或 False 表示。
- 特殊数据类型：Null(空值)、Undefined。

1. 数值型

数值型是 JavaScript 最基本的数据类型，主要用于各种数值的运算。在 JavaScript 中整数和浮点值没有差别，所有的数值都用浮点值表示。

如果一个数值直接出现在 JavaScript 脚本中，称为数值直接量(numeric literal)。JavaScript 支持的数值直接量的类型有：整型、浮点型、特殊的数值。

1) 整型

整型直接量可以是正整数、负整数和 0，可以用十进制、八进制和十六进制表示。在 JavaScript 中，数值大多用十进制表示。一个十进制数值是由一串数字序列组成的，它的第一个数字不能为 0，当然数字 0 除外，如 1024。一个八进制数值是以数字 0 开头，其后是一个数字序列，这个序列中的每个数字都是 0~7(包括 0 和 7)中的数字，如 037。前缀为 0 同时包含数字 8 或 9 的数被解释为十进制数。一个十六进制数值是以 0x 开头，其后跟随的是十六进制的数字串，即每个数字可以用数字 0~9，或字母 A~E(大写或小写都可)来表示 0~15 之间的数字，如 0x1C。八进制数和十六进制数可以为负，但不能有小数位，同时不能以科学记数法(指数)表示。

2) 浮点型

浮点型直接量就是带小数部分的数，它既可以使用常规表示法，也可以用科学记数法表示。使用科学记数法表示时，指数部分是在一个整数后跟一个 e 或 E，它可以是一个有符号的数。下面是一些浮点型直接量的例子。

3.1415926：常规表示法。

−3.1498：常规表示法。

.1e15：科学记数法，该数等于 0.1×10^{15}。

52e−15：科学记数法，该数等于 52×10^{-15}。

3) 特殊的数值

JavaScript 还使用了以下一些特殊的数值：

NaN(不是数)：当一个算术运算产生了为定义的结果或出错返回时，结果是一个非数字的特殊值，输出为 NaN(Not a Number)。这个值比较特殊，它和任何数值都不相等，包括它自己在内，所以需要一个专门的函数 isNaN()来检测这个值。

Infinity：正无穷大。在 JavaScript 中，当一个浮点值大于所能表示的最大值时，其结果是一个特殊的无穷大的值，用 Infinity 表示。

−Infinity：负无穷大。在 JavaScript 中，当一个浮点值小于所能表示的最小值时，其结果是一个特殊的无穷小的值，用−Infinity 表示。

2. 字符串型

一个字符串值是排在一起的一串零或零以上的 Unicode 字符(字母、数字和标点符号)。字符串数据类型用来表示 JavaScript 中的文本。脚本中可以包含字符串文字,这些字符串文字放在一对匹配的单引号或双引号中。字符串中可以包含双引号,该双引号两边需加单引号;也可以包含单引号,该单引号两边需加双引号。下面是字符串的示例。

```
"Happy am I; from care I'm free!"
'"Avast, ye lubbers!" roared the technician.'
"42"
'c'
```

注意:JavaScript 中没有表示单个字符的类型(如 C++ 的 char)。要表示 JavaScript 中的单个字符,应创建一个只包含一个字符的字符串。包含零个字符("")的字符串是空(零长度)字符串。

3. 布尔(**Boolean**)型

尽管字符串型和数值型可以有无数不同的值,但 Boolean 数据类型却只有两个值,即 true 和 false。Boolean 值是一个真值,它表示一个状态的有效性(说明该状态为真或假)。

4. 特殊数据类型

1) Null

在 JavaScript 中,数据类型 null 只有一个值:null。注意,在 JavaScript 中,null 与 0 不相等。同时应该指出的是,JavaScript 中 typeof 运算符将报告 null 值为 Object 类型,而非 null 类型。

2) Undefined

还有一种特殊值 JavaScript 会偶尔一用,它就是 undefined。在使用了一个不存在的对象属性,或声明了变量但从未赋值时,返回的就是这个值。

5. 变量

JavaScript 中,变量用来存放数据,这样在需要用这个数据的地方就可以用变量来代表。一个变量可以是一个数字、文本或其他一些符号。JavaScript 是一种对数据类型变量要求不太严格的语言,所以不必声明每一个变量的类型,变量声明尽管不是必须的,但在使用变量之前先进行声明是一种好的习惯。可以使用 var 语句进行变量声明。例如,var men=true; //men 中存储的值为 Boolean 类型。

对于变量必须明确变量的命名、变量的类型、变量的声明及其变量的作用域。

1) 变量的命名

JavaScript 中的变量命名同样遵循标识符的定义规则,但不能是 JavaScript 中已定义了的关键字,这些关键字是 JavaScript 内部使用的,不能作为变量的名称。例如,Var、int、double、true 不能作为变量的名称。

2) 变量的类型

JavaScript 和 Java、C 这样的语言之间存在一个重要的差别,就是 JavaScript 是无类型的。这就意味着 JavaScript 的变量可以存放任何类型的值,而 Java 和 C 的变量都只能存放它所声明了的特定类型的数据。例如，在 JavaScript 中，可以先把一个数值赋给一个变量，然后再把一个字符串赋给它，这完全是合法的。例如：

```
a=10;
a="Hello";
```

JavaScript 的一个特性就是缺少类型规则，数据类型之间可以快速转换。

3）变量的声明

在 JavaScript 中，变量可以用命令 var 作声明：

```
var mytest;
```

该例子定义了一个 mytest 变量。但没有赋予它的值。

```
var mytest="This is a book";
```

该例子定义了一个 mytest 变量，同时赋予了它的值。

在 JavaScript 中，变量可以不作声明，而在使用时再根据数据的类型来确定其变量的类型。例如：

```
x=100
y="125"
xy=True
cost=19.5
```

其中，x 为整数；y 为字符串；xy 为布尔型；cost 为实型。

4）变量的作用域

JavaScript 中的变量可以在使用前先作声明，并可赋值。通过使用 var 关键字对变量作声明。对变量作声明的最大好处就是能及时发现代码中的错误。因为 JavaScript 是采用动态编译的，而动态编译不易发现代码中的错误，特别是在变量命名方面。

对于变量还有一个重要性，即变量的作用域。在 JavaScript 中，同样有全局变量和局部变量。全局变量是定义在所有函数体之外，其作用范围是整个函数；局部变量是定义在函数体之内，只对其该函数是可见的，而对其他函数则是不可见的。

4.2.3　JavaScript 的表达式和运算符

1. 表达式

在定义完变量后，就可以对它们进行赋值、改变、计算等一系列操作，这一过程通常又叫表达式，可以说它是变量、常量、布尔及运算符的集合，因此表达式可以分为算术表述式、字串表达式、赋值表达式和布尔表达式等。

2. 运算符

运算符是完成操作的一系列符号，在 JavaScript 中有算术运算符、关系运算符、逻辑运算符、赋值运算符等几类运算符。这些运算符根据参与运算的操作数的个数可分为双目运算符和单目运算符。双目运算符由两个操作数和一个运算符组成；单目运算符由一个操作数和一个运算符组成。

1) 算术运算符

JavaScript 中主要有以下算术运算符。

（1）＋（加法运算符或正值运算符）：如 3＋2。"＋"作为加法运算符时为双目运算符，即应有两个量参与加法运算，如 3＋2；作为正值运算符时为单目运算符，即只需对一个运算对象进行操作，如＋5。

（2）－（减法运算符或负值运算符）：如 8－3、－9。－作为减法运算符时为双目运算符；作为负值运算符时为单目运算符。

（3）＊（乘法运算符）：如 3＊5，结果为 15。

（4）/（除法运算符）：如 6/2，结果为 3。

注意：在做算术运算时，当运算量均为整型时，结果也为整型，舍去小数；如果运算量中有一个是实型，则结果为双精度实型。例如，5/2 的结果是 2 而不是 2.5，而 5/2.0 的结果为 2.5。

（5）％（求余运算符或取模运算符）：用于求两数相除后的余数，如 5％3 的结果为 2。

（6）前置自增、自减运算符：

① ＋＋x：先将 x 的值加 1，然后再取 x 的值参与其他运算。

② －－ x：先将 x 的值减 1，然后再取 x 的值参与其他运算。

（7）后置自增、自减运算符：

① x＋＋：先取 x 的值参与其他运算，再将 x 的值加 1。

② x－－：先取 x 的值参与其他运算，再将 x 的值减 1。

2) 关系运算符

JavaScript 中的关系运算符，用以完成两个操作数的比较，比较结果为逻辑值 true 或 false。JavaScript 中的关系运算符有 6 种：＞（大于）、＞＝（大于或等于）＜（小于）、＜＝（小于或等于）、＝＝（等于）、!＝（不等于）。

3) 逻辑运算符

JavaScript 中的逻辑运算符通常用于执行布尔代数运算，通常与关系运算符结合使用，表达比较复杂的运算。JavaScript 中主要有以下逻辑运算符。

（1）!（取反）：该运算符是一个一元运算符，它放在一个运算数之前，用来对运算数的布尔值取反，即如果变量 a 的值为 true，那么!a 的值为 false。

（2）&&（逻辑"与"运算符）：当运算符连接的两个操作数都是 true 时，该表达式的值为 true；否则，为 false。

（3）||（逻辑"或"运算符）：当运算符连接的两个操作数有一个为 true 时，该表达式的值为 true；否则，为 false。

4) 赋值运算符

赋值运算符＝用于给一个变量赋值，在该运算符左边的运算数必须为一个变量、数组的一个元素、或者对象的一个属性，右边的运算数是一个任意的值，这个值可以是任何类型的，该运算符完成将右边的值赋值为左边的变量。例如：

a＝4;

该赋值运算符完成将数字 4 赋值为变量 a。

JavaScript 支持许多其他的赋值运算符,这些运算符将赋值运算符和其他运算符联合在一起,提供一些快捷的运算方式,这些运算符如表 4-1 所示。

表 4-1 赋值运算符列表

运 算 符	示 例	等 价 等 式
$+=$	$a+=b$	$a=a+b$
$-=$	$a-=b$	$a=a-b$
$*=$	$a*=b$	$a=a*b$
$/=$	$a/=b$	$a=a/b$
$\%=$	$a\%=b$	$a=a\%b$
$\&=$	$a\&<=b$	$a=a\&b$
$!=$	$a!+=b$	$a=a!b$
$\wedge=$	$a\wedge=b$	$a=a\wedge b$

运算符优先级确定了复杂表达式解析和执行时哪个运算符优先进行。例如,$3+4*5$表达式求值时,值为 23,而不是 35,因为乘法的优先级高。JavaScript 定义了所有运算符的优先级和求值顺序,如表 4-2 所示。

表 4-2 运算符优先级

优先级	运 算 符
1	$[\ ]$、$(\ )$、$\rightarrow$
2	$++$(前置)、$--$(前置)、$+$(正)、$-$(负)、$!$、typeof、new void delete
3	$*$、$/$、$\%$
4	$+$、$-$
5	$<<$、$>>$、$>>>$
6	$<$、$<=$、$>$、$>=$
7	$==$、$!=$、$===$、$!==$
8	$\&$
9	$\wedge$
10	$!$
11	$\&\&$
12	$||$
13	$?$
14	$=$、$+=$、$-=$、$*=$、$/=$、$\%=$
15	,

4.2.4 JavaScript 控制语句

在任何一种语言中,程序控制流是必需的,它能使得整个程序减少混乱,使之顺利按其一定的方式执行。下面是 JavaScript 常用的程序控制流结构及语句。

1. if 条件语句

基本格式为:

```
if(表述式)
    语句段 1;
    …
else
    语句段 2;
    …
```

功能:若表达式为 true,则执行语句段 1;否则,执行语句段 2。

if…else 语句是 JavaScript 中最基本的控制语句,通过它可以改变语句的执行顺序。表达式中必须使用关系语句来实现判断,它是作为一个布尔值来估算的。它将零和非零的数分别转换成 false 和 true。若 if 后的语句有多行,则必须使用花括号将其括起来。

if 语句可以嵌套使用,其基本格式为:

```
if(表达式)语句 1;
else if(表达式)语句 2;
else if(表达式)语句 3;
…
else 语句 4;
```

在这种情况下,每一级的表达式都会被计算,若为真,则执行其相应的语句;否则,执行 else 后的语句。

2. switch 语句

switch 语句根据条件值改变程序执行的顺序,其基本格式为:

```
swith(val){
    case 1:
        语句 1;
        break;
    case 2:
        语句 2;
        break;
    case 3:
        语句 3;
        break;
    default:
        默认语句;
        break;
}
```

说明：

（1）switch 后面的表达式只能是整型、字符型或枚举类型。case 后面的常量表达式的类型必须与其一致。

（2）"case 常量表达式"起到语句标号的作用，各常量表达式的值必须互不相等。

（3）各 case 和 default 出现的次序可以任意。

（4）多个 case 可共用一组执行语句，即允许 case 常量表达式后无语句。

（5）break 语句在 switch 语句中是可选的，它用来跳过后面的 case 语句，结束 switch 语句，从而达到分支的目的。如果省略 break 语句，则程序在执行完相应的 case 后的语句后，将继续执行下一个 case 后的执行语句。这在语法上是正确的，但是是不规范的，它往往导致产生错误的结果。

3. for 语句

如果在已知循环次数的情况下，可以使用 JavaScript 提供的 for 语句。for 语句能够使程序变得更为简洁，其基本格式为：

```
for(初始表达式;条件表达式;增量表达式){
    语句组;
}
```

在 for 关键字后面有一个圆括号，里面是 3 个使用分号分割的表达式，这 3 个表达式分别表示如下意义。

（1）初始表达式：用于声明 for 循环中使用的变量并赋初始值，该表达式只在循环开始时执行一次。

（2）条件表达式：用于指定 for 循环执行结束时的条件。每次执行循环时都要先判断该条件表达式的值，如果表达式的值为"真"，则执行循环体中的语句；如果表达式的值为"假"，则退出循环。

（3）增量表达式：用于修改包含在条件表达式中循环变量的值，通过增加或减少循环变量的值，从而使循环趋向结束。该表达式是在每次执行了循环体的语句组之后重复执行的。

4. while 循环

while 语句用于当满足指定条件时需要循环执行一组语句的情况，其语法格式为：

```
while(条件表达式){
    语句组;
}
```

while 语句执行时，首先判断表达式的值，如果表达式的值为"真"，就重复执行语句组，直到表达式的结果变为"假"为止。因此，语句组中应该有使循环趋向于结束的语句；否则，表达式的结果永远为真，则程序进入"死循环"，永远不能停止。

如果 while 语句在开始执行时，条件表达式的值为"假"，则 while 语句组一次也不执行。

5. do…while 循环

do…while 语句与 while 语句相似,也是用于在满足指定条件时反复执行的一组语句,但是两者之间存在着差别。该语句的基本格式为:

```
do{
    语句组;
} while(条件表达式);
```

do…while 语句在执行时首先执行一遍语句组,然后才判断表达式的值是否为"真",如果表达式的值为"真",则重复执行语句组,直到表达式的值变为"假"时退出循环。该语句的循环体至少执行一次,而 while 语句如果条件表达式的值为"假",则一次也不执行。同时 do…while 语句在 while 语句后有一个分号";",代表该语句的结束。

6. for…in

JavaScript 提供了一种特别的循环方式来遍历一个对象的所有用户定义的属性或者一个数组的所有元素,即 for…in 循环,其基本格式为:

```
for(变量 in 数组或对象){
    语句组;
}
```

for…in 语句在执行时,对数组或对象中的每一个元素,重复执行语句组的内容,直到处理完最后一个元素为止。

7. break 和 continue 语句

与 C++、Java 语言相同,使用 break 语句使得循环从 for 或 while 中跳出,continue 语句使得跳过循环内剩余的语句而进入下一次循环。

4.2.5　JavaScript 函数

在编程过程中,有很多问题需要重复执行一些操作,就需要重复编写某段程序代码,从程序代码的维护性和简洁性考虑,将重复使用的程序代码独立出来,把它定义为函数,在需要的地方进行引用,这样代码的可维护性和可读性都可得到有效增强。

函数是完成特定任务的一段程序代码,比如前面使用的数据类型转换函数 parseFloat(),它用来将其他类型的数据类型转换为实型。一般来说,如果一个函数是某个对象的成员,那么习惯上称这个函数为对象的方法。函数能够被一个或多个程序多次调用,也能够在多人开发的不同程序中应用。函数还可以把大段的代码划分为一个个易于维护、易于组织的代码单位。这样,只有编写函数的人需要关心函数的实现细节,使用函数的人只需要知道函数的功能、使用方法即可。

函数为程序设计人员提供了很大便利。通常在设计复杂程序时,总是需要根据所要完成的功能,将程序划分为一些相对独立的部分,每部分编写一个函数,这个函数还可以划分为其他一些小的函数,从而使程序各部分充分独立,并完成单一的任务,使整个程序结构清晰,达到易读、易懂、易维护的目的。最后将各个函数组合起来,就实现了很多复杂的功能。

JavaScript 提供了自定义函数的方法。开发人员根据需要编写自定义函数,并在开发过程中调用,也能够将自定义的函数与其他编程人员共享。

在使用函数之前,必须定义函数。函数一般定义在 HTML 文档的＜head＞部分,位于＜script＞…＜/script＞标记内部,可以出现在任何位置。此外,函数也可以在单独的脚本文件中定义,并保存在外部文件中,在适用的位置根据函数名和所在的外部文件名中引用。

定义函数的语法格式为:

```
function 函数名(形式参数 1,形式参数 2,…,形式参数 n)
{
    语句组;
}
```

说明:function 是定义函数的保留关键字。

函数名是用户自己定义的,可以是任何有效的标识符,在实际编程中最好给函数赋予一个有意义的名称,以方便函数的调试和调用。

函数可以带有零个或多个形式参数,用于接收调用函数时传递的变量。形式参数必须用圆括号括起来放在函数名之后,当没有参数时圆括号也不能省略。如果有多个形式参数,形式参数之间用逗号分隔。

函数体是放在大括号中用来实现函数功能的一条或多条语句,它是一段相对独立的程序代码,用于完成一个独立的功能。函数体内一般使用 return 语句返回调用函数的程序,还可以使用 return 语句带回返加值。

例如,下面定义一个函数 hello()。

```
function hello()
{
    Document.write("你好!");
}
```

这是一个不带参数的非常简单的函数,用于输出"你好!"。

函数定义后只有调用该函数,才会实现该函数的功能,这称作函数调用。调用函数的方法非常简单,只要写上函数名、圆括号以及在圆括号中写上要传递的参数或值就可以了。调用函数的语法格式为:

```
函数名(实际参数 1,实际参数 2,…, 实际参数 n)
```

说明:函数名要与定义函数时使用的名称相同。

实际参数是传递给函数的变量或值,简称为实参,其参数的类型、格式、意义以及顺序要与定义函数时的形式参数相同,参数名可以不同。函数在执行时,会按顺序将实际参数的值传递给形式参数。

下面给出函数的定义和使用实例。

```
<HTML>
  <HEAD>
    <TITLE>定义和使用函数</TITLE>
    <SCRIPT Language="JavaScript">
    function myresume()              //定义函数
```

```
        {
          document.write("姓名: 王琳");
          document.write("<br>性别: 女");
          document.write("<br>年龄: 18");
          document.write("<br>职业: 学生");
          document.write("<br>爱好: 听歌");
        }
        myresume();                    //调用函数
    </SCRIPT>
  </HEAD>
  <BODY>
  </BODY>
</HTML>
```

在上述程序中,首先定义了一个显示简历的函数 myresume(),然后使用 myresume()语句调用它来显示简历,运行结果如图 4-2 所示。

上述程序中定义函数的语句在调用函数语句之前,符合先定义后使用的原则。实际上也可以将调用函数的语句放到定义函数之前,还可以在其他程序中调用该函数。

图 4-2 函数的使用

4.3 JavaScript 事件处理

JavaScript 为了增强网页的交互性,提供了事件驱动的程序设计模型。开发人员根据需要在适当的位置设置事件,并为事件指定事件处理程序。当用户在网页中触发了事件(如单击按钮)就会触发设置在该按钮上的事件,系统自动执行指定给该事件的处理程序,从而产生交互。事件处理程序常常进行一定的操作,并返回信息在浏览器中显示。

1. 事件

事件是为了增强网页的交互性,使浏览器响应用户操作的一种机制。对于常见的事件,浏览器自身拥有一套已经设计好的响应各种事件的方法。

浏览器事件包括两种:一种是常见的用户与网页进行交互过程中产生的事件,这种事件是用户在浏览器中直接触发的,在数量上来说也是最多的一种事件。例如单击超链接时,就产生一个单击(click)操作事件。另一种就是浏览器本身的一些动作也可以产生事件,这种事件可能不是用户直接触发的,但是归根结底是用户间接触发的,在数量上较少。例如,当用户启动浏览器载入一个页面时,就会触发浏览器的 load 事件,关闭一个网页或跳转到另外的页面时,就会触发 unload 事件。

2. 事件处理

事件处理是浏览器为响应发生的某个事件而进行的处理过程。在 JavaScript 中,它是网页交互的重要内容。浏览器在程序运行的大部分时间里都在等待交互事件的发生,并在事件发生时,自动调用事件处理函数,完成事件处理的过程。

常用的 12 种 JavaScript 事件处理程序如表 4-3 所示。

表 4-3　常用的 12 种 JavaScript 事件处理

事 件 处 理	功　　能	事 件 处 理	功　　能
onabort	用户终止了页面的加载	onload	对象完成了加载
onblur	用户离开了对象	onmouseover	鼠标指针移动到对象
onchange	用户修改了对象	onmouseout	鼠标指针离开了对象
onclick	用户单击了对象	onselect	用户选择了对象的内容
onerror	脚本遇到了一个错误	onsubmit	用户提交了表单
onfocus	用户激活了对象	onunload	用户离开了页面

3. 指定事件处理程序

在 JavaScript 编程中,在事件发生的位置需要将事件与事件的处理程序关联起来。这样,当事件发生时,才能够调用设计的处理程序。将事件和事件处理程序进行关联的方法有以下 3 种:

(1) 直接在 HTML 标记中指定。这种方法使用的较为频繁,主要针对简单的事件处理。具体方法是在事件的对应 HTML 标签中,添加一个进行事件处理的属性,指定属性值为该事件的处理程序。该方法的语法格式为:

<标记…事件="事件处理程序" [事件="事件处理程序"…]>

例如:

```
<HTML>
  <HEAD>
    <TITLE></TITLE>
  </HEAD>
<BODY onload="alert('网页加载完成！')" onunload="alert('您将关闭本网页！')">
  </BODY>
</HTML>
```

在以上代码的 <body> 标记中设置的对 load 和 unload 事件的处理程序,都是使用 alert()方法弹出提示对话框,使网页加载(load)完毕时弹出一个对话框,显示"网页加载完成！";在用户关闭网页或跳转到别的窗口时弹出一个对话框,显示"您将关闭本网页！"。

(2) 在<script>标签中编写针对特定对象的特定事件的 JavaScript 事件处理代码,需要使用 for 属性指定对象,使用 event 属性指定事件。这种方法经常用于网页文档中的插件对象的事件处理。该方法的语法格式为:

```
<script language="JavaScript" for="对象" event="事件">
    …
    (事件处理程序代码)
…
</script>
```

例如：

```
<HTML>
  <HEAD>
    <TITLE></TITLE>
  </HEAD>
  <BODY>
    <script language="JavaScript" for="window" event="onload">
      alert('网页加载完成！');
    </script>
  </BODY>
</HTML>
```

在以上代码中，只有当 window 对象的 load 事件发生时，才会触发调用 <script> 标签中定义的 alert() 方法，其结果为弹出提示对话框，显示"网页加载完成！"。

（3）在 JavaScript 代码中设置事件处理。这种方法是最为通用的，不论简单或复杂的事件处理过程，都可以使用网页编辑者自定义的函数（function）来处理事件。它需要设置对象的事件属性，设置事件处理程序，并指定事件属性为事件处理程序的名称或代码。该方法的语法格式为：

```
<script language="JavaScript">
    …
    对象.事件=事件处理程序名称；
    (事件处理函数或程序代码)
…
</script>
```

例如：

```
<HTML>
  <HEAD>
    <TITLE></TITLE>
  </HEAD>
  <BODY>
    <script language="JavaScript">
      function ignoreError()
      {
        return true;
      }
      Window.onerror=ignoreError;        //无参数,不使用圆括号"()"
    </script>
  </BODY>
</HTML>
```

以上代码是将 ignoreError() 函数定义 window 对象的 onerror 事件的处理程序。

以下是一个事件处理的实例 JSEventDemo.html。

```
<html>
<head>
  <script type="text/javascript">
    function disp_alert()
    {
      alert("警告窗口!")
    }
  </script>
</head>
<body>
  <input type="button" onclick="disp_alert()" value="显示警告窗口" />
</body>
</html>
```

4.4 JavaScript 对象

4.4.1 JavaScript 对象简介

JavaScript 语言是基于对象的(Object Based),而不是面向对象的(Object Oriented)。之所以说 JavaScript 是一门基于对象的语言,主要是因为它没有提供像抽象、继承、重载等有关面向对象语言的许多功能,而是把其他语言所创建的复杂对象统一起来,从而形成一个非常强大的对象系统。

1. 对象的基本结构

JavaScript 中的对象是由属性(properties)和方法(methods)两个基本的元素构成的。前者是对象在实施其行为的过程中,与变量相关联的单位;后者是指对象能够按照设计者的意图而被执行,并与特定的函数相联。

2. 引用对象的途径

一个对象要真正地被使用,可采用以下几种方式获得。

(1) 创建新对象。

(2) JavaScript 内部核心对象。

(3) 由浏览器环境中提供。

这就是说,一个对象在被引用之前,这个对象必须存在,否则引用将毫无意义,而且出现错误信息。JavaScript 的引用对象可以通过不同方式获取——要么创建新的对象,要么利用现存的对象。

3. 对象属性的引用

对象属性的引用可由下列 3 种方式之一实现。

(1) 使用点(.)运算符。例如:

```
university.province="安徽省"
university.city="合肥市"
university.Date="1996"
```

说明：university 是一个已经存在的对象，province、city、Date 是它的 3 个属性，并通过操作对其赋值。

（2）通过对象的下标实现引用。例如：

```
university[0]="安徽省"
university[1]="合肥市"
university[2]="1996"
```

通过数组形式的访问属性，可以使用循环操作获取其值。

```
function showUniversity(object){
  for(var j=0;j<2; j++)
  document.write(object[j]);
}
```

若采用 for…in，则可以在不知其属性的个数就可以实现：

```
function showUniversity (object){
  for(var prop in this)
  document.write(this[prop]);
}
```

（3）通过字符串的形式实现。例如：

```
university["Province"]="安徽省"
university["City"]="合肥市"
university["Date"]="1996"
```

4. 对象的方法的引用

在 JavaScript 中，对象方法的引用是非常简单的，该方法的格式为：

```
ObjectName.methods()
```

methods()＝FunctionName 方法实质上是一个函数。

如引用 university 对象中的 showMe()方法，则可使用：

```
document.write (university.showMe())
```

或

```
document.write(university)
```

如引用 math 内部对象中 cos()的方法，则可使用：

```
with(math)
document.write(cos(35));
document.write(cos(80));
```

若不使用 with，则引用时相对要复杂些，例如：

```
document.write(math.cos(35))
document.write(math.sin(80))
```

4.4.2 创建新对象

使用 JavaScript 可以创建自己的对象。虽然 JavaScript 内部和浏览器本身的功能已十分强大，但 JavaScript 还是提供了创建一个新对象的方法，使其不必像超文本置标语言那样求助于其他工具，因为它本身就能完成许多复杂的工作。

在 JavaScript 中，创建一个新的对象是十分简单的。首先必须定义一个对象，而后再为该对象创建一个实例。这个实例就是一个新对象，它具有对象定义中的基本特征。

1. 对象的定义

JavaScript 对象的定义，其基本格式为：

```
function Object(属性表){
    this.prop1=prop1;
    this.prop2=prop2;
    …
    this.meth1=FunctionName1;
    this.meth2=FunctionName2;
    …
}
```

在一个对象的定义中，可以为该对象指明其属性和方法。通过属性和方法构成了一个对象的实例。例如，以下是一个关于 university 对象的定义。

```
function university(province,city,creatDate, URL){
    this.province=province;
    this.city=city;
    this.creatDate=New Date(creatDate);
    this.URL=URL;
}
```

其基本含义如下。

province：“大学”所在省。

city：“大学”所在城市。

creatDate：记载 university 对象的更新日期。

URL：该对象指向的一个网址。

2. 创建对象实例

一旦对象定义完成后，就可以为该对象创建一个实例：

```
newObject=new object();
```

说明：newObject 是新的对象，Object 是已经定义好的对象。例如：

```
u1 = new university("安徽省","合肥市","January 05,1996 12:00:00","http://www.
ustc.edu")
u2=new university("河北省","石家庄市","January 07,1997 12:00:00","http://www.
hbsd.edu")
```

3. 对象方法的使用

在对象中除了使用属性外,有时还需要使用方法。在对象的定义中,this.meth＝FunctionName 语句就是为对象定义的方法。实质上对象的方法就是一个函数 FunctionName,通过它实现对象的意图。

例如,在 university 对象中增加一个方法,该方法是显示它自己本身,并返回相应的字符串。

```
function university(province,city,createDate,URL){
    this.province=province;
    this.city=city;
    this.createDate=New Date(creatDate);
    this.URL=URL;
    this.showUniversity=showUniversity;
}
```

说明:this.showUniversity 就是定义了一个方法——showUniversity()。

而 showUniversity()方法是实现 university 对象本身的显示。

```
function showUniversity(){
    for (var prop in this)
     alert(prop+="+this[prop]+");
}
```

说明:alert 是 JavaScript 中的内部函数,显示其字符串。

现在就可以如下使用此对象的方法了。

```
u1.showUniversity();
```

4.4.3　内部核心对象和方法

JavaScript 提供了一些非常有用的常用内部对象和方法。用户不需要用脚本来实现这些功能。

1. 常用内部对象

JavaScript 提供了 string(字符串)、math(数值计算)和 date(日期)三种常用对象和其他一些相关的方法,从而为编程人员快速开发强大的脚本程序提供了非常有利的条件。

在 JavaScript 中,对于对象属性与方法的引用有两种情况:一种是该对象为静态对象,即在引用该对象的属性或方法时不需要为它创建实例;另一种是对象则在引用它的对象或方法时必须为它创建一个实例,即该对象是动态对象。

对 JavaScript 内部对象的引用,是紧紧围绕着它的属性与方法进行的。因而明确对象的静动性对于掌握和理解 JavaScript 内部对象具有非常重要的意义。

1) 字符串对象 string

string 对象为内部静态对象,访问 properties 和 methods 时,可使用句点(.)运算符实现。

基本使用格式如下：

```
objectName.prop/methods
```

（1）字符串对象的属性。该对象的一个关键属性是 length。它表明了字符串中的字符个数，包括所有符号。例如：

```
mytest="This is a JavaScript"
mystringlength=mytest.length
```

mystringlength 返回 mytest 字符串的长度为 20。

（2）字符串对象的方法。string 对象的方法有很多，它们主要用于有关字符串在 Web 页面中的显示，字体大小、字体颜色、字符的搜索，以及字符的大小写转换。

string 对象的主要方法如下。

- anchor()锚点方法。该方法用于创建与 HTML 文件中一样的 anchor 标记。通过下列格式访问：

```
string.anchor(anchorName)
```

- 有关字符显示的控制方法：
  italics()：斜体字显示。
  bold()：粗体字显示。
  blink()：字符闪烁显示。
  small()：小体字显示。
  big()：大字体显示。
  fixed()：固定高亮字显示。
  fontsize(size)：控制字体大小等。
- fontcolor(color)：字体颜色方法。
- 字符串大小写转换方法：
  toLowerCase()：小写转换。
  toUpperCase()：大写转换。
例如，把一个给定的串分别转换成大写和小写格式：

```
string=stringValue.toUpperCase
```

或

```
string=stringValue.toLowerCase
```

- indexOf[charactor,fromIndex]字符搜索方法。该方法从指定 fromIndex 位置开始搜索 charactor 第一次出现的位置。
- substring(start,end)返回字符串的一部分字符串方法。该方法从 start 开始到 end 的字符全部返回。

2）算术函数的 math 对象

math 对象为静态对象，提供除加、减、乘、除以外的一些运算，如对数、平方根等。

（1）math 对象的主要属性。math 对象提供了多个属性，它们是数学中经常用到的。

例如：

E：常数。

LN10：以 10 为底的自然对数。

LN2：以 2 为底的自然对数。

PI：3.14159。

SQRT1-2：1/2 的平方根。

SQRT2：2 的平方根。

（2）math 对象的主要方法。

abs()：绝对值。

sin()、cos()：正弦、余弦值。

asin()、acos()：反正弦、反余弦。

tan()、atan()：正切、反正切。

round()：四舍五入。

sqrt()：平方根。

pow(base,exponent)：求第一个参数的第二个参数次方。

3）日期和时间对象

日期和时间对象：提供一个有关日期和时间的对象。

日期和时间对象必须使用 New 运算符创建一个实例，例如：

```
MyDate=New Date()
```

Date 对象没有提供直接访问的属性，只具有获取和设置日期和时间的方法。

日期起始值：1770 年 1 月 1 日 00:00:00。

（1）获取日期的时间方法。

getYear()：返回年数。

getMonth()：返回当月号数。

getDate()：返回当日号数。

getDay()：返回星期几。

getHours()：返回小时数。

getMintes()：返回分钟数。

getSeconds()：返回秒数。

getTime()：返回毫秒数。

（2）设置日期和时间：

setYear()：设置年。

setDate()：设置当月号数。

setMonth()：设置当月月份数。

setHours()：设置小时数。

setMintes()：设置分钟数。

setSeconds()：设置秒数。

setTime()：设置毫秒数。

2. JavaScript 中的系统函数

JavaScript 中的系统函数又称内部方法。它提供了与任何对象无关的系统函数，使用这些函数无须创建任何实例就可以直接使用。

1）返回字符串表达式中的值

方法名：

```
eval(字符串表达式)
```

例如：

```
test=eval("8+9+5/2");
```

2）返回字符串 ASCII 码

方法名：

```
unEscape(string)
```

3）返回字符的编码

方法名：

```
escape(character)
```

4）返回实数

方法名：

```
parseFloat(floustring);
```

5）返回不同进制的数

方法名：

```
parseInt(numbestring, rad.X)
```

radix 是数的进制，numbs 字符串数。

4.4.4 浏览器对象系统

使用浏览器的内部对象系统（如图 4-3 所示），可实现与 HTML 文档交互功能。它的作用是将相关元素包装起来，提供给程序设计人员使用，从而减轻编程人员的工作，提高设计 Web 页面的能力。

1. navigator 对象

除了 document（文档）对象外，navigator（浏览器）对象还提供了 window（窗口）对象、frame（框架）对象、history（历史）对象和 location（位置）对象。

- navigator：navigator 对象提供有关浏览器的信息。
- window：window 对象处于对象层次的最顶端，它提供了处理 navigator 窗口对象的方法和属性。
- frame：frame 对象包含了框架版面布局的信息，以及每一个框架所对应的 window 对象。

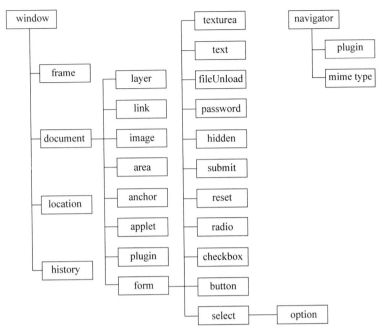

图 4-3　浏览器对象系统

- document：document 对象包含了与文档元素(elements)一起工作的对象,它将这些元素封装起来供编程人员使用。
- location：location 对象提供了与当前打开的 URL 一起工作的方法和属性,它是一个静态对象。
- history：history 对象提供了与历史清单有关的信息。

编程人员利用这些对象,可以对 Web 浏览器环境中的事件进行控制并做出处理。JavaScript 提供了非常丰富的内部方法和属性,从而可减轻编程人员的工作,提高编程效率。这正是基于对象与面向对象的根本区别所在。在这些对象系统中,文档对象是非常重要的,它对于实现 Web 页面信息交互起关键作用,因而它是对象系统的核心部分。

2. window 对象

1）window 对象简介

window 对象包括许多有用的属性、方法和事件驱动程序,编程人员可以利用这些对象控制浏览器窗口显示的各个方面,如对话框、框架等。在使用时应注意以下几点。

- 该对象对应于 HTML 文档中的<Body>和<FrameSet>两种标识。
- onLoad 和 onUnload 都是窗口对象属性。
- 在 JavaScript 脚本中可直接引用窗口对象。

例如：

```
window.alert("窗口对象输入方法")
```

可直接使用以下格式：

```
alert("窗口对象输入方法")
```

2）窗口对象的事件驱动

窗口对象主要有装入 Web 文档事件 onLoad 和停止装入 Web 文档事件 onUnload,用于文档载入和停止载入时开始和停止更新文档。

3）窗口对象的方法

窗口对象的方法主要用来提供信息或输入数据以及创建一个新的窗口。

（1）创建新的窗口对象。可以使用 window.open()方法创建新的窗口。open()方法有3 个参数：①打开窗口中的页面地址 URL(包括路径和文件名)；②给新窗口取的一个英文名字；③打开窗口的一些属性设置(如窗口的高度、宽度、是否显示滚动条、是否显示浏览器的菜单栏等)。

新窗口的名字在某些时候可能会用到,例如在别的窗口中使用 TARGET="新窗口的名字"把超链接所链接的页面在新窗口中显示。描述窗口特性的参数是一个包含关键字和关键字值的字符串,各个关键字之间使用英文逗号(,)隔开,使用这个参数时一定要小心,各个关键字、关键字值、逗号之间千万不要有空格。

窗口对象的属性参数是一个字符串列表项。它由逗号分隔,指明了有关新创建窗口的属性,如表 4-4 所示。

表 4-4　窗口对象的属性参数

参　　数	设　定　值	含　　义
toolbar	yes/no	建立或不建立标准工具条
location	yes/no	建立或不建立位置输入字段
directions	yes/no	建立或不建立标准目录按钮
status	yes/no	建立或不建立状态条
menubar	yes/no	建立或不建立菜单条
scrollbar	yes/no	建立或不建立滚动条
revisable	yes/no	能否改变窗口大小
width	yes/no	确定窗口的宽度
height	yes/no	确定窗口的高度

（2）给窗口指定页面。当使用上面的方法创建了一个新窗口后,还可以再次给这个窗口指定新的页面,但这要用到 open()方法的返回值,请看下边的代码。

```
myWin=window.open(url, "", "height=100,width=100");
...
myWin.location="newpage.html";
```

上边的代码将打开的新窗口的页面重新指定为 newpage.html,这样窗口中就会显示页面 newpage.html 了。同时,在打开的新窗口中,也可以通过使用窗口对象的 opener 属性将窗口对象指向打开此窗口的母窗口,这样也就可以对母窗口的数据或函数进行操作了。例如,下边的代码中就是将母窗口的页面重新指定为 newpage.html。

```
window.opener.location="newpage.html";
```

其他方法还有：

- 具有 OK 按钮的对话框。alert()方法能创建一个具有 OK 按钮的对话框。
- 具有 OK 和 Cancel 按钮的对话框。confirm()方法为编程人员提供一个具有两个按钮的对话框。
- 具有输入信息的对话框。prompt()方法允许用户在对话框中输入信息，并可使用默认值，其基本格式为：

```
prompt("提示信息",默认值)
```

4）窗口对象中的属性

窗口对象中的属性主要用来对浏览器中存在的各种窗口和框架的引用，其主要属性有以下几个。

（1）frames：确定文档中帧的数目。

frames（帧）作为实现一个窗口的分隔操作，可起到非常有用的作用，在使用时应注意：frames 属性是通过 HTML 标识<Frames>的顺序来引用的，它包含了一个窗口中的全部帧数；帧本身已是一类窗口，继承了窗口对象的全部属性和方法。

（2）parent：指明当前窗口或帧的父窗口。

（3）defaultstatus：默认状态，它的值显示在窗口的状态栏中。

（4）status：包含文档窗口中帧中的当前信息。

（5）top：包括的是用以实现所有的下级窗口的窗口。

（6）window：指的是当前窗口。

（7）self：引用当前窗口。

3. frame 对象

正如前边提到，frame 其实是单独的窗口，它对应于单独的窗口对象，有自己的 location、history 和 document 属性。

下面举个简单的例子 FrameDemo.html，代码如下。

```html
<html>
<head>
<title></title>
</head>

<frameset rows="300, * ">
<frame name="a" src="example1.html">
<frameset cols="33%,33%,33%">
<frame name="b" src="example2.html">
<frame name="c" src="example3.html">
<frame name="d" src="example4.html">
</frameset>
</frameset>

</html>
```

4. location 对象

location 对象包含了当前页面的地址（URL）信息，可以直接改变此属性值，将其设置成新的地址（URL）。例如：

```
window.location="http://www.yahoo.com";
```

或

```
location="http://www.yahoo.com";
```

还可以通过下面两种方法中的任意一种来使浏览器从服务器上下载（Load）页面。
- reload()：使浏览器重新下载当前的页面，也就是"刷新"当前页面。
- replace(URL)：使浏览器根据 URL 参数中给出的地址（URL）下载页面，同时在当前浏览器存储的历史记录（即所浏览过的页面的列表）中使用新的地址（即此方法中的 URL 参数）覆盖当前的页面。

5. history 对象

history 对象是一个很有用的对象。此对象记录着浏览器所浏览过的每一个页面。这些页面组成了一个历史记录列表。history 对象具有以下 3 个主要方法。
- forward()：将历史记录向前移动一个页面。
- back()：将历史记录向后移动一个页面。
- go()：产品控制历史纪录，而且功能更加强大。使用此方法需要一个参数。这个参数值可以是正负整数、零和字符串。例如，history.go(−2)是将当前页后退两页；如果给定的参数是字符串，那么浏览器就会搜索列表，找到最接近当前页面位置的并且地址 URL 中含有此字符串的页面，然后转到该页面。

下边的两条语句是等价的。

```
history.go(-1);
history.back();
```

下边的代码将页面转到距离本页面位置最近且页面地址 URL 中含有字符串"netscape"（不区分字母的大小写）的页面。

```
history.go("netscape");
```

在使用这 3 种方法的时候，如果没有找到符合条件的历史记录，则不会发生任何变化，不会改变当前的页面，也不会显示错误。

注意：如果在你的网站中有很多页面，那么提供一个"返回"功能是必要的，这样可以方便用户浏览你的网站，但是你并不知道用户是从哪一个页面来到当前页面的，因此你就不能使用<A HREF="页面的地址">…</A>的方式来作超链接了，但是可以使用下边的代码来作"返回"的超链接。

```
<a href="#" onClick="history.back(); return false;">返回</a>
```

6. document 对象

在 Navigator 浏览器中，document（文档）对象是核心，同时也是最重要的。

document 对象的主要作用就是把一些基本的元素(如 link、anchor、form 等)封装起来,提供给编程人员使用。从另一个角度看,document 对象中又是由属性和方法组成。

1) document 中 3 个主要对象

在 document 中主要有 anchor、link、form 3 个主要的对象。

(1) anchor(锚)对象。

anchor 对象指的是<A Name=…> </A>标识在 HTML 源码中存在时产生的对象。它包含着文档中所有的 anchor 信息。

(2) link(链接)对象。

link 对象指的是用<A Href=…> </A>标记的以链接一个超文本或超媒体的元素作为一个特定的 URL。

(3) form(表单)对象。

① 什么是表单对象。

表单是构成 Web 页面的基本元素。通常,一个 Web 页面有一个表单或几个表单,使用 Forms[]数组来实现不同表单的访问。例如:

```
<form Name=Form1>
  <input type=text…>
  <input type=text…>
  <input type=text…>
</form>


<form Name=Form2>
  <input type=text…>
  <input type=text…>
</form>
```

在 Forms[0]中共有 3 个基本元素,而 Forms[1]中只有 2 个元素。

表单对象最主要的功能就是能够直接访问 HTML 文档中的表单,它封装了相关的 HTML 代码。

```
<form
  name="表的名称"
  target="指定信息的提交窗口"
  action="接收表单程序对应的 URL"
  method=信息数据传送方式(get/post)
  enctype="表单编码方式"
  [onSubmit="JavaScript 代码"]>
</form>
```

② 表单对象的方法。

表单对象的方法只有一个 submit()方法。该方法的主要功用是实现表单信息的提交。如提交 Mytest 表单,则使用下列格式。

```
document.mytest.submit()
```

③ 表单对象的属性。

表单对象中的属性主要包括 elements、name、action、target、encoding method。除 elements 外,其他几个均反映了表单标识中相应属性的状态,这通常是单个表单标识;elements 常常是由多个表单元素值组成的数组。例如:

```
elements[0].Mytable.elements[1]
```

④ 访问表单对象。

在 JavaScript 中访问表单对象可由以下两种方法实现。

a. 通过访问表单。在表单对象的属性中首先指定其表单名,然后就可以通过下列标识访问表单:

```
document.Mytable()
```

b. 通过数组访问表单。除了使用表单名来访问表单外,还可以使用表单对象数组来访问表单对象。但需要注意,因表单对象是由浏览器环境提供的,而浏览器环境所提供的数组下标是由 0 到 n,所以可通过下列格式实现表单对象的访问。

```
document.forms[0]
document.forms[1]
document.forms[2]
…
```

⑤ 引用表单的先决条件。

在 JavaScript 中要对表单引用的条件是:必须先在页面中用标识创建表单,并将定义表单部分放在引用之前。

⑥ 表单中的基本元素。

表单中的基本元素由按钮、单选按钮、复选框、提交按钮、重置按钮、文本框等组成。在 JavaScript 中要访问这些基本元素,必须通过对应特定的表单元素的数组下标或表单元素名来实现。每一个元素主要是通过该元素的属性或方法来引用。其引用的基本格式如下。

```
formName.elements[].methodName (表单名.元素名或数组.方法)
formName.element[].propertyName(表单名.元素名或数组.属性)
```

下面分别介绍:

a. text(单行单列输入)元素。

功能:对 text 标识中的元素实施有效的控制。

基本属性:

name:设定提交信息时的信息名称,对应 HTML 文档中 text 的 name。

value:用以设定出现在窗口中对应 HTML 文档中 value 的信息。

defaultValue:包括 Text 元素的默认值。

基本方法:

blur():将当前焦点移到后台。

select():加亮文字。

主要事件:

onFocus：当 text 获得焦点时，产生该事件。

onBlur：从元素失去焦点时，产生该事件。

onSelect：当文字被加亮显示后，产生该事件。

onChange：当 text 元素值改变时，产生该事件。

例如：

```
…
<form name="test">
  <input type="text" name="test" value="this is a JavaScript" >
</form>
…
<script language="JavaScript">
  document.mytest.value="that is a JavaScript";
  document.mytest.select();
  document.mytest.blur();
</script>
```

b. textarea(多行多列输入)元素。

功能：实施对 textarea 中的元素进行控制。

基本属性：

name：设定提交信息时的信息名称，对应 HTML 文档中 textarea 的 name。

value：用以设定出现在窗口中对应 HTML 文档中 value 的信息。

defaultValue：元素的默认值。

基本方法：

blur()：将输入焦点失去。

select()：将文字加亮。

主要事件：

onBlur：当失去输入焦点后产生该事件。

onFocus：当输入获得焦点后，产生该事件。

onChange：当文字值改变时，产生该事件。

onSelect：当文字加亮后，产生该事件。

c. select(选择)元素。

功能：实施对滚动选择元素的控制。

基本属性：

name：设定提交信息时的信息名称，对应 HTML 文档中 select 的 name。

length：对应 HTML 文档中 select 的 length。

options：组成多个选项的数组。

selectIndex：该下标指明一个选项。

select 中每一选项都含有以下属性：

text：选项对应的文字。

selected：指明当前选项是否被选中。

index：指明当前选项的位置。

defaultSelected：默认选项。

主要事件：

onBlur：当 select 选项失去焦点时，产生该文件。

onFocus：当 select 获得焦点时，产生该文件。

onChange：选项状态改变后，产生该事件。

d. button（按钮）元素。

功能：实施对 button 按钮的控制。

基本属性：

name：设定提交信息时的信息名称，对应 HTML 文档中 button 的 name。

value：用以设定出现在窗口中对应 HTML 文档中 value 的信息。

基本方法：

click()：该方法类似于一个按下的按钮。

主要事件：

onClick：当单击 button 按钮时，产生该事件。

例如：

```
<form name="test">
  <input type="button" name="testcall" onClick=tmyest()>
</form>
…
<script language="javascirpt">
  document.elements[0].value="mytest";      //通过元素访问
```

或

```
  document.testcallvalue="mytest";          //通过名字访问
</script>
…
```

e. checkbox（检查框）元素。

功能：实施对一个具有复选框中元素的控制。

基本属性：

name：设定提交信息时的信息名称，对应 HTML 文档中 checkbox 的 name。

value：用以设定出现在窗口中对应 HTML 文档中 value 的信息。

checked：该属性指明框的状态 true/false。

defaultChecked：默认状态。

基本方法：

click()：该方法使得框的某一个项被选中。

主要事件：

onClick：当框的项被选中时，产生该事件。

f. radio（无线按钮）元素。

功能：实施对一个具有单选功能的无线按钮控制。

基本属性：

name：设定提交信息时的信息名称，对应 HTML 文档中 radio 的 name。

value：用以设定出现在窗口中对应 HTML 文档中 value 的信息，对应 HTML 文档中 radio 的 value。

length：单选按钮中的按钮数目。

defaultChecked：默认按钮。

checked：指明选中还是没有选中。

index：选中的按钮的位置。

基本方法：

chick()：选定一个按钮。

主要事件：

onClick：单击按钮时，产生该事件。

g. hidden(隐藏)元素。

功能：实施对一个具有不显示文字并能输入字符的区域元素的控制。

基本属性：

name：设定提交信息时的信息名称，对应 HTML 文档中 hidden 的 name。

value：用以设定出现在窗口中对应 HTML 文档中 value 的信息，对应 HTML 文档中 hidden 的 value。

defaultValue：默认值。

h. password(口令)元素。

功能：实施对具有口令输入的元素的控制。

基本属性：

name：设定提交信息时的信息名称，对应 HTML 文档中 password 的 name。

value：用以设定出现在窗口中对应 HTML 文档中 value 的信息，对应 HTML 文档中 password 的 value。

defaultValue：默认值。

基本方法：

select()：加亮输入口令域。

blur()：使丢失 password 输入焦点。

focus()：获得 password 输入焦点。

i. submit(提交)元素。

功能：实施对一个具有提交功能按钮的控制。

基本属性：

name：设定提交信息时的信息名称，对应 HTML 文档中 submit 的 name。

value：用以设定出现在窗口中对应 HTML 文档中 value 的信息，对应 HTML 文档中 submit 的 value。

基本方法：

click()：相当于按下 submit 按钮。

主要事件：

onClick()：当按下该按钮时，产生该事件。

2）文档对象中的 attribute 属性

document 对象中的 attribute 属性，主要用于在引用 href 标识时，控制着有关颜色的格式和有关文档标题、文档原文件的 URL 以及文档最后更新的日期。这部分元素的主要含义如下：

（1）链接颜色：alinkcolor。

当选取一个链接时，链接对象本身的颜色就按 alinkcolor 所指定的颜色改变。

（2）链接颜色：linkcolor。

当用户使用＜a href＝…＞ Text string ＜/a＞链接后，text string 的颜色就会按 linkcolor 所指定的颜色更新。

（3）浏览过后的颜色：vlinkColor。

该属性表示的是已被浏览器存储为已浏览过的链接颜色。

（4）背景颜色：bgcolor。

该元素包含文档背景的颜色。

（5）前景颜色：fgcolor。

该元素包含 HTML 文档中文本的前景颜色。

3）文档对象的基本元素

（1）表单属性。

表单属性是与 HTML 文档中＜Form＞…＜/Form＞相对应的一组对象在 HTML 文档所创建的表单数，由 length 指定。通过 document.forms.length 反映该文档中所创建的表单数目。

（2）锚属性：anchors。

该属性中，包含了 HTML 文档的所有＜A＞ ＜/A＞标记为 Name＝…的语句标识。所有"锚"的数目保存在 document.anchors.length 中。

（3）链接属性：links。

链接属性是指在文档中＜A＞…＜/A＞由 Href＝…指定的数目，其链接数目保存在 document.links.length 中。

下面通过一个例子 testDOM.htm 来说明文档对象的综合应用。

```html
<html>
<head>
</head>
<body>
<form Name="mytable">
    请输入数据：
    <input Type="text" name="text1" value="">
</form>
<a name="Link1" href="http://www.sohu.com">链接到第一个文本</a><br>
<a name="Link2" href="http://www.sina.com.cn">链接到第二个文本</a><br>
<a name="Link3" href=" http://www.163.com">链接到第三个文本</a><br>
<a href="#Link1">第一锚点</a>
<a href="#Link2">第二锚点</a>
```

```
<a Href="#Link3">第三锚点</a>
<br>
<script Language="JavaScript">
  document.write("文档有"+document.links.length+"个链接"+"<br>");
  document.write("文档有"+document.anchors.length+"个锚点"+"<br>");
  document.write("文档有"+document.forms.length+"个表单");
</script>
</body>
</html>
```

下列程序 randomWord.html 随机产生每日一语。

```
<HTML>
<HEAD>
<script Language="JavaScript">
  <!--
  tips=new Array(6);
  tips[0]="我强，因为我专！";
  tips[1]="欢迎来到亚思晟！";
  tips[2]="我能！";
  tips[3]="谁用谁知道！";
  tips[4]="一般人我不告诉他.";
  tips[5]="男人就该对自己狠一点。";
  index=Math.floor(Math.random() * tips.length);
  document.write("<FONT SIZE=8 COLOR=DARKBLUE>"+tips[index]+"</FONT>");
</script>
</HEAD>
</BODY>
</HTML>
```

4.5 项目案例

4.5.1 学习目标

（1）掌握 JavaScript 基本语法，以及常用对象的使用。
（2）通过 JavaScript 函数脚本对表单数据进行验证。

4.5.2 案例描述

对于一个 web 应用而言，几乎所有的数据收集都通过浏览器完成，而用户操作不熟练、输入错误、设备不正常、网络传输不正常等问题，甚至有恶意用户专门输入恶意数据等，都会导致输入异常。异常的输入轻则导致系统中断，重则导致系统崩溃。所以，应用程序必须在底层处理之前对数据进行有效校验，对于不合法的数据给予系统提示。

4.5.3 案例要点

（1）掌握 form 表单的数据提交方式。

（2）掌握事件的触发事件，以及 JavaScript 函数的调用。

4.5.4　案例实施

创建 register.html 文件如下。

```
<!DOCTYPE html PUBLIC "-//W3C//DTD XHTML 1.1//EN"
"http://www.w3.org/TR/xhtml11/DTD/xhtml11.dtd">
<html xmlns="http://www.w3.org/1999/xhtml" xml:lang="en">
    <head>
        <title>AscentSys 医药商务系统</title>
        <meta http-equiv="content-type" content="text/html; charset=GB2312" />
        <meta name="description" content="Your website description goes here" />
        <meta name="keywords" content="your,keywords,goes,here" />
    </head>
    <script language="javascript">
function check() {
    if (form.username.value=="") {
        alert("用户名不能为空!");
        form.username.focus();
        return false;
    }
    if (form.password.value=="") {
        alert("请输入密码 !");
        form.password.focus();
        return false;
    }
    if (form.password2.value=="") {
        alert("请再次输入密码 !");
        form.password2.focus();
        return false;
    }
    if (form.password.value !=form.password2.value) {
        alert("两次输入的密码不一致 !");
        form.password2.focus();
        return false;
    }
    if (form.email.value=="") {
        alert("请输入邮件 !");
        form.email.focus();
        return false;
    }
    var regm=/^[a-zA-Z0-9_-]+@[a-zA-Z0-9_-]+(。[a-zA-Z0-9_-]+)+$/;
    //验证 Mail 的正则表达式,^[a-zA-Z0-9_-]:开头必须为字母,下画线,数字
    if (form.email.value !="" && !form.email.value.match(regm)) {
        alert("邮件格式不对,检查后重新输入!");
```

```
            form.email.focus();
            return false;
        }
    }
}
</script>
    </head>
    <body>
        <form name="form" method="post" action="" />
            <table width="70%" class="mars" cellspacing="1" cellpadding="0"
                width="100%" border="0">
                <tbody>
                    <tr>
                        <td class="item" width="41%">
                            <div align="right">用户名:</div>
                        </td>
                        <td width="7%"></td>
                        <td width="52%">
                            <input type="text" name="username" id="username">
                                  
                            <font color="red"> * </font>
                            <div id="usernameCheckDiv" class="warning">
                            </div>
                        </td>
                    </tr>
                    <tr>
                        <td class="item">
                            <div align="right">密码:</div>
                        </td>
                        <td width="7%"></td>
                        <td>
                            <input type="password" name="password" id="password">
                                  
                            <font color="red"> * </font>
                        </td>
                    </tr>
                    <tr>
                        <td class="item">
                            <div align="right">密码确认:</div>
                        </td>
                        <td width="7%"></td>
                        <td>
                            <input type="password" name="password2"
                                id="password2">  
                            <font color="red"> * </font>
                        </td>
```

```
        </tr>
        <tr>
            <td class="item">
                <div align="right">公司名称:</div>
            </td>
            <td width="7%"></td>
            <td>
                <input type="text" name="companyname"
                    id="companyname" />
            </td>
        </tr>
        <tr>
            <td class="item">
                <div align="right">公司地址:</div>
            </td>
            <td width="7%"></td>
            <td>
                <input type="text" name="companyaddress"
                    id="companyaddress" />
            </td>
        </tr>
        <tr>
            <td>
                <div align="right">国家:</div>
            </td>
            <td width="7%"></td>
            <td>
                <input type="text" name="country" id="country" />
            </td>
        </tr>
        <tr>
            <td>
                <div align="right">城市:</div>
            </td>
            <td width="7%"></td>
            <td>
                <input type="text" name="city" id="city" />
            </td>
        </tr>
        <tr>
            <td>
                <div align="right">工作:</div>
            </td>
            <td width="7%"></td>
            <td>
```

```
                          <input type="text" name="job" id="job" />
                  </td>
          </tr>
          <tr>
                  <td class="item">
                          <div align="right">电话:</div>
                  </td>
                  <td width="7%"></td>
                  <td>
                          <input type="text" name="tel" id="tel" />
                  </td>
          </tr>
          <tr>
                  <td class="item">
                          <div align="right">Zip:</div>
                  </td>
                  <td width="7%"></td>
                  <td>
                          <input type="text" name="zip" id="zip" />
                  </td>
          </tr>
          <tr>
                  <td class="item">
                          <div align="right">Email:</div>
                  </td>
                  <td width="7%"></td>
                  <td>
                          <input type="text" name="email" id="email">
                          <font color="red"> * </font>
                  </td>
          </tr>
          <tr>
                  <td colspan="3" align="center">
                          <input type="submit" value="注册" onClick="return
                              check();" />
                          <input type="reset" value="取消" />
                  </td>
          </tr>
      </table>
    </form>
  </body>
</html>
```

4.5.5　特别提示

页面上带 * 号的内容为必填项,并且要求数据具备合法性,对此要通过编写 JavaScript

函数脚本来控制输入数据的格式等,并对用户使用系统时给予必要的控制,防止用户不小心输入错误格式的数据。通过验证会给系统带来健康、稳定的运行效果。另外,在编写 JavaScript 脚本时经常用到正则表达式来匹配输入数据的合法性,这给 JavaScript 脚本的编写带来了很大的便利,请读者阅读相关资料掌握正则表达式的使用。还有,JavaScript 是学习 Ajax 技术的基础,在 Web 开发中扮演着重要的角色,有必要熟练掌握这一技术。

4.5.6 拓展与提高

如何使用 JavaScript 来开发一个树状菜单?

习题

1. JavaScript 的主要作用是什么?

2. 如何在 HTML 中添加 JavaScript 脚本?

3. JavaScript 有哪些基本的数据类型?

4. JavaScript 如何定义函数?

5. 简单描述 JavaScript 中将事件和事件处理程序进行关联的 3 种方法。

6. 简单描述 JavaScript 提供的 string(字符串)、math(数值计算)和 date(日期)3 种常用对象。

7. 浏览器对象层次及其主要作用是什么?

8. 请继续完成用户注册页面,使用 JavaScript 实现对页面其他项的输入检测,如电话号码、邮政编码是否合理等。

第三部分　JDBC

学习目的与要求

　　本章首先简要介绍关系数据库,描述 MySQL 的具体使用,重点介绍 JDBC 的基本原理以及应用编程接口。通过本章的学习,熟悉 MySQL 数据库系统的使用,掌握 JDBC 的基本原理以及编程接口的使用,能够开发数据库应用程序。

本章主要内容

- MySQL 数据库的使用。
- JDBC 概述及基本原理。
- JDBC 高级操作。

5.1　MySQL 数据库的使用

1. 连接 MySQL

连接 MySQL 的命令格式为:

```
mysql -h 主机地址 -u 用户名 -p 用户密码
```

例 5-1　连接到本机上的 MySQL。

首先打开 DOS 窗口,然后进入目录 mysql\bin,再输入命令 mysql -uroot -p,回车后提示输入密码,如果刚安装好 MySQL,超级用户 root 是没有密码的,故直接回车即可进入 MySQL。MySQL 的提示符是:mysql>。

例 5-2　连接到远程主机上的 MySQL。假设远程主机的 IP 地址为 110.110.110.110,用户名为 root,密码为 abc123,则输入以下命令:

```
mysql -h110.110.110.110 -uroot -pabc123
```

说明：u 与 root 可以不用加空格,其他也一样。

退出 MySQL 命令是 exit。

2. 修改密码

修改密码的命令格式为：

```
mysqladmin -u用户名 -p旧密码 password 新密码
```

例 5-3 给 root 加个密码 ab12。首先在 DOS 下进入目录 mysqlbin,然后输入以下命令(password 中不要加命令符)：

```
mysqladmin -uroot password ab12
```

说明：因为开始时 root 没有密码,所以-p 旧密码一项就可以省略了。

例 5-4 再将 root 的密码改为 djg345,输入以下命令：

```
mysqladmin -uroot -pab12 password djg345
```

3. 增加新用户

注意：和上面不同,下面的命令因为是 MySQL 环境中的命令,所以后面都带一个分号作为命令结束符。

增加新用户的命令格式为：

```
grant select on 数据库.* to 用户名@登录主机 identified by "密码"
```

例 5-5 增加一个用户 test1,密码为 abc,让他可以在任何主机上登录,并对所有数据库有查询、插入、修改、删除的权限。

首先以 root 用户连入 MySQL,然后输入以下命令：

```
grant select,insert,update,delete on *.* to test1@"%" identified by "abc";
```

但增加的用户是十分危险的,如果某个人知道 test1 的密码,那么就可以在 Internet 上的任何一台计算机上登录你的 MySQL 数据库并对你的数据为所欲为了,解决办法见例 5-6。

例 5-6 增加一个用户 test2,密码为 abc,让其只可以在 localhost 上登录,并可以对数据库 mydb 进行查询、插入、修改、删除的操作。

例 5-6 中的 localhost 指本地主机,即 MySQL 数据库所在的那台主机,这样用户即使知道 test2 的密码,也无法从 internet 上直接访问数据库,只能通过 MySQL 主机上的 Web 页来访问了。

```
grant select,insert,update,delete on mydb.* to test2@localhost identified by
"abc";
```

如果不想让 test2 有密码,可以再输入一个命令将密码删掉：

```
grant select, insert, update, delete on mydb.* to test2@localhost identified
by "";
```

上面介绍了登录、增加用户、密码更改等问题。下面来看看 MySQL 中有关数据库方面的操作。

注意：你必须首先登录到 MySQL 中，以下操作都是在 MySQL 的提示符下进行的，而且每个命令以分号结束。

4. 常用命令介绍

（1）显示数据库列表：

```
show databases;
```

刚开始时只有两个数据库 mysql 和 test。数据库 mysql 很重要，它里面有 MySQL 的系统信息。修改密码和新增用户，实际上就是对这个库进行操作。

（2）显示库中的数据表：

```
use mysql;
show tables;
```

（3）显示数据表的结构：

```
describe 表名;
```

（4）建库：

```
create database 库名;
```

（5）建表：

```
use 库名;
create table 表名 (字段设定列表);
```

（6）删库和删表：

```
drop database 库名;
drop table 表名;
```

（7）将表中记录清空：

```
delete from 表名;
```

（8）显示表中的记录：

```
select * from 表名;
```

如果输入命令时，回车后发现忘记加分号，无须重新输入一遍命令，只要输入一个分号回车即可。也就是说，可以把一个完整的命令分成几行来输入，完后用分号作结束标志。可以使用上、下键调出以前的命令。

5. 实例

下面是建库和建表以及插入数据的实例。

```
drop database if exists school;     //如果存在 school,则删除
create database school;             //建立库 school
use school;                         //打开库 school
create table teacher               //建立表 teacher
```

```
(
id int(3) auto_increment not null primary key,
name char(10) not null,
address varchar(50) default '呼和浩特',
year date
);                                    //建表结束
//以下为插入字段
insert into teacher values('','glchengang','内蒙古大学','1976-10-10');
insert into teacher values('','jack','内蒙古师范大学','1975-12-23');
```

说明：

（1）在建表中，将 ID 设为长度为 3 的数字字段：int(3)；让它的每个记录自动加一：auto_increment；并不能为空：not null；而且让它成为主字段：primary key。

（2）将 name 设为长度为 10 的字符字段。

（3）将 address 设为长度 50 的字符字段，而且默认值为呼和浩特。

（4）将 year 设为日期字段。

如果在 mysql 提示符输入上面的命令也可以，但不方便调试，可以将以上命令原样写入一个文本文件中且假设为 school.sql，然后复制到 C:\ 下，并在 DOS 状态进入目录 \mysql\bin，然后输入以下命令：

```
mysql -uroot -p密码<c:\school.sql
```

如果成功，空出一行无任何显示；如有错误，会有提示。

6. 备份数据库

备份数据库命令在 DOS 的 \mysql\bin 目录下执行。

```
mysqldump --opt school>school.txt
```

说明： 将数据库 school 备份到 school.txt 文件，school.txt 是一个文本文件。

在熟悉这些命令之后，可以使用 SQLYog、MySQLAdmin 等带有图形用户界面的客户端工具，从而让我们的操作更加简单方便。

5.2 JDBC 概述及基本原理

在开始介绍 JDBC 之前，先来澄清一个问题：JDBC 是不是过时了？例如，现在 Java 开发中大量采用对象/关系映射（O/R Mapping）方案，典型的有 Hibernate、MyBatis、JDO 等技术，它们是不是完全取代了 JDBC 呢？我们认为不能这样理解。首先这些技术的基础恰恰正是 JDBC。它们是封装 JDBC 后的数据持久化层。如果不了解 JDBC，就无法真正掌握 O/R Mapping。其次，JDBC 依然有其独特的适用范围，在要求速度和性能的场合下，比如海量数据处理等，JDBC 依然是不可取代的。

1. JDBC 是什么

在 Java Web 应用开发中，数据库管理系统（RDBMS）的使用是不可缺少的。JDBC

(Java Database Connectivity) 是一种用于执行 SQL 语句的 Java API。它由一组用 Java 编程语言编写的类和接口组成。JDBC 为工具/数据库开发人员提供了一个标准的 API,使他们能够用纯 Java API 来编写数据库应用程序。

2. JDBC 如何使用

简单地说,JDBC 的使用包括:

(1) 与数据库建立连接。

(2) 发送 SQL 语句。

(3) 返回处理结果。

5.2.1　JDBC 驱动

首先介绍 JDBC 驱动(Driver),因为它是 JDBC 开发的基础。有了驱动程序,才能建立与数据库的连接,然后传递并执行 SQL 语句。

目前使用的 JDBC 驱动程序可分为以下 4 种。

(1) JDBC-ODBC 桥加 ODBC 驱动程序(JDBC-ODBC bridge plus ODBC driver):它利用 ODBC 驱动程序提供 JDBC 访问。注意,必须将 ODBC 二进制代码(许多情况下还包括数据库客户机代码)加载到使用该驱动程序的每个客户机上。因此,这种类型的驱动程序或者是用 Java 编写的 3 层结构的应用程序服务器代码最适用于企业网(这种网络上客户机的安装不是主要问题)。

(2) 本地 API 部分用 Java 来编写的驱动程序(Native-API partly-Java driver):这种类型的驱动程序把客户机 API 上的 JDBC 调用转换为 Oracle、Sybase、Informix、DB2 或其他 DBMS 的调用。注意,像桥驱动程序一样,这种类型的驱动程序要求将某些二进制代码加载到每台客户机。

(3) JDBC 网络纯 Java 驱动程序(JDBC-net pure Java driver):这种驱动程序将 JDBC 转换为与 DBMS 无关的网络协议,之后这种协议又被某个服务器转换为一种 DBMS 协议。这种网络服务器中间件能够将它的纯 Java 客户机连接到多种不同的数据库上。所用的具体协议取决于提供者。通常,这是最为灵活的 JDBC 驱动程序。所有这种解决方案的提供者都有可能提供适合于 Intranet 使用的产品。为了使这些产品也支持 Internet 访问,它们必须处理 Web 所提出的安全性、通过防火墙的访问等方面的额外要求。

(4) 本地协议纯 Java 驱动程序(Native protocol pure Java driver):这种类型的驱动程序将 JDBC 调用直接转换为 DBMS 所使用的网络协议。这将允许从客户机机器上直接调用 DBMS 服务器,是 Intranet 访问的一个很实用的解决方法。

5.2.2　JDBC 开发应用编程接口介绍

1. 主要对象和接口

和程序员密切相关的是如何使用 JDBC 提供的 API,它包括以下两部分。

(1) java.sql:Primary features of JDBC in Java 2 platform,standard edition(J2SE)。

(2) javax.sql:Extended functionality in Java 2 platform,enterprise edition(J2EE)。
JDBC 中的主要对象和接口,如图 5-1 所示,说明如下。

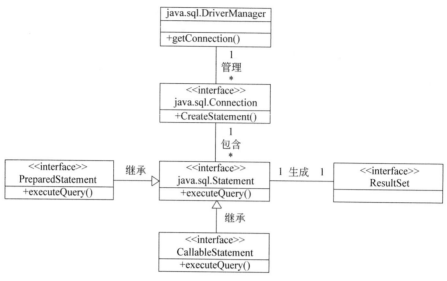

图 5-1　主要对象和接口

（1）DriverManager：驱动管理类。

（2）Connection：数据库连接对象封装接口。

（3）Statement：陈述语句。

（4）PreparedStatement：预处理语句。

（5）CallableStatement：存储过程调用接口。

（6）ResultSet：结果集接口。

2. 编写 JDBC 应用程序的基本流程

所有的 JDBC 应用程序都具有下面的基本流程。

（1）注册 JDBC 驱动程序。

（2）建立到数据库的连接。

（3）通过 Statement 创建 SQL 语句。

（4）执行 SQL 语句。

（5）处理得到的结果。

（6）从数据库断开连接。

图 5-2 为编写 JDBC 程序的一般过程。

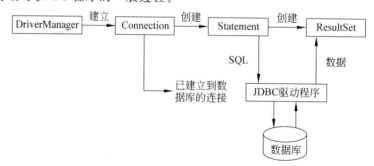

图 5-2　编写 JDBC 应用程序的一般过程

下面举一个开发 JDBC 的例子。

(1) 在 MySQL 的 test 数据库下建表,脚本如下。

```
USE 'test';

/ * Table structure for table 'llxtable' * /

DROP TABLE IF EXISTS 'llxtable';

CREATE TABLE 'llxtable' (
  'name' varchar(255) NOT NULL,
  'gender' varchar(255) DEFAULT NULL,
  'age' int DEFAULT NULL,
  PRIMARY KEY ('name')
) ENGINE=InnoDB DEFAULT CHARSET=latin1;
```

(2) 在 MyEclipse 中选择 New→Java Project,建立一个 Java 项目,如图 5-3 所示。

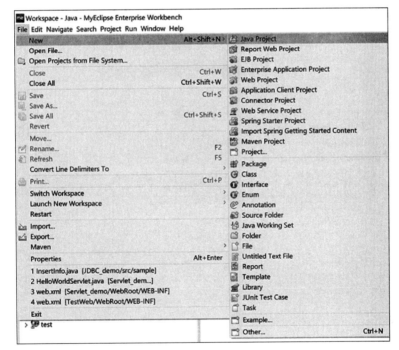

图 5-3　新建项目

(3) 命名 Project name 为 JDBC_demo,如图 5-4 所示。

(4) 单击 Next 按钮,选中 Libraries,单击 Add External JARs 选项,如图 5-5 所示。

(5) 浏览文件目录,找到 MySQL Connector Jar 包,这里使用的是 mysql-connector-java-5.1.46,如图 5-6 所示。

注意:因为这个实例介绍的是 JDBC 基本特性,所以选择 5.1.46 版本的库就好,如果要使用 JDBC 高级特性,请相应更新到更高版本的 Jar 包。

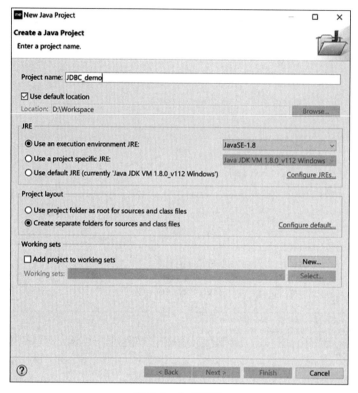

图 5-4　命名项目

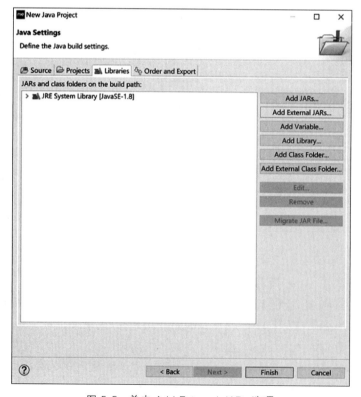

图 5-5　单击 Add External JARs 选项

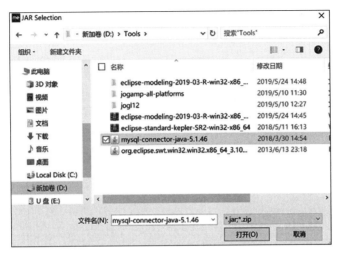

图 5-6 添加 MySQL Connector Java 包

（6）单击"打开"按钮，完成项目环境搭建。

（7）建立 package，右击项目的 src 文件夹，选择 New→Package，如图 5-7 所示。

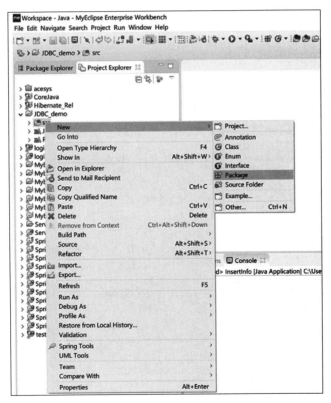

图 5-7 新建 package

（8）在 Name 文本框中输入 sample，建立 sample 包，如图 5-8 所示。

（9）建立类，右击 sample 文件夹，选择 New→Class，如图 5-9 所示。

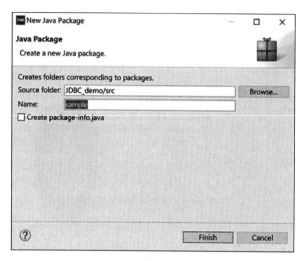

图 5-8　命名 package

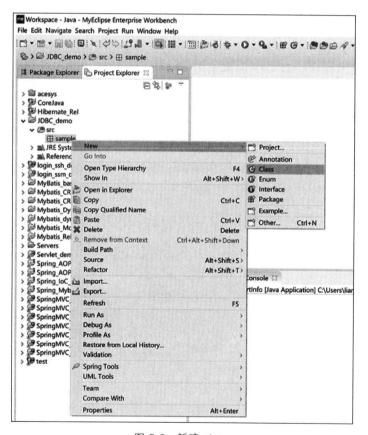

图 5-9　新建 class

（10）在 Name 文本框中输入 InsertInfo 给 class 命名，单击 Finish 按钮，如图 5-10 所示。

（11）编写 InsertInfo.java 代码如下。

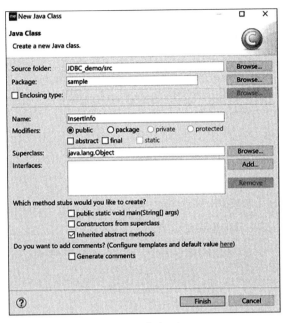

图 5-10 命名 class

```
package sample;
import java.sql.*;
/**
 * <p>Title: databaseMySQL</p>
 * <p>Description: </p>
 * <p>Company: ascent</p>
 * @version 1.0
 */
public class InsertInfo {
  public static void main(String[] args) {
    try {
        //step 1 Registering a driver
        Class.forName("org.gjt.mm.mysql.Driver");
         //step 2 Establishing a connection to the database
        Connection con=DriverManager.getConnection("jdbc:mysql://localhost:
            3306/test","root","root");
        //step 3 Creating a statement
        PreparedStatement pstm=con.prepareStatement("insert into llxtable
            (name, gender,age) values(?,?,?)");
        //step 4 and 5 Executing a SQL, Processing the results
        for(int i=0; i<10; i++) {
            pstm.setString(1, "name"+i);
            pstm.setString(2,  "female");
            pstm.setInt(3,   i);
            pstm.executeUpdate();   //step 4 and 5
        }
        //step 6 Closing down JDBC objects
        pstm.close();
        con.close();
```

```
        System.out.println("Information was inserted into table ");
    }catch(SQLException e) {
        System.out.println("Inserting failed");
        e.printStackTrace(System.out);
        System.out.println("ErrorCode is: "+e.getErrorCode());
        System.out.println("SQLState is: "+e.getSQLState());
    } catch(Exception e) {
        e.printStackTrace(System.out);
    }
  }
}
```

（12）右击 InsertInfo 类，选择 Run As→Java Application，如图 5-11 所示。

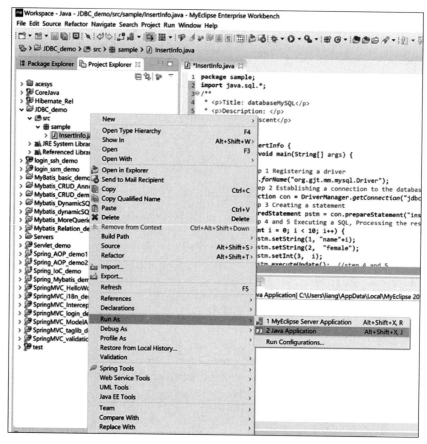

图 5-11　运行 class

（13）运行结果为：

```
Information was inserted into table
```

可以在 MyEclipse 的 DB View 下（如何配置请参考第 1 章）看到表数据。选择 test→TABLE→llxtable→Edit Data，如图 5-12 所示。

可以看到 llxtable 中插入了 10 行记录，如图 5-13 所示。

下面详细介绍编写 JDBC 应用程序的基本步骤。

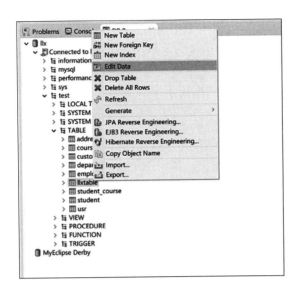

图 5-12　打开表

图 5-13　查看表数据

1）注册驱动程序

驱动程序管理器引用 sql.drivers 系统属性来取得当前系统中可用的 JDBC 驱动程序列表。这个系统属性包含一些用冒号隔开的 JDBC 驱动程序的类名,通过这个类名,驱动程序管理器可以试图满足一个连接请求。

使用驱动程序注册更为常见。这种方法使你对要使用的 JDBC 驱动程序有更多的控制。所有的 JDBC 驱动程序在实例化的时候都必须在驱动程序管理器中注册。注册可以通过下列两个方法来实现。

```
Class.forName("foo.Driver");
new foo.Driver();
```

两种方法的效果是相同的,我们推荐使用 Class.forName()这种方法。JDBC 驱动程序用管理器注册自己,这样它就可以请求连接服务了。

下面是常用的驱动程序。

JDBC-ODBC：sun.jdbc.odbc.JdbcOdbcDriver。

Oracle：oracle.jdbc.driver.OracleDriver。

MySQL：org.gjt.mm.mysql.Driver/com.mysql.jdbc.Driver。

PointBase：com.pointbase.jdbc.jdbcUniversalDriver。

Weblogic MS-SQL driver：weblogic.jdbc.mssqlserver4.Driver。

2）建立到数据库的连接

通过 JDBC 使用数据库的第一步就是建立连接。JDBC 连接是由 URL 指定的，其格式为：

```
jdbc:<subprotocol>:<subname>
```

subprotocol 是被请求的数据库连接的类型（如 ODBC、ORACLE、INFORMIX 等），而 subname 提供了所要建立连接的一些附加信息。当 JDBC 驱动程序管理器收到一个连接的 URL 时，所有已知的 JDBC 驱动程序会被询问是否可以为这个 URL 服务。通过 JDBC-ODBC 桥连接到一个称为 MyData 的 ODBC 数据源连接的例子如下。

```
Connection con=DriverManage.getconnection("jdbc:odbc:MyData");
```

看上去一切都很顺利，但是 JDBC 驱动程序管理器是怎么知道哪些 JDBC 驱动程序在当前的系统中可用呢？有两种机制可以通知驱动程序管理器哪个 JDBC 驱动程序可以使用：sql.drivers 属性和 JDBC 驱动程序注册。

3）创建 SQL 语句

在数据库连接成功建立之后，系统就可以执行那些完成实际工作的 SQL 语句了。在执行 SQL 语句之前，必须首先创建一个语句对象，这个对象提供了到特定数据库 SQL 引擎的接口。有下列 3 种不同类型的语句对象。

（1）Statement：基本的语句对象，它提供了直接在数据库中执行 SQL 语句的方法。对于那些只执行一次的查询以及 DDL 语句如 CREATE TABLE、DROP TABLE 等来说，statement 对象就足够了。

（2）PreparedStatement：这种语句对象用于那些需要执行多次，每次仅仅是数据取值不同的 SQL 语句，它还提供了一些方法，以便指出语句所使用的输入参数。

（3）CallableStatement：这种语句对象被用来访问数据库中的存储过程。它提供了一些方法来指定语句所使用的输入输出参数。

4）执行 SQL 语句

下面是一个用语句类来执行 SQL SELECT 语句的例子。

```
Statement stmt=con.createStatement();
ResultSet rs=stmt.executeQuery("SELECT * FROM MyTable");
```

5）处理得到的结果

在执行了一个 SQL 语句之后，必须处理得到的结果。有些语句仅仅返回一个整型数，指出受到影响的行数（比如 UPDATE 和 DELETE 语句）。SQL 查询（SELECT 语句）返回一个含有查询结果的结果集。结果集由行和列组成，各列数据可以通过相应数据库类型的一系列 get 方法（如 getString、getInt、getDate 等）取得。在取得了一行数据的所有数据之后，可以调用 next()方法移到结果集中的下一条记录。JDBC 规范的 1.1 版只允许 forward-only（只向前）型的游标，而在 JDBC 2.0 中有更健壮的游标控制功能，可以向后移动游标而且可以将游标移动到指定行。这将在后面展开介绍。

6）从数据库断开连接

在结果集、语句和连接对象用完以后，必须正确地关闭它们。连接对象、结果集对象以及所有的语句对象都有 close( )方法，通过调用这个方法，可以确保正确释放与特定数据库系统相关的所有资源。

有些开发者喜欢将引用随意使用，然后用一个垃圾收集程序专门负责清除对象。建议在使用了 JDBC 驱动程序之后调用 close( )方法，这样方法可以尽可能地减少由于挂起的对象残留在数据库系统中而造成内存泄漏。

除了上面这 6 个基本步骤外，我们再补充介绍一些高级操作。

5.3 JDBC 高级操作

1. JDBC 异常处理（Exception）

由于 JDBC 程序会分布在客户端和服务器端等不同位置，JDBC 代码中发生异常的情况相对较多，这就需要进行异常处理。

在 JDBC 中，和异常处理相关的两个类是 SQLException 和 SQLWarning。

1）SQLException 类

SQLException 用来处理较为严重的异常情况。例如：

* DBC 程序客户端和服务器端连接断开。
* 传输的 SQL 语句语法错误。
* SQL 中使用了错误的函数等。

SQLException 提供如下方法。

* getNextException( )：用来返回异常栈中的下一个相关异常。
* getErrorCode( )：用来返回代表异常的整数代码（error code）。
* getMessage( )：用来返回异常的描述消息（error message）。

例如，可以使用如下的异常处理。

```
...
catch(SQLException e) {
        System.out.println("ErrorCode is: "+e.getErrorCode());
        System.out.println("SQLState is: "+e.getMessage());
        e.printStackTrace();
    }
...
```

2）SQLWarning 类

SQLWarning 用来处理不太严重的异常情况，也就是一些警告性的异常，它提供的方法与 SQLException 基本类似。

2. 元数据（Metadata）

JDBC 中通过 Metadata 获取具体表的相关信息。可以查询数据库中有哪些表，表有哪些字段，字段的有何属性，等等。Metadata 中通过一系列 getXXX 函数将这些信息返回给用户。JDBC 中的 Metadata 包括两类：数据库元数据(Database metadata)、结果集元数据(Result set metadata)。

1) 数据库元数据

当使用 connection.getMetaData()方法时，可以获得数据库元数据，它包含了关于数据库整体的元数据信息。

2) 结果集元数据

当使用 resultSet.getMetaData()方法时，可以获得结果集元数据，它包含了关于特定查询结果的元数据信息。其中，比较重要的一个应用就是获得表的列名、列数等信息。

具体实例如下。

```java
packagesample;
import java.sql.*;
import java.io.*;
public class XMLTest {
/**
* @param args
*/
public static void main(String[] args) {
    String docRoot="student";    //table name
    String sqlString="select * from "+docRoot;
    Connection con=null;
    Statement stm=null;
    ResultSet rs=null;
    PrintWriter pw=null;
    try{
        Class.forName("org.gjt.mm.mysql.Driver");
        con=DriverManager.getConnection("jdbc:mysql://localhost:3306/
            test","root","");
        stm=con.createStatement();
        rs=stm.executeQuery(sqlString);
        ResultSetMetaData rsmd=rs.getMetaData();
        //create one Array to save coloumn names
        String[] cols=new String[rsmd.getColumnCount()];
        int len=cols.length;
        for(int i=0; i  <len; i++){
                cols[i]=rsmd.getColumnName(i+1);    //save column names
        }
        pw=new PrintWriter(new FileWriter(docRoot), true);
        System.out.println("<?xml version=\"1.0\" ?>");   //print out
        pw.println("<?xml version=\"1.0\" ?>"); //save to file
        System.out.println("<"+docRoot+"s>");
        pw.println("<"+docRoot+"s>");
        //print all student records
        while(rs.next()){   //each row
```

```
            System.out.println("\t<"+docRoot+">");
            pw.println("  <"+docRoot+">");
            for(int i=0; i<len; i++){          //each column
                    System.out.print("\t\t<"+cols[i]+">");
                    StringBuffer sb=new StringBuffer
                                            ("<"+cols[i]+">");
                    System.out.print(getString(rsmd, rs,i+1).trim());
                    sb.append(getString(rsmd, rs, i+1).trim());
                    System.out.println("</"+cols[i]+">");
                    sb.append("</"+cols[i]+">");
                    pw.println(sb.toString());
            }
            System.out.println("\t</"+docRoot+">");
            pw.println("  </"+docRoot+">");
        }
        System.out.println("</"+docRoot+"s>");
        pw.println("</"+docRoot+"s>");
    }catch(Exception e){e.printStackTrace();
    } finally{
            if(pw !=null) try{pw.close();}catch(Exception e){}
            if(rs !=null) try{rs.close();}catch(Exception e){}
            if(stm !=null) try{stm.close();} catch(Exception e){}
            if(con !=null) try{con.close();}catch(Exception e){}

    }
}
public static String getString(ResultSetMetaData rsmd, ResultSet rs, int colIndex)
throws SQLException{
    String result=null;
    int type=rsmd.getColumnType(colIndex);
    switch(type){
            case Types.CHAR:
            case Types.VARCHAR:
            case Types.LONGVARCHAR:
                    result=rs.getString(colIndex);
                    break;
            case Types.NUMERIC:
            case Types.DECIMAL:
                    result=""+rs.getBigDecimal(colIndex);
                    break;
            case Types.INTEGER:
                    result=""+rs.getInt(colIndex);
                    break;
            case Types.FLOAT:
            case Types.DOUBLE:
                    result=""+rs.getDouble(colIndex);
```

```
                              break;
                  case Types.BIT:
                          result=""+rs.getBoolean(colIndex);
                          break;
                  case Types.SMALLINT:
                          result=""+rs.getShort(colIndex);
                          break;
                  case Types.TINYINT:
                          result=""+rs.getByte(colIndex);
                          break;
                  case Types.BIGINT:
                          result=""+rs.getLong(colIndex);
                          break;
                  case Types.REAL:
                          result=""+rs.getFloat(colIndex);
                          break;
                  case Types.DATE:
                          result=""+rs.getDate(colIndex);
                          break;
                  case Types.TIME:
                          result=""+rs.getTime(colIndex);
                          break;
                  case Types.TIMESTAMP:
                          result=""+rs.getTimestamp(colIndex);
                          break;
                  default:
                          throw new RuntimeException("Not supported data type");
          }
          return result;
      }
  }
```

结果为:

```
<?xml version="1.0" ?>
<students>
  <student>
    <name>Zhang</name>
    <age>25</age>
  </student>
  <student>
    <name>Wang</name>
    <age>21</age>
  </student>
</students>
```

3. 事务处理

事务处理是一个重要的编程概念,其目的在于简化既要求可靠性又要求可用性的应用程序结构,特别是那些需要同时访问共享数据的应用程序。事务的概念最早用于商务运作的应用程序中,用于保护集中式数据库中的数据;再往后,事务的概念已扩展到分布式计算的更广泛的环境中;今天,事务是构建可靠的分布式应用程序的关键,这一点已得到广泛共识。

1) 保证数据正确性(Integrity)

简单地说,事务是具有如下特征(简称 ACID)的工作单元。

* 原子性(Atomicity):如果因故障而中断,则所有结果均撤销。
* 一致性(Consistency):事务的结果保留不变。
* 孤立性(Isolation):中间状态对其他事务是不可见的。
* 持久性(Durability):已完成的事务的结果是持久的。

事务的终止有两种方式:①提交(commit)一个事务会使其所有的更改永久不变;②回滚(roll back)一个事务则撤销其所有的更改。

对象管理组织(OMG)为一种面向对象的事务服务,即对象事务服务(Object Transaction Service,OTS),创建了一种规范。包括:

* OMG 的对象事务服务(OTS)。
* Sun 公司的 Java Transaction Service(JTS)和 Java Transaction API(JTA)。
* 开放组(X/Open)的 XA 接口。

Java Transaction Service 是 OTS 的 Java 映射,在 org.omg.CosTransactions 和 org.omg.CosTSPortability 这两个包中定义。JTS 对事务分界和事务环境的传播之类的服务提供支持,JTS 的功能由应用程序通过 Java Transaction API 访问。

Java Transaction API 是指定事务管理器与分布式事务中涉及的其他系统组件之间的各种高级接口,这些系统组件有应用程序、应用程序服务器和资源管理器等。JTA 功能允许事务由应用程序本身、应用程序服务器或一个外部事务管理器来管理。JTA 接口包含在 javax.transaction 和 javax.transaction.xa 这两个包中。

XA 接口定义了资源管理器和分布式事务环境中外部事务管理器之间的约定。外部事务管理器可以跨多个资源协调事务。XA 的 Java 映射包含在 Java Transaction API 中。

遗憾的是,使用 JTA 处理分布式事务仍然很烦琐且易出错,更多情况下它仅仅是服务器实现者所使用的低级 API,而不为企业级程序员所使用。

下面是使用 JDBC 事务的代码片段。

```
Connection con=DriverManger.getConnection(urlString);
con.setAutoCommit(false);
Statement stm=con.createStatement();
stm.executeUpdate(sqlString);
con.transactionEndMethod();    //con.commit() or con.rollback();
```

例如:

```
try{con.setAutoCommit(false);            //step1
```

```
Statement stm=con.createStatement();
stm.executeUpdate ("insert into student(name, age, gpa) values
                   ('jwang', 34, 4.8)");
stm.executeUpdate ("insert into student(name, age, gpa) values
                   ('lliang', 30, 5)"); //step 2
con.commit();
} catch(SQLException e) {
try {con.rollback();
}catch(Exception e){e.printStackTrace();}
}                                              //step 3
```

2）解决数据同时读取问题（Concurrency Control）

数据库操作过程中可能出现以下 3 种不确定情况。

（1）脏读取（Dirty Reads）：一个事务读取了另一个并行事务未提交的数据。

（2）不可重复读取（Non-repeatable Reads）：一个事务再次读取之前的数据时，得到的数据不一致，被另一个已提交的事务修改。

（3）虚读（Phantom Reads）：一个事务重新执行一个查询，返回的记录中包含了因为其他最近提交的事务而产生的新记录。

标准 SQL 规范中，为了避免上面 3 种情况的出现，当建立了同数据库的连接后，可以调用 con.setTransactionIsolation(transaction isolation level)来设定如下的事务隔离级别（transaction isolation level）。

（1）TRANSACTION_READ_UNCOMMITTED：最低等级的事务隔离，仅仅保证了读取过程中不会读取到非法数据。上述 3 种不确定情况均有可能发生。

（2）TRANSACTION_READ_COMMITTED：大多数主流数据库的默认事务等级，保证了一个事务不会读到另一个并行事务已修改但未提交的数据，避免了"脏读取"。该级别适用于大多数系统。

（3）TRANSACTION_REPEATABLE_READ：保证了一个事务不会修改已经由另一个事务读取但未提交（回滚）的数据。避免了"脏读取"和"不可重复读取"的情况，但是带来了更多的性能损失。

（4）TRANSACTION_SERIALIZABLE：最高等级的事务隔离，上面 3 种不确定情况都将被消除。这个级别将模拟事务的串行执行。

例如：

```
Connection con = DriverManager. getConnection ( " jdbc: mysql://192. 168. 0. 222/
test");
con.setTransactionIsolation(Connection.TRANSACTION_READ_UNCOMMITTED);
```

5.4 项目案例

5.4.1 学习目标

（1）掌握 MySQL 数据库的使用。

（2）掌握面向对象的分析与设计、表与类的映射关系。

（3）掌握 JDBC 技术的作用。

（4）掌握 JDBC 技术开发的一般步骤。

5.4.2　案例描述

系统应具备登录的功能，用来控制用户对系统的使用权限。在艾斯医药系统中，主要是管理员用户和注册用户来登录系统进行相关操作。对用户所输入的用户名和密码进行验证，如果数据库中存在该用户，则登录成功；否则，登录失败。

5.4.3　案例要点

对数据的处理过程，需要对数据层的方法进行封装和设计。例如，登录业务方法 logIn 方法的开发设计。

5.4.4　案例实施

（1）编写 Usr.java 代码如下。

```
package com.ascent.bean;

/**
 * 描述用户信息的类
 * @ author zy
 */
@ SuppressWarnings("serial")
public class Usr implements java.io.Serializable {
    //Fields
    private Integer id;              //用户 ID
    private String username;        //用户名
    private String password;        //密码
    private String fullname;        //用户全称
    private String title;           //职称级别
    private String companyname;     //公司名称
    private String companyaddress;  //公司地址
    private String city;            //城市
    private String job;             //工作职位
    private String tel;             //联系电话
    private String email;           //电子邮件
    private String country;         //国家
    private String zip;             //邮政编号
    private String superuser;       //用户角色权限：3 高级管理员，2 管理员，1 普通用户
    private String delsoft;         //软删除标志：1 软删除，0 正常
    private String note;            //备注

    //Constructors
```

```
/** default constructor * /
public Usr(){
}

/** full constructor * /
public Usr(String username, String password, String fullname, String title,
String companyname, String companyaddress, String city, String job, String tel,
String email, String country, String zip, String superuser, String delsoft,
String note) {
    super();
    this.username=username;
    this.password=password;
    this.fullname=fullname;
    this.title=title;
    this.companyname=companyname;
    this.companyaddress=companyaddress;
    this.city=city;
    this.job=job;
    this.tel=tel;
    this.email=email;
    this.country=country;
    this.zip=zip;
    this.superuser=superuser;
    this.delsoft=delsoft;
    this.note=note;
}

//Property accessors
public Integer getId() {
    return id;
}
public void setId(Integer id) {
    this.id=id;
}
public String getUsername() {
    return username;
}
public void setUsername(String username) {
    this.username=username;
}
public String getPassword() {
    return password;
}
public void setPassword(String password) {
    this.password=password;
```

```
    }
    public String getFullname() {
        return fullname;
    }
    public void setFullname(String fullname) {
        this.fullname=fullname;
    }
    public String getTitle() {
        return title;
    }
    public void setTitle(String title) {
        this.title=title;
    }
    public String getCompanyname() {
        return companyname;
    }
    public void setCompanyname(String companyname) {
        this.companyname=companyname;
    }
    public String getCompanyaddress() {
        return companyaddress;
    }
    public void setCompanyaddress(String companyaddress) {
        this.companyaddress=companyaddress;
    }
    public String getCity() {
        return city;
    }
    public void setCity(String city) {
        this.city=city;
    }
    public String getJob() {
        return job;
    }
    public void setJob(String job) {
        this.job=job;
    }
    public String getTel() {
        return tel;
    }
    public void setTel(String tel) {
        this.tel=tel;
    }
    public String getEmail() {
        return email;
```

```
        }
        public void setEmail(String email) {
            this.email=email;
        }
        public String getCountry() {
            return country;
        }
        public void setCountry(String country) {
            this.country=country;
        }
        public String getZip() {
            return zip;
        }
        public void setZip(String zip) {
            this.zip=zip;
        }
        public String getSuperuser() {
            return superuser;
        }
        public void setSuperuser(String superuser) {
            this.superuser=superuser;
        }
        public String getDelsoft() {
            return delsoft;
        }
        public void setDelsoft(String delsoft) {
            this.delsoft=delsoft;
        }
        public String getNote() {
            return note;
        }
        public void setNote(String note) {
            this.note=note;
        }
    }
```

（2）编写 DataAccess.java 类，以获得数据库连接，请参照项目案例。

（3）编写 LoginDAO.java 代码如下。

```
package com.ascent.dao;

import java.sql.*;
import com.ascent.bean.Usr;
import com.ascent.util.DataAccess;

/**
```

```
 * 完成登录操作的类
 * @ author zy
 */
public class LoginDAO {

    /**
     * 验证用户登录
     * @ param user 用户名
     * @ param password 密码
     * @ return 当前用户对象
     */
    public Usr logIn(String user, String password) {
        Connection con=DataAccess.getConnection();
        String sql="select * from usr where username=? and password =?";
        PreparedStatement pst=null;
        ResultSet rs=null;
        Usr pu=null;
        try {
            pst=con.prepareStatement(sql);
            pst.setString(1, user);
            pst.setString(2, password);
            rs=pst.executeQuery();
            if(rs.next()) {
                pu=new Usr();
                pu.setId(rs.getInt("id"));
                pu.setSuperuser(rs.getString("superuser"));
                pu.setUsername(rs.getString("username"));
                pu.setEmail(rs.getString("email"));
                pu.setTel(rs.getString("tel"));
                pu.setCompanyname(rs.getString("companyname"));
                pu.setCompanyaddress(rs.getString("companyaddress"));
                pu.setDelsoft(rs.getString("delsoft"));
            }
        } catch (SQLException e) {
            e.printStackTrace();
        } finally{
            try {
                if(rs!=null){
                    rs.close();
                }
                if(pst!=null){
                    pst.close();
                }
                if(con!=null){
                    con.close();
```

```
            }
        } catch (Exception e2) {
            e2.printStackTrace();
        }
    }
    return pu;
    }
}
```

（4）编写测试类 TestLoginDAO.java 代码如下。

```
package com.ascent.test;

import com.ascent.bean.Usr;
import com.ascent.dao.LoginDAO;

/**
 * @author zy
 */
public class TestLoginDAO {
    public static void main(String[] args) {
        LoginDAO dao=new LoginDAO();
        Usr u=dao.logIn("ascent", "ascent");
        //对不同的用户名密码进行测试
        if(u!=null){
            System.out.println("登录成功!");
            String superuser=u.getSuperuser();
            if(superuser!=null && "3".equals(superuser)){
                System.out.println("您是管理员!");
            }else{
                System.out.println("您是普通用户!");
            }
        }else{
            System.out.println("登录失败!");
        }
    }
}
```

5.4.5 特别提示

对于数据库的操作而言，最重要的是 SQL 语言的使用，不管后台的数据库管理系统是哪一个，并不影响对 SQL 的使用。

5.4.6 拓展与提高

登录方法 logIn 参数传递毋庸置疑，需要传递登录用户的用户名、密码，然而返回类型的设计却需要技巧。如果返回类型为 boolean 类型，可以判断登录成功或失败，但是不能满足登录成功后判断登录用户是管理员还是普通用户,而使用 Usr 类型作为返回类型可以解决上述问题,当返回为 null 时则登录失败,如果返回不为 null 则登录成功,而且该用户对象封装了该用户的信息,所以可以根据该用户对象的权限值 superuser 判断是管理员还是普通用户。

习题

1. JDBC 驱动程序可分为哪 4 种?
2. JDBC 开发应用编程接口的主要对象和接口包括哪些?
3. JDBC 的基本流程是什么?
4. 描述 JDBC 中和异常相关的两个类。
5. 描述 JDBC 中的两类元数据。
6. 事务具有哪些基本特征?
7. 利用 MySQL 数据库实现一个简单的留言板程序。

第 6 章

JDBC 高级技术

学习目的与要求

本章介绍 JDBC 高级技术，包括 JDBC 2.0 核心 API、JDBC 2.0 标准扩展 API 以及 JDBC 3.0、JDBC 4.0、JDBC 4.1 和 JDBC 4.2 的新特性。通过本章的学习，掌握如何在 Web 应用中使用 JDBC 高级技术。

本章主要内容

- JDBC 2.0 API。
- JDBC 2.0 核心 API。
- JDBC 2.0 标准扩展 API。
- JDBC 3.0、JDBC 4.0、JDBC 4.1 和 JDBC 4.2 新特性。

6.1　JDBC 2.0 API

JDBC 2.0 API 分为两部分：JDBC 2.0 核心 API 和 JDBC 2.0 标准扩展 API。

JDBC 2.0 包括如下两个包。

（1）java.sql 包：这个包里面是 JDBC 2.0 的核心 API。它包括了原来的 JDBC API（JDBC 1.0 版本），增加了一些新的 2.0 版本的 API。原来 JDBC 1.0 的程序可以不加修改地在 JDBC 2.0 上运行。这个包在 Java 2 Platform SDK 里提供。

（2）javax.sql 包：这个包里面是 JDBC 2.0 的标准扩展 API。JDBC 2.0 的扩展 API 增加了一些数据访问和数据源访问的重大功能，其中有一些是主要用来做企业计算的。JDBC 2.0 的新扩展包提供了一个 Java 2 平台的通用的数据访问的方法。这个包是全新的，在 Java 2 Platform SDK、Enterprise Edition 里面单独提供。

JDBC 2.0 的核心 API 包括了 JDBC 1.0 的 API,并在此基础上增加了一些功能,增强了某些性能。使 Java 语言在数据库计算的前端提供了统一的数据访问方法,效率也得到了提高。

6.2 JDBC 2.0 核心 API

与 JDBC 1.0 API 相比,JDBC 2.0 核心 API 在以下几方面做了比较大的改进。

(1) 修改了记录集接口(ResultSet 接口)的方法,使它支持可以滚动的记录集,即数据库游标可以在返回的记录集对象中自由地向前、向后滚动或者定位到某个特殊的行。利用 ResultSet 接口中定义的新方法,可以用 Java 语言来更新记录集,比如插入记录或更新某行的数据而不是靠执行 SQL 语言,这样大大方便了程序员的开发工作。

(2) 新的 SQL 语句接口(Statement 接口)支持批操作(Batch Update)。Java 应用程序可以向数据库服务器发送几个 SQL 语句,但是数据库引擎并不立即执行它,而是把它们加入一个块(Batch)中,到了最后才执行这个 SQL 语句块(Batch)。这个功能大大提高了编程的灵活性,为编制出功能更强大、更灵活的数据库程序提供了可能。

(3) 支持新的数据类型,包括对 BLOB、CLOB 等类型的数据提供很好的支持。

6.2.1 新的记录集接口(ResultSet 接口)

在 JDBC 2.0 API 中 ResultSet 接口有了很大的变化,增加了很多行操作、行定位的新方法,功能也更加强大。最主要的变化有以下几个方面。

1. 新定义了若干常数

这些新定义的常数用于指定 ResultSet 接口的类型游标移动的方向等性质,基本格式为:

```
public static final int FETCH_FORWARD;
public static final int FETCH_REVERSE;
public static final int FETCH_UNKNOWN;
public static final int TYPE_FORWARD_ONLY;
public static final int TYPE_SCROLL_INSENSITIVE;
public static final int TYPE_SCROLL_SENSITIVE;
public static final int CONCUR_READ_ONLY;
public static final int CONCUR_UPDATABLE;
```

说明:

- FETCH_FORWORD:该常数的作用是指定处理记录集中行的顺序是由前到后,即从第一行开始处理一直到最后一行。
- FETCH_REVERSE:该常数的作用是指定处理记录集中行的顺序是由后到前,即从最后一行开始处理一直到第一行。
- FETCH_UNKNOWN:该常数的作用是不指定处理记录集中行的顺序,而由 JDBC 驱动程序和数据库系统决定。
- TYPE_FORWARD_ONLY:该常数的作用是指定数据库游标的移动方向是向前,不允许向后移动,即只能使用 ResultSet 接口的 next()方法,而不能使用 previous()

方法,否则会产生错误。

- TYPE_SCROLL_INSENSITIVE:该常数的作用是指定数据库游标可以在记录集中前后移动,并且当前数据库用户获取的记录集对其他用户的操作不敏感。也就是说,当前用户正在浏览记录集中的数据,与此同时其他用户更新了数据库中的数据,但是当前用户所获取的记录集中的数据不会受到任何影响。

- TYPE_SCROLL_SENSITIVE:该常数的作用是指定数据库游标可以在记录集中前后移动,并且当前数据库用户获取的记录集对其他用户的操作敏感。也就是说,当前用户正在浏览记录集,但是其他用户的操作使数据库中的数据发生了变化,当前用户所获取的记录集中的数据也会同步发生变化,这样有可能导致产生非常严重的错误,建议慎重使用该常数。

- CONCUR_READ_ONLY:该常数的作用是指定当前记录集的协作方式(concurrency mode)为只读。一旦使用了这个常数,用户就不可以更新记录集中的数据。

- CONCUR_UPDATABLE:该常数的作用是指定当前记录集的协作方式(concurrency mode)为可以更新。一旦使用了这个常数,用户就可以使用updateXXX()等方法更新记录集中的数据。

2. ResultSet 接口提供了一整套的定位方法

具体的定位方法如下。

- public boolean absolute(int row):该方法的作用是将记录集中的某一行设定为当前行,即将数据库游标移动到指定的行。参数 row 指定了目标行的行号,这是绝对的行号,由记录集的第一行而不是相对的行号开始计算。

- public boolean relative(int rows):该方法的作用也是将记录集中的某一行设定为当前行,但是它的参数 rows 表示目标行相对于当前行的行号。例如,当前行是第 3 行,现在需要移动到第 5 行去,此时既可以使用 absolute()方法,也可以使用 relative()方法,即

```
rs.absolute(5);
```

或

```
rs.relative(2);
```

其中,rs 代表 ResultSet 接口的实例对象。

又如,当前行是第 5 行,需要移动到第 3 行去,可以使用方法:

```
rs.absolute(3);
```

或

```
rs.relative(-2);
```

需要注意的问题是传递给 relative()方法的参数。如果是正数,那么数据库游标向前移动;如果是负数,那么数据库游标向后移动。

注意:在本章中所说的数据库游标向前移动是指向行号增大的方向移动,向后移动

是指向行号减少的方向移动。

- public boolean first()：该方法的作用是将当前行定位到数据库记录集的第一行。
- public boolean last()：该方法的作用刚好和 first() 方法相反，是将当前行定位到数据库记录集的最后一行。
- public boolean isFirst()：该方法的作用是检查当前行是否是记录集的第一行。如果是，则返回 true，否则返回 false。
- public boolean isLast()：该方法的作用是检查当前行是否是记录集的最后一行。如果是，则返回 true，否则返回 false。
- public void afterLast()：该方法的作用是将数据库游标移到记录集的最后，位于记录集最后一行的后面。如果该记录集不包含任何的行，则该方法不起作用。
- public void beforeFirst()：该方法的作用是将数据库游标移到记录集的最前面，位于记录集第一行的前面。如果记录集不包含任何的行，则该方法不起作用。
- public boolean isAfterLast()：该方法检查数据库游标是否处于记录集的最后面。如果是，则返回 true，否则返回 false。
- public boolean isBeforeFirst()：该方法检查数据库游标是否处于记录集的最前面。如果是，则返回 true，否则返回 false。
- public boolean next()：该方法的作用是将数据库游标向前移动一位，使得下一行成为当前行。当刚刚打开记录集对象时，数据库游标的位置在记录集的最前面，第一次使用 next() 方法将会使数据库游标定位到记录集的第一行，第二次使用 next() 方法将会使数据库游标定位到记录集的第二行，以此类推。
- public boolean previous()：该方法的作用是将数据库游标向后移动一位，使得上一行成为当前行。

3. ResultSet 接口添加了对行操作的支持

使用 JDBC 2.0 API 不仅可以任意将数据库游标定位到记录集中的特定行，而且还可以使用 ResultSet 接口新定义的一套方法更新当前行的数据。在以前，如果 Java 程序员希望更新记录集中某行的数据，必须发送 SQL 语句给数据库，程序员需要在 Java 代码中嵌入冗长的 SQL 语句，用以执行 UPDATE、DELETE、INSERT 等数据库操作。但是，当 JDBC 2.0 API 出现后，一切就都改变了。程序员已经可以抛开 SQL 语言，享受 Java 编程的乐趣了。

ResultSet 接口中新添加的部分方法如下。

- public boolean rowDeleted()：如果当前记录集的某行被删除了，那么记录集中将会留出一个空位。调用 rowDeleted() 方法，如果探测到空位的存在，就返回 true；如果没有探测到空位的存在，则返回 false 值。
- public boolean rowInserted()：如果当前记录集中插入了一个新行，则该方法将返回 true，否则返回 false。
- public boolean rowUpdated()：如果当前记录集的当前行的数据被更新，则该方法返回 true，否则返回 false。
- public void insertRow()：该方法将执行插入一个新行到当前记录集的操作。

- public void updateRow()：该方法将更新当前记录集当前行的数据。
- public void deleteRow()：该方法将删除当前记录集的当前行。
- public void updateString(int columnIndex，String x)：该方法更新当前记录集的当前行中某列的值，该列的数据类型是 String(指 Java 数据类型是 String，与之对应的 JDBC 数据类型是 VARCHAR 或 NVARCHAR 等)，该方法的参数 columnIndex 指定所要更新的列的列索引，第一列的列索引是 1，第二列的列索引是 2，以此类推。第二个参数 x 代表新的值，这个方法并不执行数据库操作，需要执行 insertRow()方法或者 updateRow()方法以后，记录集和数据库中的数据才能够真正更新。
- public void updateString(String columnName，String x)：该方法和上面介绍的同名方法差不多，不过该方法的第一个参数是 columnName 代表需要更新的列的列名，而不是 columnIndex。

ResultSet 接口中还定义了很多 updateXXX()方法，都和上面的两个方法相似。

向数据库当前记录集插入新行的操作流程是：

(1) 调用 moveToInsertRow()方法。

(2) 调用 updateXXX()方法指定插入行各列的值。

(3) 调用 insertRow()方法往数据库中插入新的行。

下面代码片段应用上面的方法往数据库中插入新的行。

```
String url="jdbc:mysql://localhost:3306/test";
Connection con;
Statement stmt;
try
{
    Class.forName("com.mysql.jdbc.Driver ");
}
catch(java.lang.ClassNotFoundException e)
{
    e.printStackTrace();
}
try
{
    con=DriverManager.getConnection(url, "root", "");
    stmt=con.createStatement(ResultSet.TYPE_SCROLL_SENSITIVE
      ResultSet.CONCUR_UPDATABLE);
    ResultSet uprs=stmt.executeQuery("SELECT * FROM t_user");
    uprs.moveToInsertRow();
    uprs.updateString("username", "Beijing");
    uprs.updateString(2,"BeiJing");
    uprs.insertRow();
    uprs.updateString(1,"test1234");
    uprs.updateString("password", "test1234");
    uprs.insertRow();
    uprs.beforeFirst();
```

```
        System.out.println("Table t_user after insertion:");
        while (uprs.next())
        {
            String name=uprs.getString("username");
            String pass=uprs.getString("password");
            System.out.println("username:"+name);
            System.out.println("password:"+pass);
        }
        uprs.close();
        stmt.close();
        con.close();
    }
    catch(SQLException ex)
    {
        System.out.println("SQLException:"+ex.getMessage());
    }
```

以上程序往 test 数据库的 t_user 表插入了两行,即两个记录,然后执行数据库查询,检查 INSERT 操作对数据库的影响。这个程序采用了上面讲述的方法,比较简单,这里就不重复介绍程序中所用到的各种方法了。

更新数据库中某个记录的值(某行的值)的方法如下。

(1) 使用 absolute()、relative()等方法定位到需要修改的行。

(2) 使用相应的 updateXXX()方法设定某行某列的新值。XXX 所代表的 Java 数据类型必须可以映射为某列的 JDBC 数据类型。如果希望 rollback 该项操作,请在调用 updateRow()方法之前使用 cancelRowUpdates()方法,这种方法可以将某行某列的值复原。

(3) 使用 updateRow()方法完成 UPDATE 的操作。

集中删除某行记录(即删除某个记录)的方法如下。

(1) 使用 absolute()、relative()等方法定位到需要修改的行。

(2) 使用 deleteRow()方法删除记录。

4. 新的 ResultSet 接口添加了对 SQL3 数据类型的支持

SQL3 技术规范中添加了若干新的数据类型,如 REF 和 ARRAY 等 ResultSet 接口,添加了获取这些数据类型的数据的 getXXX()方法,如 getArray()、getBlob()、getBigDecimal()、getClob()、getRef()等。

这些方法既可以接收列索引作为参数,也可以接收列名(字段名)作为参数。这些方法分别返回对应的 Java 对象实例,如 Clob、Array(JDBC Array)、Blob、BigDecimal、Ref 等,使用起来十分方便。至于这些方法的用法在下面还会涉及,这里不再赘述。

5. 获取记录集行数的方法

获取记录集行数的方法如下。

(1) 使用 last()方法将数据库游标定位到记录集的最后一行。

（2）使用 getRow()方法返回记录集最后一行的行索引,该索引就等于记录集所包含记录的个数,也就是记录集的行数,getRow()方法是在 JDBC 2.0 API 中才定义的,在 JDBC 1.0 API 中没有这个方法。

下面看一个完整的实例。

```java
packagesample;
import java.sql.*;
/**
 * <p>Title: databaseMySQL</p>
 * <p>Description: </p>
 * <p>Company: ascent</p>
 * @version 1.0
 */
public class ScrollTest {
  public static void main(String []args) {
    Statement smt=null;
    Connection con=null;
    ResultSet rs=null;
    try{
      //step 1 Register a driver
      Class.forName("com.mysql.jdbc.Driver").newInstance();
      System.out.println("Register a driver successfully");
      //step 2 Establish a connection to the database
      con=java.sql.DriverManager.getConnection
          ("jdbc:mysql://localhost:3306/test","root","");
      System.out.println("create connection successfully");
      con.setAutoCommit(false);
      con.setTransactionIsolation(Connection.TRANSACTION_READ_COMMITTED);
      smt=con.createStatement(ResultSet.TYPE_SCROLL_SENSITIVE,
          ResultSet.CONCUR_UPDATABLE);
      rs=smt.executeQuery("select name, age from myTable  ");
      ResultSetMetaData rsmd=rs.getMetaData();
      System.out.println("is ResultSetMetaData (name): writable?  "+
          rsmd.isWritable(2));
      System.out.println("before First:"+ rs.isBeforeFirst());  //true
      System.out.println("next is ? "+rs.next());
      System.out.print("age:"+rs.getInt("age")+"  ");
      System.out.println("NAME:"+rs.getString("name"));
      System.out.println();
      System.out.println("relative in the 2 row : "+rs.relative(2));
      while(rs.next()){
        System.out.print("age:"+rs.getInt("age")+"  ");
        System.out.println("NAME:"+rs.getString("name"));
      }
      System.out.println();
```

```
  rs.first();
  System.out.println("absolute in the 2 row: "+rs.absolute(2));
  while(rs.next()){
    System.out.print("age:"+rs.getInt("age")+"  ");
    System.out.println("NAME: "+rs.getString("name"));
  }
  System.out.println();
  System.out.println(" last is: "+  rs.last());
  System.out.print("age:"+rs.getInt("age")+"  ");
  System.out.println("NAME:"+rs.getString("name"));
  System.out.println("first is "+rs.first());
  rs.updateString("name","Steven");  //  update data of resultset object
  rs.updateRow();  //update data in database
  rs.moveToInsertRow();
  rs.updateString("name", "herry");
  rs.updateInt("age", 30);
  rs.insertRow();  //insert new row in database
  rs.moveToInsertRow();
  rs.updateString("name", "Lily");
  rs.updateInt("age", 32);
  rs.insertRow();
  System.out.println(" last is: "+rs.last());
  rs.deleteRow(); //delete row in database
  con.commit();
}catch(Exception ex){
  try{
    con.rollback();
  }catch(SQLException e){}
      ex.printStackTrace();
}finally{
  if (rs !=null) {
    try {
      rs.close();
    }
    catch (Exception ex) {}
  }
  if (smt !=null) {
    try {
      smt.close();
    }
    catch (Exception ex) {}
  }
  if (con !=null)
    {try {
      con.close();
```

```
        }
        catch (Exception ex) {}
      }
    }//finally
  }//main
}
```

6.2.2 新的 SQL 语句接口（Statement 接口）

在 JDBC 2.0 API 中，SQL 语句接口即 Statement 接口，也有了很大的改进，功能更加强大。PreparedStatement 接口和 CallableStatement 接口都继承了 Statement 接口，因此这里也介绍这两个接口相对于 JDBC 1.0 API 的改进之处。因为上述的 3 个接口都由 Connection 接口的方法创建，所以也顺便介绍一下 Connection 接口。

1. Statement 接口、CallableStatement 接口、PreparedStatement 接口的创建

这 3 个接口分别由 Connection 接口的 createStatement( )、prepareStatement( )、prepareCall()等方法创建。这几个方法的定义如下。

（1）Statement 接口由 public Statement createStatement()方法创建：

```
public Statement createStatement(int resultSetType, int resultSetConcurrency);
```

（2）CallableStatement 接口由 public CallableStatement prepareCall（String sql）方法创建：

```
public CallableStatement prepareCall(String sql, int resultSetType, int result_
SetConcurrency);
```

（3）PreparedStatement 接口由 public PreparedStatement prepareStatement（String sql）方法创建：

```
public PreparedStatement prepareStatement(String sql, int resultSetType, int
resultSetConcurrency);
```

上面列出的方法中，参数 sql 代表需要执行的 SQL 语句，这些 SQL 语句不是完整的，SQL 语句一般带有 IN/OUT/INOUT 参数，参数 resultSetType 代表该方法创建的 SQL 语句接口执行 SQL 语句所返回的 ResultSet 的类型。例如，是否允许数据库游标前后移动，是否对其他用户的数据库更新操作敏感，等等。它们都是一些整型常数，已在 ResultSet 接口中定义了。参数 resultSetConcurrency 代表该方法创建的 SQL 语句接口执行 SQL 语句所返回的 ResultSet 的协同模式，如允许更新记录集的数据或者仅仅只读不能更新等，它们也是一些在 ResultSet 接口中定义了的整型常数。

下面的代码段是创建 Statement 接口对象的示例（数据库连接代码已经省略了，con 是 Connection 接口的实例对象）。

```
stmt=con.createStatement(ResultSet.TYPE_SCROLL_SENSITIVE, ResultSet.CONCUR_
UPDATABLE);
```

上述代码创建了一个 SQL 语句（Statement）接口的实例对象。该实例对象允许它执行 SQL 语句所返回的记录集中的数据库游标前后移动,允许更新记录集中的数据。

2. 支持批操作

Statement 接口、PreparedStatement 接口和 CallableStatement 接口都支持数据库批操作,就是将若干 SQL 语句添加到一个 SQL 语句块(Batch)中一并发送到数据库服务器,数据库引擎执行完 SQL 语句块中的语句后会将所有的结果一并返回。这种功能特别适用于大批量的数据库 INSERT 操作。为了实现这样的功能就必须用到以下 Statement 接口的方法。

public void addBatch(String sql):该方法用于将 SQL 语句添加到 SQL 语句块中。

public void clearBatch():该方法用于将 SQL 语句块中的所有 SQL 语句全部删除。

public int[] executeBatch():该方法用于将 SQL 语句块发送到数据库服务器并执行,它返回的结果是一个整型数组,数组中的元素是数据库服务器执行 SQL 语句块中 SQL 语句所返回的更新计数。SQL 语句块中含有多少个 SQL 语句,返回的整行数组中就含有多少个元素。

使用 JDBC API 执行数据库批操作的方法是:

(1) 创建 Statement 接口的实例对象。

(2) 使用 addBatch()方法往 SQL 语句块中添加若干 SQL 语句。

(3) 使用 executeBatch()方法完成数据库批操作。

以下代码片段是运用 Statement 接口的批操作功能往数据库中插入 4 条新记录。

```
ResultSet rs=null;
PreparedStatement ps=null;
String url=" jdbc:mysql://localhost:3306/test";
Connection con;
Statement stmt;
try
{
  Class.forName("com.mysql.jdbc.Driver");
}
catch(java.lang.ClassNotFoundException e)
{
  e.printStackTrace();
}
try
{
  con=DriverManager.getConnection(url, "root", "");
  con.setAutoCommit(false);
  stmt=con.createStatement();
  stmt.addBatch("INSERT INTO t_user VALUES('ttt', 'ttt') ");
  stmt.addBatch("INSERT INTO t_user VALUES('ppp', 'ppp') ");
  stmt.addBatch("INSERT INTO t_user VALUES('kkk', 'kkk') ");
  stmt.addBatch("INSERT INTO t_user VALUES('hhh', 'hhh') ");
  int [] updateCounts=stmt.executeBatch();
```

```
      con.commit();
      con.setAutoCommit(true);
      ResultSet uprs=stmt.executeQuery("SELECT * FROM t_user");
      while (uprs.next())
      {
        String name=uprs.getString("username");
        String pass=uprs.getString("password");
        int id=uprs.getInt("id");
        System.out.println("name:"+name+" "+" pass:"+pass+" id:"+id);
      }
      uprs.close();
      stmt.close();
      con.close();
    }
    catch(BatchUpdateException b)
    {
      System.out.println ("-----BatchUpdateException-----");
      System.out.println ("SQLState: "+b.getSQLState());
      System.out.println ("Message: "+b.getMessage());
      System.out.println ("Code: "+b.getErrorCode());
      System.out.println("Update counts: ");
      int [] updateCounts=b.getUpdateCounts();
      for(int i=0; i<updateCounts.length; i++)
      {
        System.out.println(updateCounts[i]+" ");
      }
      System.out.println ("");
    }
    catch(SQLException ex)
    {
      System.out.println ("-----SQLException-----");
      System.out.println ("SQLState:"+ex.getSQLState());
      System.out.println ("Message:"+ex.getMessage());
      System.out.println ("Code:"+ex.getErrorCode());
    }
```

上面介绍的执行数据库批操作的方法仅仅适用于 Statement 接口,而不适用于 PreparedStatement 接口和 CallableStatement 接口。后面两个接口定义了新的 addBatch() 方法,该方法不需要任何参数。但是,在 Statement 接口中定义的 addBatch()方法需要参数,参数是一个 SQL 语句,数据类型是 String。

在 PreparedStatement 接口和 CallableStatement 接口中实现数据库批操作的方法是:

(1) 创建 PreparedStatement 接口或者 CallableStatement 接口的实例对象。

(2) 使用 PreparedStatement 接口中定义的 setXXX()方法设定 SQL 语句(该 SQL 语句是在创建 PreparedStatement 接口或者 CallableStatement 接口的实例对象时初始化的)

的 IN/OUT/INOUT 参数的值。注意，CallableStatement 接口并没有定义任何 setXXX（）方法，它的 setXXX（）方法全部继承自 PreparedStatement 接口。

（3）使用 executeBatch（）方法。该方法在 Statement 接口中定义，不过 PreparedStatement 接口和 CallableStatement 接口都继承了这个方法。

下面的代码片段使用 PreparedStatement 接口的方法完成数据库批操作，往数据库中插入 4 条新记录。

```
String url=" jdbc:mysql"//localhost:3306/test";
Class.forName("com.mysql.jdbc.Driver ");
Properties prop=new Properties ();
prop.put("user", "root");
prop.put("password", "");
Connection ctn=DriverManager.getConnection(url, prop);
//Creates a PreparedStatement object with single parameter
PreparedStatement prepStmt=ctn.prepareStatement("INSERT INTObook
(name, type, comment, price, discount) VALUES(?,?,?,3000,0.8) ");
prepStmt.setString(1,"Java Web 开发");
prepStmt.setString(2,"书籍");
prepStmt.setString(3,"介绍 Java Web 技术的高级教程");
prepStmt.addBatch();
prepStmt.setString(1, "Java SSH 开发");
prepStmt.setString(2, "书籍");
prepStmt.setString(3, "介绍 Java Struts-Spring-Hibernate 技术的高级教程");
prepStmt.addBatch();
prepStmt.setString(1, "Java 核心技术开发");
prepStmt.setString(2, "书籍");
prepStmt.setString(3, "介绍 Java 核心技术开发的教程");
prepStmt.addBatch();
prepStmt.setString(1, "Java EJB 开发");
prepStmt.setString(2, "书籍");
prepStmt.setString(3, "介绍 Java EJB 技术开发的教程");
prepStmt.addBatch();
prepStmt.executeBatch();
prepStmt.close();
ctn.close();
```

6.2.3　处理 BLOB 和 CLOB 类型的数据（Blob Clob 接口）

BLOB 和 CLOB 是 SQL3 标准支持的新数据类型，主要用于保存大型超长的数据，如图片、视频、CD 等。Oracle 等数据库系统支持 BLOB 和 CLOB 数据类型。在 JDBC 1.0 API 中不支持直接存取 BLOB 和 CLOB 等类型的数据，必须通过输入输出流来操作，这样做十分不方便。在 JDBC 2.0 API 中新定义了 Blob 接口和 Clob 接口，对这两种类型数据的操作大大简化了。下面介绍这两个接口以及如何使用这两个接口进行操作。

1. BLOB 和 CLOB 类型的数据

如何获取和设定 BLOB 和 CLOB 类型的数据？

ResultSet、CallableStatement、PreparedStatement 等接口都定义了 getBlob()、getClob()、setBlob()和 setClob()方法,用以获取或设定 BLOB 和 CLOB 类型的数据。具体方法的定义,请读者参考相应的文档,这里不介绍了。

1）Blob 接口的方法

在 Blob 接口中定义了下面的方法。

public long length()：该方法可以获取 BLOB 类型数据的长度。

public byte[] getBytes(long pos,int length)：该方法可以从 BLOB 类型数据中获取其中的某一段,将其赋给一个 byte 数组。参数 pos 是开始截取数据的位置,参数 length 是截取数据的长度。

public InputStream getBinaryStream()：该方法从 BLOB 类型数据中获取一个输入流。

public long position(byte[] pattern,long start)：该方法获取特定字节在 BLOB 类型数据中的位置。参数 pattern 是查找的目标字节,参数 start 指的是开始查找的位置。

public long position(Blob pattern,long start)：该方法可以获取特定 BLOB 类型数据在当前 BLOB 类型数据中的开始位置。参数 pattern 代表需要查找的 BLOB 类型数据,参数 start 代表开始查找匹配的位置。

下面代码段演示了如何获取 BLOB 类型的数据并将其输出(数据库连接代码段已经省略了,其中 rs 是 ResultSet 接口的实例对象)。

```
rs.absolute(4);
Blob blob=rs.getBlob( image );
java.io.InputStream in=blob.getBinaryStream();
byte b;
while ((in.read())>-1)
{
  b=in.read();
  System.out.println(b);
}
rs.absolute(4);
Blob blob=rs.getBlob( image );
long len=blob.length();
byte [] data=blob.getBytes(1 len);
for (int i=0; i<len; i++)
{
  byte b=data[i];
  System.out.println(b);
}
```

2）Clob 接口的方法

在 Clob 接口中定义了以下的方法。

public long length()：该方法可以获取 CLOB 类型数据的长度。

public String getSubString(long pos,int length)：该方法获取 CLOB 类型数据的一部分，并将结果赋给一个字符串。参数 pos 就是开始截取数据的位置，参数 length 代表需要截取数据的长度。该方法和 String 类的 SubString()方法差不多。

public Reader getCharacterStream()：该方法从 CLOB 对象中返回一个 Reader 类的实例对象，该方法可以用于读取 CLOB 对象所包含的数据。

public InputStream getAsciiStream()：该方法从 CLOB 对象中返回一个输入流。该方法也可以用于读取 CLOB 对象的数据。getAsciiStream()方法和 getCharacterStream()方法的区别在于前者是以 ASCII 码输入流的方式读取数据，后者是以字符流的方式读取数据。

public long position(String searchstr,long start)：该方法从 CLOB 类型的数据中获取特定字符串出现的位置。参数 searchstr 就是目标字符串，参数 start 代表开始检索的位置。

public long position(Clob searchstr,long start)：该方法的作用是从 CLOB 类型的数据中获取另一个 CLOB 类型数据出现的位置。参数 searchstr 代表需要匹配的目标 Clob 对象，参数 start 代表开始检索的位置。

下面的代码段演示了如何将一个 CLOB 类型的数据插入到数据库中去（数据库连接代码已经省略了，rs 代表 ResultSet 接口的实例对象，con 是 Connection 接口的实例对象）。

```
Clob notes=rs.getClob("NOTES");
PreparedStatement pstmt=con.prepareStatement("UPDATE MARKETS SET COMMENTS=?
WHERE SALES<1000000");
pstmt.setClob(1 notes);
pstmt.executeUpdate();
```

3）BLOB 和 CLOB 数据类型的区别

BLOB 和 CLOB 数据类型虽然都可以存储大量超长的数据，但是两者是有区别的。BLOB 其实是 Binary Large Object 的缩写，BLOB 类型的数据以二进制的格式保存于数据库中，特别适用于保存图片文件、视频文件、音频文件等。CLOB 是 Character Large Object 的缩写，CLOB 类型的数据以 Character 的格式保存于数据库中，比较适用于保存比较长的文本文件。当然并非一定要如此，程序员可以根据实际条件来决定采用哪种数据类型。

下面是一个完整的例子。

```
packagesample;

import java.io.*;
import java.sql.*;
/**
 * <p>Title: databaseMySQL</p>
 * <p>Description: </p>
 * <p>Company: ascent</p>
 * @version 1.0
 */
```

```java
public class BlobClobTest {
    Connection con;
    public static void main(String[] args) {
        BlobClobTest bTest=new BlobClobTest();
        try {
            //step 1 Register a driver
            Class.forName("org.gjt.mm.mysql.Driver");
            //step 2 Establish a connection to the database
            bTest.con=DriverManager.getConnection
                    ("jdbc:mysql://localhost:3306/test","root","");
        }catch(Exception e){
            System.out.println("failed");
            System.out.println(e);
        }
        bTest.putBlob(); //insert binary file into database
        bTest.getBlob();
        bTest.putText();
        bTest.getText();
    }
    public void putBlob(){
        //read binary data from file, write into database
        try{
            PreparedStatement pstm=con.prepareStatement("insert into blobTable
                (ID, binaryfile) values(?,?)");
            File f=new File("d:\\execute.gif");
            FileInputStream in=new FileInputStream(f);
            pstm.setInt(1,1);
            //put binary data nto database
            pstm.setBinaryStream(2,in, (int)f.length());
            pstm.execute();
            pstm.close();
            in.close();
            System.out.println("put Blob ok");
        }catch(Exception e){
            System.out.println("failed");
            e.printStackTrace();
        }
    }
    //get binary data from database, and write to another file
    public void getBlob(){
        try{
            File f=new File("d:\\executeCopy.gif");
            FileOutputStream out=new FileOutputStream(f);
            Statement stmt=con.createStatement();
            ResultSet rs=stmt.executeQuery("select binaryfile from blobTable
```

```
          where id=1 ");
        rs.next();
        Blob blob=rs.getBlob("binaryfile");
        //inputstream related to database
        InputStream in=blob.getBinaryStream();
        int i=0;
        while( (i=in.read())!=-1)    //read from blob
            out.write(i);                //write to another file
        in.close();
      //byte[] b=rs.getBytes("binaryfile");
      //System.out.println(b.length);
      //out.write(b);
      //out.close();
      System.out.println("get Blob ok");
    }catch(Exception e){
        System.out.println("  failed");
        e.printStackTrace();
    }
}
//read  character data from file, write into database
public void  putText(){
    try{
        PreparedStatement pstm=con.prepareStatement("insert into TextTable
            (ID, textFile) values (1,?)");
        File f=new File("d:\\prop.txt");
        FileInputStream in=new FileInputStream(f);
        pstm.setAsciiStream(1,in,(int)f.length());   //write into database
        pstm.executeUpdate();
        pstm.close();
        in.close();
        System.out.println(" put clob ok ");
    }catch(Exception e){
        System.out.println(" put clob failed");
        e.printStackTrace();
    }
}
//get character data from database, and write to another file
public void getText(){
    try{
        Statement stmt=con.createStatement();
        ResultSet rs=stmt.executeQuery("select textfile from TextTable where
            id=1");
        File f=new File("d:\\propCopy.txt");
        FileOutputStream out=new FileOutputStream(f);
        rs=stmt.getResultSet();
```

```
                rs.next();
                InputStream in=rs.getAsciiStream("textfile");
                int i=0;
                while( (i=in.read())!=-1)
                        out.write(i);                    //write to another file
                stmt.close();
                in.close();
                out.close();
                System.out.println("  get Clob ok");
            }catch(Exception e){
                System.out.println("  get Clob failed");
                e.printStackTrace();
            }
        }
    }
```

6.2.4 处理新的 SQL 数据类型(ARRAY、REF)

除了上面提到的 BLOB、CLOB 数据类型外,还有 ARRAY、REF、Structured Types 等复杂数据类型。这些新的数据类型给数据库开发者以很大的自由度,使得他们可以设计十分复杂而且有效的数据库结构。但这也给 Java 语言程序员出了一个难题,即如何来访问这些使用新数据类型的数据。

在 JDBC 2.0 API 出现以前 Java 程序员几乎可以说是束手无策,因为 JDBC 1.0 API 对新的 JDBC 数据类型的支持几乎为零。JDBC 2.0 API 出现以后一切就都不同了。

这里介绍如何使用 JDBC 2.0 API 处理 ARRAY、REF 等复杂数据类型。

1. ARRAY 数据类型

数据类型 ARRAY 主要用于保存一些类似于数组结构的数据,例如创建一个公司(company)数据库,假设该数据库有两个字段:一个字段是公司的名称(name),name 的数据类型可以是普通的 VARCHAR 类型;另一个字段是该公司所有雇员的名字(employee),employee 字段就需要用到 ARRAY 数据类型,它把所有的雇员的名称都保存在一个类似于数组的结构中去。那么如何处理 ARRAY 类型的字段数据呢?

(1) ResultSet 接口和 CallableResultSet 接口定义了 getArray()方法,可以获取 ARRAY 数据类型的数据,返回值是一个 java.sql.Array 接口的实例对象。例如:

```
Array a=rs.getArray(1);
```

其中,rs 是 ResultSet 接口的实例对象。

getArray()方法返回的 Array 接口的实例对象仅仅包含了对原 ARRAY 类型数据的一个逻辑指针(logical pointer),并不包含任何实质的数据。为了真正获得源数据,必须使用 Array 接口的 getArray()方法或者 getResultSet()方法。它不同于 ResultSet 接口和 CallableStatement 接口的 getArray()方法,前者的作用是根据 Array 接口实例对象所包含的逻辑指针将源数据取回并转换为一个 Java 数组(Java Array)。Java 程序员可以使用 Java 语言对该数组进行处理。同样,Array 接口的 getResultSet()方法和 Statement 接口的 getResultSet()方法也有不同,前者的作用是根据 Array 接口实例对象所包含的逻辑指针将源数据取回并转换为一个 ResultSet 接口的实例对象,后者的作用也是获取 ResultSet 接口的实例对象,不过这个记录集对象是通过执行 SQL 语句而来的,并不是由某个数据结构转换而来的。

Array 接口的 getArray()方法有可选参数,如 index 和 count。因为 ARRAY 数据类型的数据保存方式类似于数组结构,因此必然有元素索引。index 参数指定从某个索引开始获取源数据的元素,参数 count 指定需要获取元素的个数。Array 接口的 getResultSet()方法的情况也差不多。详细的方法说明读者可以参阅相关文档。

(2) 存储 ARRAY 类型的数据。

PreparedStatement 接口的 setArray()方法和 setObject()方法可以将一个 ARRAY 类型的数据作为 IN 参数传递给 PreparedStatement 对象,如下面的代码段所示(数据库连接代码已经省略了)。

```
PreparedStatement pstmt=conn.prepareStatement("INSERT INTO dept (name members)
VALUES(? ?)");
pstmt.setString(1 "biology");
pstmt.setArray(2 member_array);
pstmt.executeUpdate();
```

CallableStatement 接口也有类似的方法。

(3) 更新记录集中 ARRAY 类型的数据。

ResultSet 接口的 updateArray()方法可以更新数据类型为 ARRAY 的数据,如下面的代码所示(数据库连接代码已经省略了)。

```
//retrieve a column containing an SQL ARRAY value from ResultSet rs
java.sql.Array num=rs.getArray("NUMBERS");
//update the column "LATEST_NUMBERS" in a second ResultSet
//with the value retrieved…
rs2.updateArray("LATEST_NUMBERS" num);
rs2.updateRow();
```

2. REF 数据类型

SQL REF 数据类型主要用于保存具有复合数据结构的数据,例如创建一个记录雇员信息的表。如果希望在一个字段内保存雇员的所有信息,如年龄、名称、职务、性别等,该如何做呢? 一个比较好的方法就是先创建一个新的数据类型(person)。person 数据类型包括了 name(VARCHAR)、age(INT)、home(VARCHAR)等子数据,然后创建 employee 表,该表仅仅含有一个名为 id 的字段。id 的 SQL 数据类型被指定为 REF,而且和 person 数据类型关联起来。

当向 employee 表中输入数据时,其实数据是分两个地方存放的。employee 表的 id 字段仅仅包含对真实数据位置的一个索引或一个指针。凭借这个指针或索引可以找到真实的数据。真实的数据则以 person 结构的形式存放在另一个表中。虽然数据是分开存放的,但是并不妨碍对数据库的操作。INSERT、SELECT、UPDATE、DELETE 等数据库操作的 SQL 语句和数据都保存在同一个表(多个字段)的时候,没有任何差别。JDBC 1.0

API 不支持 SQL REF 数据类型，在 JDBC 2.0 API 中专门定义了 Ref 接口，用于处理 REF 类型的数据。

在 Java 语言中操作 REF 类型数据的方法如下。

1) 获取 REF 对象

CallableStatement 接口和 ResultSet 接口都定义了 getRef()方法。该方法的返回值是 Ref 接口的实例对象。请看下面的代码段（数据库连接代码已经省略了）。

```
ResultSet rs=stmt.executeQuery("SELECT oid FROM dogs WHERE "+"name=peter");
rs.next();
Ref ref=rs.getRef(1);
```

需要注意的是，Ref 接口的实例对象并不包含实际的数据，而是仅仅包含 REF 结构对与它相关联的保存实际数据的数据类型的一个引用指针。要想获得实际的数据，必须事先根据保存实际数据的自定义数据结构（即与 REF 数据结构相关联的那一个数据结构）定义一个 Java 类，然后将 Ref 接口的实例对象强制类型转换为之前定义好的 Java 类，这样就可以获取实际的数据了。在 Java 类中还可以定义一套 setXXX()、getXXX()方法，运用这套方法就可以对获取的实际数据进行操作了。请看下面的代码段。

```
Ref ref=rs.getRef(1);
Address addr=(Address)ref.getObject();
```

2) 更新/存储 REF 类型的数据

更新/存储 REF 类型数据有几种方法。第一种方法是使用 ResultSet 接口的 updateRef()方法，然后使用 updateRow()方法更新当前记录；或者使用 insertRow()方法插入一个新的记录。第二种方法是使用 CallableStatement 接口（或者 PreparedStatement 接口）的 setRef()方法设定 IN 参数，然后使用 execute()方法更新数据库中的数据。第三种方法是使用 Ref 接口的 setValue()方法。请看下面的代码实例（数据库连接代码已经省略了）。

```
ResultSet rs=stmt.executeQuery("SELECT OID FROM DOGS "+"WHERE NAME='ROVER'");
rs.next();
Ref rover=rs.getRef("OID");
Dog dog=(Dog)rover.getValue(map);
//manipulate instance of Dog
dog.setAge(14);
//store updated Dog
rover.setValue((Object)dog);
```

上面代码段的含义是首先执行 SQL 语句，获取 ResultSet 接口的实例对象 rs，接着使用 getRef()方法获取 Ref 接口的实例对象 rover，记录集的字段名 OID 是 REF 类型，它和一个名为 dog 的自定义 SQL 数据类型相关联。在另外的程序中已经定义了一个 Dog 类，该类继承了 SQLData 接口 Dog 类，是根据 SQL 数据类型 Dog 定制的。它提供了一组方法以存取 Dog 类型的数据，如 setAge()方法。程序中使用 Ref 接口的 getValue()方法获取了实在的数据并且强制转换为 Dog 类的实例对象。getValue()方法的参数 map 是 java.util.Map 接口的实例对象，这个 Map 对象（map）定义了一组映射指明 SQL 数据类型。

Dog 可以映射为 Java 类 Dog 程序,接着使用 Dog 类的 setAge()方法更新数据,这里更新的数据仅仅是 Dog 实例对象(dog)中保存的数据,并非是数据库中的数据。最后调用 Ref 接口的方法 setValue() 完成更新数据库的操作,setValue()方法的参数是经过更新的 Dog 对象 dog(需要将它强制转换为 java.lang.Object 类型)。

上面介绍了 BLOB 和 CLOB 数据类型的操作方法和 ARRAY、REF 数据类型的操作方法。这 4 种数据类型比较常用,至于其他不太常用的 SQL 数据类型等,这里不再介绍。对此感兴趣的读者请参阅 Sun 公司编写的 JDBC 2.0 API 规范原文。

6.3 JDBC 2.0 标准扩展 API

下面介绍 JDBC 2.0 的标准扩展 API。标准扩展 API 分为如下几方面。

(1) DataSource 接口:和 Java 名字目录服务(JNDI)一起工作的数据源接口。

(2) Connection pooling(连接池):可以重复使用连接,而不是对每个请求都使用一个新的连接。

(3) Distrubute transaction(分布式的事务):在一个事务中涉及多个数据库服务器。

(4) Rowsets:JavaBean 组件包含了结果集,主要用来将数据传给瘦客户(thin client),或者提供一个可以滚动的结果集。

6.3.1 JNDI

在使用数据源和连接池时,需要用到 JNDI,所以这里简单介绍 JNDI 的概念和示例。

1. 什么是 JNDI

JNDI 是 The Java Naming and Directory Interface 的英文编写。JNDI 用于执行名字和目录服务,其接口包含在 javax.naming 和它的子包中。它为应用程序提供标准的目录操作的方法,例如获得对象的关联属性、根据它们的属性搜寻对象等。使用 JNDI 时,一个 J2EE 应用程序可以存储和动态获取任何类型的命名 Java 对象。因为 JNDI 不依赖于任何特定程序的执行,应用程序可以使用 JNDI 访问各种命名目录服务,包括 LDAP、NDS、DNS、NIS、COS 命名和 RMI 注册等服务。这使得 J2EE 应用程序可以与传统的应用程序和系统共存。

JNDI 分为两部分:应用程序编程接口(API)和服务供应商接口(SPI),前者允许 Java 应用程序访问各种命名和目录服务,后者则是通过设计来供任意一种服务的供应商(也包括目录服务供应商)使用。这使得各种各样的目录服务和命名服务能够透明地插入使用 JNDI API 的 Java 应用程序中。

2. JNDI 结构

1) 名字服务

名字服务(Naming Services)提供一种方法,映射标识符到实体或对象。名字服务需要了解以下基本概念。

(1) 绑定:绑定是将一个不可分割的名字与一个对象联系起来。像 DNS,我们用名字 www.yahoo.com 与 IP 地址 216.32.74.53 联系起来,或者一个文件对象用文件名 afile.txt

联系起来。

（2）名字空间：名字空间包含一组名字，但名字空间内每个名字是唯一的。一个文件目录就是一个简单的名字空间，如目录 C:\temp，在这个目录下不能有两个相同名字的文件，但是不同目录下的两个文件可能有相同的名字。

（3）复合名字：复合名字是用名字空间构成的唯一名字，有一个或多个"原子"名字构成，这取决于所在的名字空间。文件路径就是一个复合名字，比如 C:\temp\myfile.txt，可以看到，这个名字由根目录名（C:\）、临时目录名（temp）和一个文件名（myfile.txt）构成，这3个名字复合起来表示一个唯一的名字。

（4）组合名字：组合名字能跨越多个名字空间。一个 URL 就是一个组合名字，比如 http://www.ascenttech.com.cn/index.htm，我们使用 HTTP 服务连接到服务器，然后使用另一个名字空间/index.htm 来访问一个文件。

2）目录服务

目录服务提供一组分成等级的目录对象，具有可搜索的能力。

在目录服务中存储的对象可以是任何能用一组属性描述的对象，每个对象都可以通过一组属性来描述该对象的能力。例如，一个 Person 对象可能有 height、weight、color、age、sex 等属性。目录服务还可提供根据要求来搜索的能力，如可以使用 Person 的 age 属性，搜索 20~25 岁间的 Person 对象，目录服务将返回符合条件的 Person 对象。这通常被称为基于内容的搜索。

3）JNDI 的使用

使用 JNDI 的主要步骤是：

（1）创建一个 java.util.Hashtable 或者 java.util.Properties 实例。

（2）添加变量到 Hashtable 或 Properties 对象，包含由 naming server 提供的 JNDI class 类名和 naming server 位置的 URL。

（3）通过 Hashtable 或 Properites 或 JNDI 属性文件创建一个 InitialContext 对象。

（4）通过 JNDI API 进行对象的绑定和查询。

下面给出创建环境配置示例。这里我们以 WebLogic 服务器为例，环境变量及相应的常量如表 6-1 所示。

```
import java.util.*;
import javax.naming.*;
...
env.put(Context.INITIAL_CONTEXT_FACTORY,
"weblogic.jndi.WLInitialContextFactory");
env.put(Context.PROVIDER_URL,"t3://localhost:7001");
InitialContext ctx=new InitialContext(env);
```

表 6-1　环境变量及相应的常量

环 境 变 量	相应的常量	说　　明
Java.naming.factory.initial	Context.INITIAL_CONTEXT_FACTORY	Context Factory 类名，由服务提供商给出
Java.naming.provider.url	Context.PROVIDE_URL	初始化地址

环 境 变 量	相应的常量	说　　明
Java.naming.security.Principal	Context.SECURITY_PRINCIPAL	服务使用者信息
Java.naming.security.Credentials	Context.SECURITY_CREDENTIAL	口令

更多的配置示例如下。

```
Hashtable env=new Hashtable();
env.put (Context.INITIAL_CONTEXT_FACTORY,
"weblogic.jndi.WLInitialContextFactory");
env.put(Context.PROVIDER_URL, "t3://localhost:7001");
env.put(Context.SECURITY_PRINCIPAL, "system");
env.put(Context.SECURITY_CREDENTIALS, "password here");
Properties env=new Properties();
env.setProperties ("java.naming.factory.initial",
"weblogic.jndi.WLInitialContextFactory");
env.setProperties("java.naming.provider.url" , "t3://localhost:7001");
env.setProperties("java.naming.security.principal" , "tommy");
env.setProperties("java.naming.security.credentials" ,"password here");
```

创建 InitialContext 如下。

类名：javax.naming.InitialContext。

实现的接口：javax.naming.Context。

构造方法：

```
public InitialContext();
public InitialContext(Hashtable configuration);
public InitialContext(Properties configuration);
```

以上所有方法都可能抛出 NamingException。

对象绑定（Binding）示例如下。

```
public static InitialContext getInitialContext() throws NamingException {
    Hashtable env=new Hashtable();
    env.put(Context.INITIAL_CONTEXT_FACTORY,
        "weblogic.jndi.WLInitialContextFactory");
    env.put(Context.PROVIDER_URL,"t3://localhost:7001");
    InitialContext context=new InitialContext(env);
    return context;
}
//Obtain the initial context
InitialContext initialContext=getInitialContext();
//Create a Bank object.
Bank myBank=new Bank();
//Bind the object into the JNDI tree.
initialContext.rebind("theBank",myBank);
```

对象查询(Lookup)示例如下。

```
public static InitialContext getInitialContext() throws NamingException {
    Hashtable env=new Hashtable();
    env.put(Context.INITIAL_CONTEXT_FACTORY,
        "weblogic.jndi.WLInitialContextFactory");
    env.put(Context.PROVIDER_URL,"t3://localhost:7001");
    InitialContext context=new InitialContext(env);
    return context;
}
//Obtain the initial context
InitialContext initialContext=getInitialContext();
//Lookup an existing Bank object.
Bank myBank=(Bank) initialContext.lookup("theBank");
```

可能发生的 NamingException 如下。

```
AuthenticationException
CommunicationException
InvalidNameException
NameNotFoundException
NoInitialContextException
```

枚举所有名字对象如下。

```
NamingEnumeration Declaration:
public interface NamingEnumeration extends Enumeration {
    public boolean hashMore() throws NamingException;
    public Object next() throws NamingException;
    public void close() throws NamingException; //jndi 1.2
}
try {
    ...
    NamingEnumeration enum=ctx.list("");
    while (enum.hasMore()) {
        NameClassPair ncp=(NameClassPair) enum.next();
        System.out.println("JNDI name is:"+ncp.getName());
    }
}
catch (NamingException e) {...}
```

最后的示例如下。

```
import java.util.*;
import javax.naming.*;
import javax.naming.directory.*;
import java.io.*;
public class ListAll {
```

```
public static void main(java.lang.String[] args) {
    Hashtable env=new Hashtable();
    env.put(Context.INITIAL_CONTEXT_FACTORY,
        "weblogic.jndi.WLInitialContextFactory");
    env.put(Context.PROVIDER_URL, "t3://localhost:7001");
    try {
        InitialContext ctx=new InitialContext(env);
        NamingEnumeration enum=ctx.listBindings("");
        while(enum.hasMore()) {
            Binding binding=(Binding) enum.next();
            Object obj=(Object) binding.getObject();
            System.out.println(obj);
        }
    } catch (NamingException e) {
    System.out.println(e);
    }
} //end main
} //end List
```

6.3.2 数据源

JDBC 1.0 用 DriverManager 类来产生一个对数据源(DataSource)的连接。JDBC 2.0 的使用基于 DataSource(数据源)的连接。使用 DataSource 的实现,代码变得更小巧精致,也更容易控制。

一个 DataSource 对象代表了一个真正的数据源。根据 DataSource 的实现方法,数据源既可以是从关系数据库,或者是电子表格,还可以是一个表格形式的文件。当一个 DataSource 对象注册到名字服务中,应用程序就可以通过名字服务获得 DataSource 对象,并用它来产生一个与 DataSource 代表的数据源之间的连接。

关于数据源的信息和如何来定位数据源,例如数据库服务器的名字、在哪台机器上、端口号等,都包含在 DataSource 对象的属性里面了。这样,对应用程序的设计来说是更方便了,因为并不需要硬性的把驱动的名字写到程序里面。通常驱动名字中都包含了驱动提供商的名字,而在 DriverManager 类中通常是这么做的。如果数据源移植到另一个数据库驱动中,也很容易修改代码。那只需更改 DataSource 的相关的属性,而使用 DataSource 对象的代码不需要做任何改动。

由系统管理员或者有相应权限的人来配置 DataSource 对象。配置 DataSource,包括设定 DataSource 的属性,然后将它注册到 JNDI 名字服务中去。在注册 DataSource 对象的过程中,系统管理员需要把 DataSource 对象和一个逻辑名字关联起来。名字可以是任意的,通常取成能代表数据源并且容易记住的名字。在下面的例子中,名字起为 InventoryDB,按照惯例,逻辑名字通常都在 jdbc 的子上下文中。这样,逻辑名字的全名就是 jdbc/InventoryDB。

一旦配置好了数据源对象,应用程序设计者就可以用它来产生一个与数据源的连接。下面的代码片段给出如何用 JNDI 上下文获得一个一个数据源对象,然后用数据源对象产生一个与数据源的连接。开始的两行用的是 JNDI API,第三行用的才是 JDBC 的 API。

```
Context ctx=new InitialContext();
DataSource ds=(DataSource)ctx.lookup("jdbc/InventoryDB");
Connection con=ds.getConnection("myPassword", "myUserName");
```

在一个基本的 DataSource 实现中,DataSource.getConnection()方法返回的 Connection 对象和用DriverManager.getConnection()方法返回的 Connection 对象是一样的。因为 DataSource 提供的方便性,推荐使用 DataSource 对象来得到一个 Connection 对象。我们希望所有的基于 JDBC 2.0 技术的数据库驱动都包含一个基本的 DataSource 的实现,这样就可以在应用程序中很容易地使用它。

对于普通的应用程序设计者,是否使用 DataSource 对象只是一个选择问题。但是,对于那些需要用的连接池或者分布式的事务的应用程序设计者来说,就必须使用 DataSource 对象来获得 Connection 对象。

6.3.3 连接池

1. 连接池简介

连接池(Connection Pooling)提供这样一种机制,当应用程序关闭一个 Connection 的时候,这个连接被回收,而不是被销毁(destroy),因为建立一个连接是一个很费资源的操作。如果能把回收的连接重新利用,会减少新创建连接的数目,显著地提高运行的性能。

假设应用程序需要建立到一个名字为 EmpolyeeDB 的 DataSource 的连接,使用连接池得到连接的代码如下。

```
Context ctx=new InitialContext();
DataSource ds=(DataSource)ctx.lookup("jdbc/EmployeeDB");
Connection con=ds.getConnection("myPassword","myUserName");
```

除了逻辑名字以外,可以发现其代码和上面所举例子的代码是一样的。逻辑名字不同,就可以连接到不同的数据库。DataSource 对象的 getConnection()方法返回的 Connection 是否是一个连接池中的连接完全取决于 DataSource 对象的实现方法。如果 DataSource 对象实现与一个支持连接池的中间层的服务器一起工作,DataSource 对象就会自动地返回连接池中的连接,这个连接也是可以重复利用的。

是否使用连接池获得一个连接,在应用程序的代码上是看不出不同的。在使用这个 Connection 连接上也没有什么不一样的地方,唯一的不同是在 Java 的 finally 语句块中来关闭一个连接。在 finally 中关闭连接是一个好的编程习惯。这样,即使方法抛出异常,Connection 也会被关闭并回收到连接池中去。代码如下。

```
try{…
}catch(){…
}finally{
  if(con!=null)
    con.close();
}
```

2. 连接池背景

1）JDBC 接口规范

JDBC 是一个规范，遵循 JDBC 接口规范，各个数据库厂家各自实现自己的驱动程序（Driver），如图 6-1 所示。

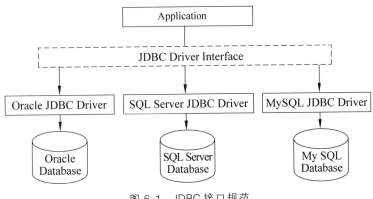

图 6-1　JDBC 接口规范

应用在获取数据库连接时，需要以 URL 的方式指定是哪种类型的 Driver，在获得特定的连接后，可按照固定的接口操作不同类型的数据库，例如分别获取 Statement、执行 SQL 获得 ResultSet 等，请看下面的例子。

```
import java.sql.*;
…
DriverManager.registerDriver(new oracle.jdbc.driver.OracleDriver());
Connection dbConn= DriverManager.getConnection("jdbc:oracle:thin:@127.0.0.1:
1521: oracle","username", "password" );
Statement st=dbConn.createStatement();
ResultSet rs=st.executeQuery("select * from my_table");
//some data source operation in here
…
rs.close();
st.close();
dbConn.close();
```

在完成数据操作后，还一定要关闭所有涉及的数据库资源。这虽然对应用程序的逻辑没有任何影响，但却是关键的操作。上面是一个简单的例子，如果加上众多的 if…else、exception，资源的管理也难免百密一疏。如同 C 语言中的内存泄漏问题，Java 语言系统也同样会面临崩溃的恶运。所以数据库资源的管理依赖于应用系统本身，是不安全、不稳定的一种隐患。

2）JDBC 连接池

在标准 JDBC 对应用的接口中，并没有提供资源的管理方法。所以，默认的资源管理由应用程序自己负责。虽然在 JDBC 规范中，多次提及资源的关闭/回收及其他的合理运用，但最稳妥的方式还是为应用提供有效的管理手段。所以，JDBC 为第三方应用服务器

（Application Server）提供了一个由数据库厂家实现的管理标准接口——连接缓冲（Connection Pooling）。引入了连接池（Connection Pool）的概念，也就是以缓冲池的机制管理数据库的资源。

JDBC 最常用的资源有以下 3 个类。

- Connection：数据库连接。
- Statement：会话声明。
- ResultSet：结果集游标。

以上 3 个类之间的关系，如图 6-2 所示。

图 6-2　3 个类之间的关系

这是一种"爷-父-子"的关系，对 Connection 的管理，就是对数据库资源的管理。例如，如果想确定某个数据库连接（Connection）是否超时，则需要确定其（所有的）子 Statement 是否超时，同样需要确定所有相关的 ResultSet 是否超时；在关闭 Connection 前，需要关闭所有相关的 Statement 和 ResultSet。因此，连接池（Connection Pool）所起到的作用，不仅仅简单地管理 Connection，还涉及 Statement 和 ResultSet。

3）连接池与资源管理

连接池是以缓冲池的机制，在一定数量上限范围内，控制管理 Connection、Statement 和 ResultSet。任何数据库的资源都是有限的，如果被耗尽，则无法获得更多的数据服务。在大多数情况下，资源的耗尽不是由于应用的正常负载过高，而是程序原因。

在实际工作中，数据资源往往是瓶颈资源，不同的应用都会访问同一数据源。其中某个应用耗尽了数据库资源后，其他的应用也无法正常运行。因此，连接池的第一个任务是限制每个应用或系统可以拥有的最大资源，也就是确定连接池的大小（Pool Size）。

连接池的第二个任务：在连接池的大小范围内，最大限度地使用资源，缩短数据库访问的使用周期。许多数据库中，连接（Connection）并不是资源的最小单元，控制 Statement 资源比 Connection 更重要。以 Oracle 为例，每申请一个连接会在物理网络（如 TCP/IP 网络）上建立一个用于通信的连接，在此连接上还可以申请一定数量的 Statement。同一连接可提供的活跃 Statement 数量可以达到几百个。这样，在节约网络资源的同时，缩短了每次会话周期（物理连接的建立是个费时的操作）。但在一般的应用中，程序员会按照最基本的操作获得连接，假如有 10 个程序调用，则会产生 10 次物理连接，每个 Statement 单独占用一个物理连接，这是极大的资源浪费。连接池可以解决这个问题，让几十、几百个 Statement 只占用同一个物理连接，发挥数据库原有的优点。通过连接池对资源的有效管理，应用可以获得的 Statement 总数达到：

$$并发物理连接数 \times 每个连接可提供的 Statement 数量$$

例如，某种数据库可同时建立的物理连接数为 200 个，每个连接可同时提供 250 个 Statement，那么连接池最终为应用提供的并发 Statement 总数为 $200 \times 250 = 50\ 000$ 个。这是个并发数字，很少有系统会突破这个量级。所以我们前面指出，资源的耗尽与应用程序直接管理有关。

对资源的优化管理,很大程度上依靠数据库自身的 JDBC Driver 是否具备这种功能。有些数据库的 JDBC Driver 并不支持 Connection 与 Statement 之间的逻辑连接功能,如 SQL Server,我们只能等待它自身更新版本了。

对资源的申请、释放、回收、共享和同步,这些管理都是复杂精密的。所以,连接池的另一个功能就是封装这些操作,为应用提供简单的甚至是不改变应用风格的调用接口。

3. 简单 JDBC 连接池的实现

根据以上原理,下面介绍一种简单快速的连接池工具 Snap-Connection Pool。它按照部分的 JDBC 规范,实现了连接池所具备的对数据库资源的有效管理功能。

1) 体系描述

在 JDBC 规范中,应用通过驱动接口(Driver Interface)直接访问方法数据库的资源。为了有效、合理地管理资源,在应用与 JDBC Driver 之间,增加了连接池 Snap-ConnectionPool,并且通过面向对象的机制,使连接池的大部分操作是透明的。图 6-3 为 Snap-ConnectionPool 的体系。

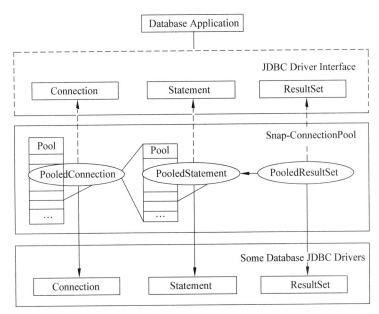

图 6-3 Snap-ConnectionPool 的体系

如图 6-3 所示,通过实现 JDBC 的部分资源对象接口(Connection、Statement、ResultSet),在 Snap-ConnectionPool 内部分别产生 3 种逻辑资源对象:PooledConnection、PooledStatement 和 PooledResultSet。它们也是连接池的主要管理操作对象,并且继承了 JDBC 中相应的从属关系。这样的体系有以下几个特点。

(1) 透明性:在不改变应用原有的使用 JDBC 驱动接口的前提下,提供资源管理的服务。应用系统,如同原有的 JDBC,使用连接池提供的逻辑对象资源,简化了应用程序的连接池改造。

(2) 资源封装:复杂的资源管理被封装在 Snap-ConnectionPool 内部,不需要应用系统过多地干涉。管理操作的可靠性、安全性由连接池保证。应用的干涉(如主动关闭资源),

只起到优化系统性能的作用,遗漏操作不会带来负面影响。

(3) 资源合理应用:按照 JDBC 中资源的从属关系,Snap-ConnectionPool 不仅对 Connection 进行缓冲处理,对 Statement 也有相应的机制处理。合理运用 Connection 和 Statement 之间的关系,可以更大限度地使用资源。所以,Snap-ConnectionPool 封装了 Connection 资源,通过内部管理 PooledConnection,为应用系统提供更多的 Statement 资源。

(4) 资源连锁管理:Snap-ConnectionPool 包含的 3 种逻辑对象,继承了 JDBC 中相应对象之间的从属关系。在内部管理中,也依照从属关系进行连锁管理。例如,判断一个 Connection 是否超时,需要根据所包含的 Statement 是否活跃;判断 Statement 也要根据 ResultSet 的活跃程度。

2) 连接池集中管理(ConnectionManager)

ConnectionPool 是 Snap-ConnectionPool 的连接池对象。在 Snap-ConnectionPool 内部,可以指定多个不同的连接池为应用服务。ConnectionManager 管理所有的连接池,每个连接池以不同的名称区别,通过配置文件适应不同的数据库种类,ConnectionManager 管理体系如图 6-4 所示。

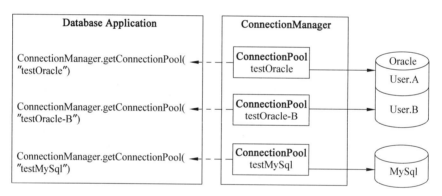

图 6-4　ConnectionManager 管理体系

通过 ConnectionManager,可以同时管理多个不同的连接池,提供统一的管理界面。在应用系统中通过 ConnectionManager 和相关的配置文件,可以将凌乱散落在各自应用程序中的数据库配置信息(包括数据库名、用户、密码等信息)集中在一个文件中,便于系统的维护工作。

6.3.4　分布式事务

获得一个用来支持分布式事务的连接与获得连接池中的连接是相似的。不同之处在于 DataSource 的实现上,而不是在应用程序中获得连接的方式上。假设 DataSource 的实现可以与支持分布式事务中间层服务器一起工作,得到连接的代码如下。

```
Context ctx=new InitialContext();
DataSource ds=(DataSource)ctx.lookup("jdbc/EmployeeDB");
Connection con=ds.getConnection("myPassword","myUserName");
```

由于性能上的原因,如果一个 DataSource 能够支持分布式的事务,它同样也可以支持连接池管理。

从应用程序设计者的观点来看。是否支持分布式事务的连接对它来说没什么不同,唯一的不同是在事务的边界上(开始一个事务的地方和结束一个事务的地方),开始一个事务或者结束一个事务都是由事务服务器来控制的。应用程序不应该做任何可能妨碍服务的事情。应用程序不能直接调用事务提交 commit 或者回滚 rollback 操作,也不能使用事务的自动提交模式 auto-commit mode(在数据库操作完成时动地调用 commit 或 rollback)。

在一个连接参与了分布式事务的时候,下面的代码是不能做的(con 表示支持分布式事务的连接)。

```
con.commit();
```
或
```
con.rollback();
```
或
```
con.setAutoCommit(true);
```

对于通常的 Connection 来说,默认的是 auto-commit 模式。而对于支持分布式事务的 Connection 来说,默认的不是 auto-commit 模式。注意,即使 Connection 是支持事务的,它也可以用于没有事务的情况。关于事务边界的限制只是在分布式事务的情况下才成立。

配置支持连接池的 DataSource 时,涉及配置 ConnectionPoolDataSource 对象,这个对象是三层体系结构中的中间层来管理连接池的。同样的,在配置支持分布式事务时,需要配置 XADataSource 对象,XADataSource 是中间层用来管理分布式事物的对象。ConnectionPoolDataSource 和 XADataSource 是由驱动供应商提供的,对应用程序的设计者来说是透明的。和基本的 DataSource 一样,由系统管理员来配置 ConnectionPoolDataSource 和 XADataSource 对象。

6.3.5 行集

行集(RowSet)是多行数据的集合。根据其目的,可以通过多种方法实现。RowSet 及其相关的接口与 JDBC 2.0 的标准扩展 API 有点不同,它们并不是驱动的一部分,RowSet 是在驱动的上层实现的,可以由其他的任何人来实现它们。

任何类型的 RowSet 都实现了 RowSet 接口,RowSet 接口扩展了 ResultSet 接口。这样 RowSet 对象就有了 ResultSet 对象所有的功能。能够通过 getXXX()方法得到数据库中的某列值,通过 updateXXX()方法可以修改某列值,可以移动光标,使当前行变为另一行。

当然,我们更感兴趣的是 RowSet 接口提供的新的功能。作为一个 JavaBean 组件,RowSet 对象可以增加或者删除一个 listener(监听者),可以 get 或 set 其属性值。这些属性中,有一个是字符串,表示一个对数据库 Query 请求,RowSet 接口定义了设定参数的方法,也提供了执行这个请求的方法。这意味着 RowSet 对象能够执行查询请求,可以根据它产生的行集进行计算。同样,RowSet 也可以根据任何表格数据源进行计算,所以它不局限于关系数据库。

从数据源得到数据之后,RowSet 对象可以和数据源断开连接,RowSet 也可以被序列化。这样,RowSet 就可以通过网络传递给瘦客户端。RowSet 可以被重新连接到数据源,这样,所做的修改就可以存回到数据源中去。如果产生了一个 listener,当 RowSet 的当前行移动,或者数据被修改时,监听者就会收到通知。例如,图形用户界面组件可以注册成为监听者,当 RowSet 更改的时候,图形用户界面接到通知,就可以修改界面,以符合它所表示的 RowSet。

根据不同的需要,RowSet 接口可以通过多种方法来实现。与 CachedRowSet 类不一样的是,JDBCRowSet 类总是保持一个和数据源的连接。这样,在 ResultSet 外围简单加了一层,使基于 JDBC 技术的驱动看起来像一个简单的 JavaBean 组件一样。

6.4　JBDC 更多新特性

6.4.1　JDBC 3.0 新特性

1. 元数据 API

元数据 API 在 JDBC 3.0 中经得到更新,DatabaseMetaData 接口现在可以检索 SQL 类型的层次结构,一种新的 ParameterMetaData 接口可以描述 PreparedStatement 对象中参数的类型和属性。

2. CallableStatements 中已命名的参数

在 JDBC 3.0 之前,设置一个存储过程中的一个参数要指定它的索引值,而不是它的名称。在 JDBC 3.0 中 CallableStatement 接口已经被更新了,现在可以用名称来指定参数。

3. 数据类型的改变

为了便于修改 CLOB(Character Large Object,字符型巨对象)、BLOB(Binary Large Object,二进制巨对象)和 REF(SQL 结构)类型的值,同名的数据类型接口都被更新了。因为我们现在能够更新这些数据类型的值,所以 ResultSet 接口也被修改了,以支持对这些数据类型的列的更新,包括对 ARRAY 类型的更新。

增加了两种新的数据类型 java.sql.Types.DATALINK 和 java.sql.Types.BOOLEAN。新增的数据类型是同名的 SQL 类型。DATALINK 提供对外部资源的访问或 URL,而 BOOLEAN 类型在逻辑上和 BIT 类型是等同的,只是增加了在语义上的含义。DATALINK 列值是通过使用新的 getURL()方法从 ResultSet 的一个实例中检索到的,而 BOOLEAN 类型是通过使用 getBoolean()方法来检索的。

4. 检索自动产生的关键字

要确定任何所产生的关键字的值,只要简单地在语句的 execute()方法中指定一个可选的标记,表示有兴趣获取产生的值。感兴趣的程度可以是 Statement.RETURN_GENERATED_KEYS,也可以是 Statement.NO_GENERATED_KEYS。在执行这条语句后,所产生的关键字的值就会通过 Statement 的实例方法 getGeneratedKeys()来检索 ResultSet 而获得。ResultSet 包含了每个所产生的关键字的列。以下示例创建了一个新的作者并返回对应的自动产生的关键字。

```
Statement stmt=conn.createStatement();
//Obtain the generated key that results from the query.
stmt.executeUpdate("INSERT INTO authors "+
        '(first_name, last_name) "+
        "VALUES ('George', 'Orwell')",
        Statement.RETURN_GENERATED_KEYS);
ResultSet rs=stmt.getGeneratedKeys();
if(rs.next()) {
    //Retrieve the auto generated key(s).
    int key=rs.getInt();
}
```

5. 连接器关系

大多数应用程序开发人员不需要知道 JDBC 和 J2EE 连接器体系结构之间的关系,就可以很好地使用 JDBC API。但是,由于 JDBC 3.0 规范已经考虑到这项新的体系结构,这使得开发人员能更好地理解 JDBC 在哪里适合 J2EE 标准,以及这个规范的发展方向是什么。J2EE 连接器体系结构指定了一组协议,允许企业的信息系统以一种可插入的方式连接到应用服务器上。这种体系结构定义了负责与外部系统连接的资源适配器。连接器服务提供者接口(The Connectors Service Provider Interface,SPI)恰好和 JDBC 接口提供的服务紧密配合。

JDBC API 实现了连接器体系结构定义的 3 个协议中的 2 个。第一个是将应用程序组件与后端系统相连接的连接管理,它是由 DataSource 和 ConnectionPoolDataSource 接口来实现的。第二个是支持对资源的事务性访问的事务管理,它是由 XADataSource 来处理的。第三个是支持后端系统的安全访问的安全性管理,在这点上 JDBC 规范并没有任何对应点,尽管有此不足,JDBC 接口仍能映射到连接器 SPI 上。如果一个驱动程序厂商将其 JDBC 驱动程序映射到连接器系统协议上,它就可以将其驱动程序部署为资源适配器,并立刻享受可插件、封装和在应用服务器中部署的好处。这样,一个标准的 API 就可以在不同种类的的企业信息系统中供企业开发人员使用。

6. ResultSet 可保持性

一个可保持的的游标(或结果),是指该游标在包含它的事务被提交后也不会自动地关闭。JDBC 3.0 增加了对指定游标可保持性的支持。要指定 ResultSet 的可保持性,必须在准备使用 createStatement()、prepareStatement()或 prepareCall()方法编写语句时就这么做。可保持性可以是表 6-2 常量中的一个。

表 6-2　ResultSet 可保持性常量

常　　量	描　　述
HOLD_CURSORS_OVER_COMMIT	ResultSet 对象(游标)没有被关闭;它们在提交操作并得到显式的或隐式的执行仍保持打开的状态
CLOSE_CURSORS_AT_COMMIT	ResultSet 对象(游标)在提交操作并得到显式的或隐式的执行后被关闭

总之,在事务提交之后关闭游标操作会带来更好的性能。除非在事务结束后还需要该游标,否则最好在执行提交操作后将其关闭。

7. 返回多重结果

JDBC 2.0 规范的一个局限是,在任意时刻,返回多重结果的语句只能打开一个 ResultSet。作为 JDBC 3.0 规范中改变的一个部分,规范将允许 Statement 接口支持多重打开的 ResultSet。然而,重要的是 execute()方法仍然会关闭任何以前 execute()调用中打开的 ResultSet。所以,要支持多重打开的结果,Statement 接口就要加上一个重载的 getMoreResults()方法。新式的方法会做一个整数标记,在 getResultSet()方法被调用时指定前一次打开的 ResultSet 的行为。Statement 接口将按表 6-3 所示定义标记。

表 6-3　Statement 接口标记

标　　记	描　　述
CLOSE_ALL_RESULTS	当调用 getMoreResults()时,所有以前打开的 ResultSet 对象都将被关闭
CLOSE_CURRENT_RESULT	当调用 getMoreResults()时,当前的 ResultSet 对象将被关闭
KEEP_CURRENT_RESULT	当调用 getMoreResults()时,当前的 ResultSet 对象将不会被关闭

下面是一个处理多重打开结果的示例。

```
String procCall;
//Set the value of procCall to call a stored procedure.
//…
CallableStatement cstmt=connection.prepareCall(procCall);
int retval=cstmt.execute();
if (retval==false) {
    //The statement returned an update count, so handle it.
    //…
} else {//ResultSet
    ResultSet rs1=cstmt.getResultSet();
    //…
    retval=cstmt.getMoreResults(Statement.KEEP_CURRENT_RESULT);
    if (retval==true) {
        ResultSet rs2=cstmt.getResultSet();
        //Both ResultSets are open and ready for use.
        rs2.next();
        rs1.next();
        //…
    }
}
```

8. 连接池

JDBC 3.0 定义了几个标准的连接池属性。开发人员并不需要直接地用 API 去修改这些属性,而是通过应用服务器或数据存储设备来实现。开发人员只会间接地被连接池属性的标准化所影响,有利之处并不明显。然而,通过减少厂商特定设置的属性的数量并用标准化的属性来代替它们,开发人员能更容易地在不同厂商的 JDBC 驱动程序之间进行交换。另外,连接池属性还允许管理员很好地优化连接池,从而使应用程序的性能特点发挥到极致。连接池属性如表 6-4 所示。

表 6-4 连接池属性

属 性 名 称	描　　　述
maxStatements	连接池可以保持打开的语句数目
initialPoolSize	当池初始化时可以建立的物理连接的数目
minPoolSize	池可以包含的物理连接的最小数目
maxPoolSize	池可以包含的物理连接的最大数目,则指没有最大值
maxIdleTime	持续时间,以秒计,指一个闲置的物理连接在被关闭前可以在池中停留的时间,则指没有限制
propertyCycle	间隔时间,以秒计,指连接池在执行其属性策略前可以等待的时间

9. 预备语句池

除了改进对连接池的支持以外,现在也能缓冲预备语句了。预备语句允许使用一条常用的 SQL 语句,然后预编译它,从而在这条语句被多次执行时大幅度地提升性能。另一个方面,建立一个 PreparedStatement 对象会带来一定量的系统开销。所以,在理想情况下,这条语句的生命周期应该足够长,以补偿它所带来的系统开销。追求性能的开发人员有时为了延长 PreparedStatement 对象的生命周期会不惜扭曲他们的对象模型。JDBC 3.0 让开发人员不再为此担心,因为数据源层现在负责为预备语句进行缓存。

下面示例将演示如何利用 JDBC 对预备语句池的支持。细心的读者会发现其中的语句和普通 JDBC 2.0 的代码没什么两样。这是因为语句的缓冲是完全在内部实现的。这就意味着,在 JDBC 3.0 下现存的代码可以自动地利用语句池。但这也意味着将不能控制哪个预备语句将被缓冲,而只能控制被缓存的语句的数目。

```
String INSERT_BOOK_QUERY=    "INSERT INTO BOOKLIST "+
                             '(AUTHOR, TITLE) "+
                             "VALUES (?, ?) ";
Connection conn=aPooledConnection.getConnection();
PreparedStatement ps=conn.prepareStatement(INSERT_BOOK_QUERY);
ps.setString(1, "Orwell, George");
ps.setString(2, "1984");
ps.executeUpdate();
ps.close();
conn.close();
//…
conn=aPooledConnection.getConnection();
//Since the connection is from a PooledConnection, the data layer has
//the option to retrieve this statement from its statement pool,
//saving the VM from re-compiling the statement again.
```

```
PreparedStatement cachedStatement=conn.prepareStatemet(INSERT_BOOK_QUERY);
//…
```

10. 在事务中使用 Savepoint

也许在 JDBC 3.0 中最令人兴奋的附加特性就是 Savepoint 了。JDBC 2.0 中的事务支持让开发人员可以控制对数据的并发访问,从而保证持续数据总是保持一致的状态。可惜的是,有时需要的是对事务多一点的控制,而不是在当前的事务中简单地对每一个改变进行回滚。在 JDBC 3.0 下,就可以通过 Savepoint 获得这种控制。Savepoint 接口允许将事务分割为各个逻辑断点,以控制有多少事务需要回滚。图 6-5 说明如何在事务中运用 Savepoint。

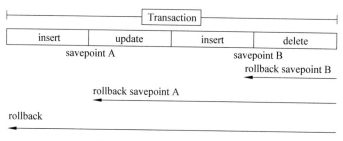

图 6-5　Savepoint 的直观表示

Savepoint 虽然不常用,但是,在一种普遍的情况下 Savepoint 会发挥作用,那就是需要进行一系列的改变,但在知道所有的结果之前不能确定应该保留这些改变的哪一部分。以下示例演示了如何使用 Savepoint 接口。

```
conn.setAutoCommit(false);
//Set a conservative transaction isolation level.
conn.setTransactionIsolation(Connection.TRANSACTION_SERIALIZABLE);
Statement stmt=conn.createStatement();
int rows=stmt.executeUpdate(    "INSERT INTO authors "+
                                '(first_name, last_name) VALUES "+
                                '('Lewis', 'Carroll')");
//Set a named savepoint.
Savepoint svpt=conn.setSavepoint("NewAuthor");
//…
rows=stmt.executeUpdate(    "UPDATE authors set type='fiction' "+
                            "WHERE last_name='Carroll'");
//…
conn.rollback(svpt);
//…
//The author has been added, but not updated.
conn.commit();
```

6.4.2　JDBC 4.0 新特性

1. 自动加载驱动

在 JDBC 4.0 之前,编写 JDBC 程序都需要加上以下代码:

```
Class.forName("org.apache.derby.jdbc.EmbeddedDriver").newInstance();
```

Java.sql.DriverManager 的内部实现机制决定了这样代码的出现。只有先通过 Class. forName 找到特定驱动的 class 文件,DriverManager.getConnection()方法才能顺利地获得 Java 应用和数据库的连接。这样的代码为编写程序增加了不必要的负担。从 JDBC 4.0 开始,应用程序不再需要显式地加载驱动程序了,DriverManager 能够自动地承担这项任务。

那么,DriverManager 为什么能够做到自动加载呢? 这就要归功于一种被称为 Service Provider 的新机制。JDBC 4.0 的规范规定,所有 JDBC 4.0 的驱动 jar 文件必须包含一个 java.sql.Driver,它位于 jar 文件的 META-INF/services 目录下。这个文件里每一行都描述了一个对应的驱动类。其实,编写这个文件的方式和编写一个只有关键字(key)而没有值(value)的 properties 文件类似。同样地,井号"♯"之后的文字被认为是注释。有了这样的描述,DriverManager 就可以从当前在 CLASSPATH 中的驱动文件中找到它应该去加载哪些类。如果在 CLASSPATH 里没有任何 JDBC 4.0 的驱动文件,那么调用以下代码会输出一个 sun.jdbc.odbc.JdbcOdbcDriver 类型的对象。这个类型是在%JAVA_HOME%/jre/lib/resources.jar 的 META-INF/services 目录下的 java.sql.Driver 文件中描述的。也就是说,这是 JDK 中默认的驱动。如果开发人员想使自己的驱动也能够被 DriverManager 找到,只需要将对应的 jar 文件加入 CLASSPATH 中即可。

```
Enumeration<Driver>drivers=DriverManager.getDrivers();

while(drivers.hasMoreElements()) {
    System.out.println(drivers.nextElement());
}
```

2. ROWID

ROWID 是数据表中一个"隐藏"的列,是每一行独一无二的标识,表明这一行的物理或者逻辑位置。由于 ROWID 类型的广泛使用,JDBC 4.0 中新增了 java.sql.RowId 的数据类型,允许 JDBC 程序能够访问 SQL 中的 ROWID 类型。不是所有的 DBMS 都支持 ROWID 类型。即使支持,不同的 ROWID 也会有不同的生命周期。因此使用 DatabaseMetaData.getRowIdLifetime 来判断类型的生命周期不失为一项良好的实践经验。示例代码如下。

```
DatabaseMetaData meta=conn.getMetaData();
System.out.println(meta.getRowIdLifetime());
```

java.sql.RowIdLifetime 规定了 5 种不同的生命周期:ROWID_UNSUPPORTED、ROWID_VALID_FOREVER、ROWID_VALID_OTHER、ROWID_VALID_SESSION 和 ROWID_VALID_ TRANSACTION。从字面上不难理解它们表示了不支持 ROWID、ROWID 永远有效等。

既然提供了新的数据类型,那么一些相应的获取、更新数据表内容的新 API 也被添加进来。和其他已有的类型一样,在得到 ResultSet 或 CallableStatement 之后,调用 get、set、update 方法可以得到、设置、更新 ROWID 对象,示例代码如下。

```
//Initialize a PreparedStatement
PreparedStatement pstmt=connection.prepareStatement(
    "SELECT rowid, name, score FROM hellotable WHERE rowid=?");
//Bind rowid into prepared statement.
pstmt.setRowId(1, rowid);
//Execute the statement
ResultSet rset=pstmt.executeQuery();
//List the records
while(rs.next()) {
    RowId id=rs.getRowId(1); //get the immutable rowid object
    String name=rs.getString(2);
    int score=rs.getInt(3);
}
```

鉴于不同 DBMS 的不同实现，ROWID 对象通常在不同的数据源之间并不是可移植的。因此，JDBC 4.0 的 API 规范并不建议从连接 A 取出一个 ROWID 对象，将它用在连接 B 中，以避免不同系统的差异而带来的难以解释的错误。

3. SQLXML

作为 SQL 标准的扩展，SQL/XML 定义了 SQL 语言怎样和 XML 交互：如何创建 XML 数据；如何在 SQL 语句中嵌入 XQuery 表达式；等等。作为 JDBC 4.0 的一部分，增加了 java.sql.SQLXML 的类型。JDBC 应用程序可以利用该类型初始化、读取、存储 XML 数据。java.sql.Connection.createSQLXML()方法就可以创建一个空白的 SQLXML 对象。当获得这个对象之后，便可以利用 setString()、setBinaryStream()、setCharacterStream()或者 setResult()等方法来初始化所表示的 XML 数据。以 setCharacterStream()为例，以下代码表示了一个 SQLXML 对象如何获取 java.io.Writer 对象，从外部的 XML 文件中逐行读取内容，从而完成初始化。

```
SQLXML xml=con.createSQLXML();
Writer writer=xml.setCharacterStream();
BufferedReader reader=new BufferedReader(new FileReader("test.xml"));
String line=null;
while((line=reader.readLine() !=null) {
    writer.write(line);
}
```

4. SQLException 的增强

JDBC 4.0 对以 java.sql.SQLException 为根的异常体系做了大幅度的改进。首先，SQLException 实现了 Iterable＜Throwable＞接口。以下示例简捷地遍历了每一个 SQLException 和它潜在的原因(cause)。

```
//Java 6 code
catch(Throwable e) {
    if(e instanceof SQLException) {
        for(Throwable ex: (SQLException) e ) {
```

```
            System.err.println(ex.toString());
        }
    }
}
```

图 6-6 给出了全部的 SQLException 异常体系。除去原有的 SQLException 的子类，新增的异常类被分为 3 种：SQLRecoverableException、SQLNonTransientException、SQLTransientException。SQLNonTransientException 和 SQLTransientException 之下还有若干子类，详细地区分了 JDBC 程序中可能出现的各种错误情况。

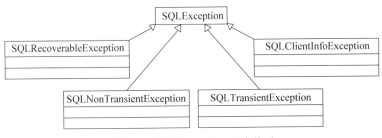

图 6-6   SQLException 异常体系

在众多的异常类中，比较常见的有 SQLFeatureNotSupportedException，用来表示 JDBC 驱动不支持某项 JDBC 的特性。另外值得一提的是，SQLClientInfoException 直接继承自 SQLException，表示当一些客户端的属性不能被设置在一个数据库连接时所发生的异常。

6.4.3   JDBC 4.1 新特性

1. Connection、ResultSet 和 Statement 都实现了 Closeable 接口

所有在 try-with-resources 语句中的调用，都可以自动关闭相关资源，例如：

```
try (Statement stmt=con.createStatement()){
    ...
}
```

2. RowSet 1.1 引入 RowSetFactory 接口和 RowSetProvider 类，可以创建 JDBC driver 支持的各种 row sets

```
RowSetFactory myRowSetFactory=null;
JdbcRowSet jdbcRs=null;
ResultSet rs=null;
Statement stmt=null;
try {
  myRowSetFactory=RowSetProvider.newFactory();      //用默认的 RowSetFactory 实现
  jdbcRs=myRowSetFactory.createJdbcRowSet();
  //创建一个 JdbcRowSet 对象，配置数据库连接属性
  jdbcRs.setUrl("jdbc:myDriver:myAttribute");
  jdbcRs.setUsername(username);
  jdbcRs.setPassword(password);
```

```
jdbcRs.setCommand("select ID from TEST");
jdbcRs.execute();
}
```

RowSetFactory 接口包括了创建不同类型的 RowSet 的方法：

- createCachedRowSet。
- createFilteredRowSet。
- createJdbcRowSet。
- createJoinRowSet。
- createWebRowSet。

6.4.4 JDBC 4.2 新特性

1. 增加对 REF CURSOR 的支持

有些数据库支持 REF CURSOR 数据类型，在调用存储过程后返回该类型的结果集。

2. 支持大数量的更新

JDBC 当前的方法里返回一个更新数量时，返回的是一个 int，在某些场景下这会导致出现问题，因为数据集还在不停地增长。

3. 增加 java.sql.DriverAction 接口

如果一个 driver 想要在它被 DriverManager 注销时得到通知，就要实现这个接口。

4. 增加 java.sql.SQLType 接口

用来创建一个代表 SQL 类型的对象。

5. 增加 java.sql.JDBCType 枚举类

用来识别通用的 SQL 类型，目的是取代定义在 Types.java 类里的常量。

6. 增加 Java Object 类型与 JDBC 类型的映射

增加 java.time.LocalDate 映射到 JDBC DATE。

增加 java.time.LocalTime 映射到 JDBC TIME。

增加 java.time.LocalDateTime 映射到 JDBC TIMESTAMP。

增加 java.time.LocalOffsetTime 映射到 JDBC TIME_WITH_TIMEZONE。

增加 java. time. LocalOffsetDateTime 映射到 JDBC TIMESTAMP _ WITH _ TIMEZONE。

7. 增加调用 setObject 和 setNull 方法时 Java 类型和 JDBC 类型的转换

允许 java.time.LocalDate 转换为 CHAR、VARCHAR、LONGVARCHAR、DATE。

允许 java.time.LocalTime 转换为 CHAR、VARCHAR、LONGVARCHAR、TIME。

允许 java. time. LocalTime 转换为 CHAR、VARCHAR、LONGVARCHAR、TIMESTAMP。

允许 java.time.OffsetTime 转换为 CHAR、VARCHAR、LONGVARCHAR、TIME_WITH_TIMESTAMP。

允许 java. time. OffsetDateTime 转换为 CHAR、VARCHAR、LONGVARCHAR、TIME_WITH_TIMESTAMP、TIMESTAMP_WITH_TIMESTAMP。

8. 使用 ResultSet getter 方法来获得 JDBC 类型

允许 getObject 方法返回 TIME _ WITH _ TIMEZONE、TIMESTAMP _ WITH _ TIMEZONE。

6.5 项目案例

6.5.1 学习目标

通过本案例使读者更感性地认识连接池的创建及使用。

6.5.2 案例描述

本案例是对第 5 章案例的改版,模仿系统登录功能。将 JDBC Driver 驱动建立数据库连接的方式改为连接池方式。

6.5.3 案例要点

学习使用 MySQL 数据库驱动创建连接池数据源及连接池,使用连接池获取数据库连接,完成项目中数据层操作。

6.5.4 案例实施

修改 DataAccess.java 类,改版获取数据库获取连接方式,代码如下。

```java
package com.ascent.util;
import java.sql.Connection;
import java.sql.DriverManager;
import java.util.Properties;
import javax.sql.PooledConnection;
import com.mysql.jdbc.jdbc2.optional.MysqlConnectionPoolDataSource;
public class DataAccess {
    private static String url="jdbc:mysql://localhost:3306/ascentweb";
    private static String user="root";
    private static String pwd=" ";

    /**
     * 使用连接池方式获取数据库连接方法
     */
    public static Connection getConnection() {
        Connection con=null;
        try {
            /**创建能够产生 PooledConnection 的数据源 */
            MysqlConnectionPoolDataSource pooledDS=new
            MysqlConnectionPoolDataSource();
            pooledDS.setUrl(url);
```

```
                    pooledDS.setUser(user);
                    pooledDS.setPassword(pwd);
                    /*
                     * 创建 PooledConnection, PooledConnection 对象表示数据源的物理连接
                     * 该连接在应用程序使用完后可以回收而不用关闭,从而减少需建立连接的次数
                     */
                    PooledConnection pooledConn=pooledDS.getPooledConnection();
                    con=pooledConn.getConnection();
                    /* * 设置事务自动提交为 false,禁止自动提交 * /
                    con.setAutoCommit(false);
                    //设置事务隔离级别
                   con.setTransactionIsolation(Connection.TRANSACTION_READ_COMMITTED);
                } catch (Exception ex) {
                    ex.printStackTrace();
                }
                return con;
            }
        }
```

6.5.5　特别提示

（1）该案例是对第 5 章案例的改版,对创建连接的工具类 DataAccess 进行了修改,最终也提供了静态的返回 Connection 类型的 getConnection()方法,所以案例中其他类不需要进行任何修改,LoginDAO 业务类中的登录方法仍然使用 DataAccess.getConnection()方法获取连接实现功能。测试类也不需要修改。

（2）PooledConnection 对象表示到数据源的物理连接。该连接在应用程序使用完后可以回收而不用关闭,从而减少了需要建立连接的次数。

（3）该实例只是为演示了连接池基本 API 开发步骤,读者可以思考如何使用 Java 中 static 静态的概念,使 PooledConnection 实例只被创建一个,从而真正实现高效使用连接池的作用。

6.5.6　拓展与提高

现在使用的是编写代码调用 PooledConnection 对象的方式,那么能不能通过配置连接池来减少编程工作呢?

习题

1. JDBC 2.0 核心 API 在哪几个方面做了比较大的改进?
2. 什么是 JNDI?
3. 什么是数据源? 什么是连接池? 二者有什么关系?
4. JDBC 3.0 的新特性主要有哪些?
5. JDBC 4.0、4.1 和 4.2 的新特性主要有哪些?

第四部分　Servlet

第 **7** 章

Servlet 概述与基本原理

学习目的与要求

本章重点介绍 Servlet 及其 API。通过本章的学习，理解 Servlet 的工作原理及运行过程，掌握 Servlet API，在实际开发中能够熟练应用。

本章主要内容

- Servlet 基础。
- Servlet 容器。
- Servlet 的生命周期。
- Servlet API。
- 重定向与转发技术。
- 在 Servlet 中使用 JDBC。

7.1 Servlet 基础

7.1.1 什么是 Servlet

Servlet 是 Java Web 程序的核心。它是一种独立于操作系统平台和网路传输协议的服务器端的 Java 应用程序，可以被认为是服务器端的小应用程序（Applet），但 Servlet 不会像传统的 Java 应用程序一样可以从命令行启动，Servlet 是由包含 Java 虚拟机的 Web 服务器加载和执行的。Servlet 能够从客户端接收请求，并能对客户端进行响应。

7.1.2 Servlet 工作原理及过程

Servlet 运行在包含有 Web 容器的 Web 服务器上，Web 容器负责管理 Servlet，Web 容器初始化 Servlet，管理多个 Servlet 实例。Web 容器会将客户端的请求传给 Servlet，并且将 Servlet 的响应返回给客户端。Web 容器在 Servlet 结束时终结该 Servlet，当服务器关闭时，Web 容器在内存中移除 Servlet。

使用 Servlet 的基本流程如图 7-1 所示。

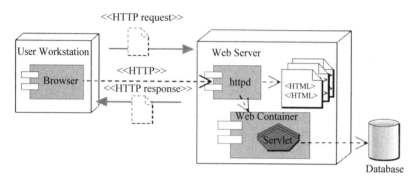

图 7-1　Servlet 的基本流程

- 客户端(一般是 Web 浏览器)通过 HTTP 提出请求。
- Web 服务器接收该请求并将其发给 Servlet。如果这个 Servlet 尚未被加载，Web 服务器将把它加载到 Java 虚拟机并且执行它。
- Servlet 将接收该 HTTP 请求并执行某种处理。
- Servlet 将向 Web 服务器返回应答。
- Web 服务器将从 Servlet 收到的应答发送给客户端。

由于 Servlet 是在服务器上执行，通常与 applet 相关的安全性的问题并不需实现。Servlet 使很难由 applet 实现的功能成为可能。与现有系统通过 CORBA、RMI、Socket 和本地(native)调用的通信就是其中的一些例子。另外，一定要注意：Web 浏览器并不直接和 Servlet 通信，Servlet 是由 Web 服务器加载和执行的。这意味着如果 Web 服务器有防火墙保护，那么 Servlet 也将得到防火墙的保护。

7.1.3　Servlet 的基本结构

了解了上面的背景知识后，下面介绍 Servlet 的开发。

1. Servlet 的基本结构的代码框架

```
import java.io.*;
import javax.servlet.*;
import javax.servlet.http.*;
public class SomeServlet extends HttpServlet {
public void doGet (HttpServletRequest request,
                HttpServletResponse response)
    throws ServletException, IOException {
  //使用 request 读取与客户端请求有关的信息(如 Cookies)和表单数据
  //使用 response 指定 HTTP 应答状态代码和应答头(如指定内容类型,设置 Cookie)
    PrintWriter out=response.getWriter();
  //使用 out 把应答内容发送到浏览器
```

```
    }
}(doPost 方法未写出,形式与 doGet 方法类似)
```

如果某个类要成为 Servlet,则它应该继承 HttpServlet,根据数据是通过 GET 方法或是 POST 方法发送,覆盖 doGet、doPost 方法之一或全部来实现对 HTTP 请求信息的动态响应。doGet 和 doPost 方法都有两个参数,分别为 HttpServletRequest 类型和 HttpServletResponse 类型。HttpServletRequest 提供访问有关请求数据的方法,例如表单数据、HTTP 请求头等。HttpServletResponse 除了提供用于指定 HTTP 应答状态(500,404 等)、应答头(Content-Type、Set-Cookie 等)的方法之外,最重要的是它提供了一个用于向客户端发送数据的 PrintWriter 对象。对于简单的 Servlet 来说,它的大部分工作是通过 PrintWriter 对象的 println 语句生成向客户端发送的页面。

要说明的是,doGet 和 doPost 这两个方法是由 service 方法调用的,有时可能需要直接覆盖 service 方法,比如 Servlet 要处理 GET 和 POST 两种请求时。

注意:doGet 和 doPost 会抛出两个异常,因此必须在声明中包含它们。另外,还必须导入 java.io 包(要用到 PrintWriter 等类)、javax.servlet 包(要用到 HttpServlet 等类)以及 javax.servlet.http 包(要用到 HttpServletRequest 类和 HttpServletResponse 类)。

2. 第一个 Servlet

(1) 在 MyEclipse 中创建一个 Web Project,在 Project name 中命名为 Servlet_demo,如图 7-2 所示。

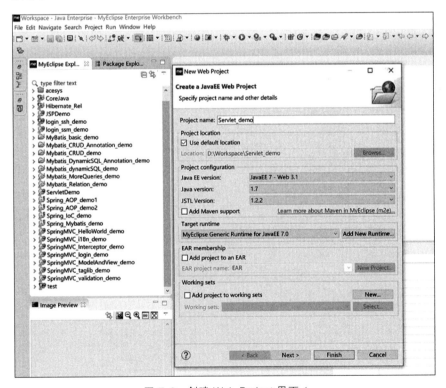

图 7-2 创建 Web Project 界面 1

（2）单击 Next 按钮，如图 7-3 所示。

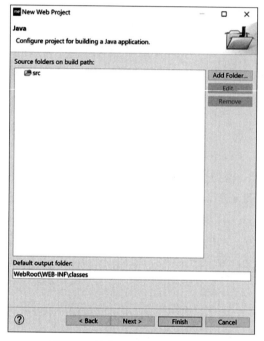

图 7-3　创建 Web Project 界面 2

（3）不需修改，单击 Next 按钮，如图 7-4 所示。

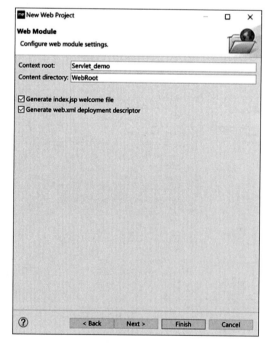

图 7-4　创建 Web Project 界面 3

（4）勾选 Generate web.xml deployment descriptor，单击 Finish 按钮。

（5）右击 Servlet_demo 项目的 src，选择 Java→Package，在 Name 中命名为 sample，创建包，单击 Finish 按钮，如图 7-5 所示。

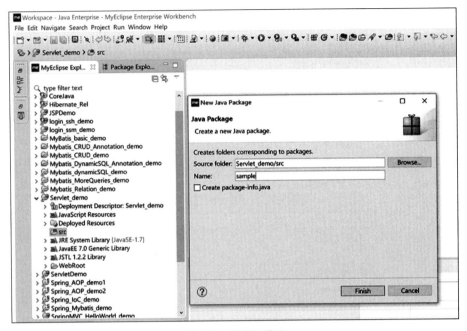

图 7-5 创建包界面

（6）右击 sample 包，选择 New→Servlet，在 Class name 中命名为 HelloWorldServlet，如图 7-6 所示。

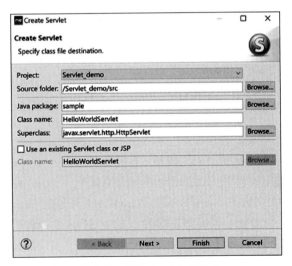

图 7-6 创建 Servlet 界面 1

（7）单击 Next 按钮，如图 7-7 所示。

（8）URL mappings 会为 Servlet 生成 URL 路径的注解，选中/HelloWorldServlet，单击 Edit 按钮，改为/helloworldservlet，如图 7-8 所示。

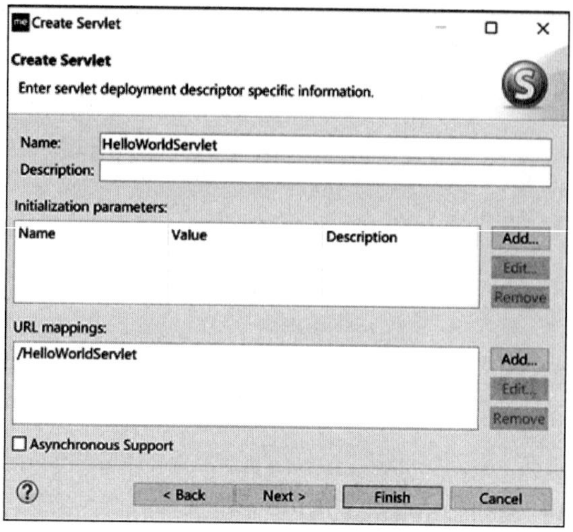

图 7-7　创建 Servlet 界面 2

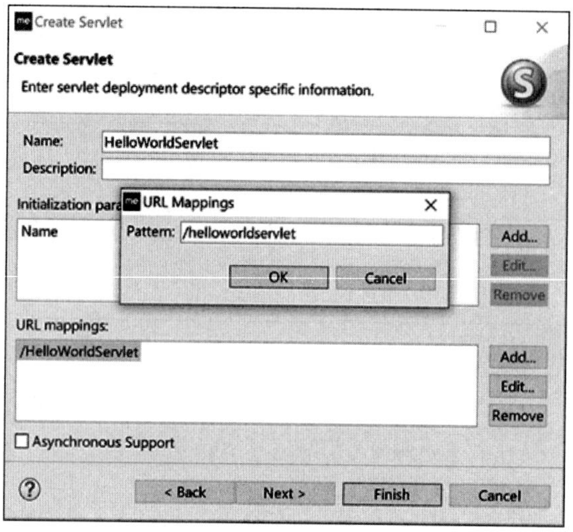

图 7-8　创建 Servlet 界面 3

（9）单击 OK 按钮，再单击 Next 按钮，不需修改，单击 Finish 按钮。接下来编写 Servlet 代码和配置文件。

① Servlet 代码。大多数 Servlet 都利用 PrintWirte 对象的 Println 语句输出 HTML，所以还有两个额外的步骤要做：告诉浏览器发送的是 HTML；修改 println 语句内容构造出合法的 HTML 页面。

第一步，通过设置 Content-Type（内容类型）应答头完成。一般地，应答头可以通过 HttpServletResponse 的 setHeader 方法设置，但由于设置内容类型是一个很频繁的操作，因此 Servlet API 提供了一个专用的方法 setContentType。注意，设置应答头应该在通过 PrintWriter 发送内容之前进行。

第二步，是通过 out.println 语句构造出响应的 HTML 页面。下面是一个实例。

```
//HelloWorldServlet.java 代码
package sample;
import java.io.*;
import javax.servlet.*;
import javax.servlet.http.*;
@WebServlet("/helloworldservlet")    //URL mappings
public class HelloWorldServlet extends HttpServlet {
  public void doGet(HttpServletRequest request, HttpServletResponse response)
  throws ServletException, IOException {
    response.setContentType("text/html");
    PrintWriter out=response.getWriter();
    out.println("<html>");
    out.println("<head><title>HelloWorldServlet</title></head>");
    out.println("<body bgcolor=\"#ffffff\">");
    out.println("<p>Hello World!</p>");
    out.println("</body></html>");
  }
}
```

② Servlet 配置文件。除了使用@WebServlet 描述 URL Mapping 以外,Servlet URL 的信息还可以在 Web 应用的部署描述文件 web.xml 中描述,它包含如何将 URL 映射到 Servlets,如下所示。

```
<web-app>
  <servlet>
    <servlet-name>helloworldservlet</servlet-name>
    <servlet-class>sample.HelloWorldServlet</servlet-class>
  </servlet>
  <servlet-mapping>
    <servlet-name>helloworldservlet</servlet-name>
    <url-pattern>/helloworldservlet</url-pattern>
  </servlet-mapping>
</web-app>
```

如果在 web.xml 中进行了 url-pattern 的配置,就不再需要@WebServlet 注解了。

注意:我们后面将采用配置 web.xml 这种方式。这是学习 Web 开发的基础,在后期开发中还会经常用到 web.xml 文件。

接下来部署和运行 Servlet。

(10) 选中 Servlet_demo 项目,单击工具栏中的 图标,出现如图 7-9 所示的部署项目界面。

(11) 单击 Add 按钮,选择 MyEclipse Tomcat v8.5,如图 7-10 所示。

(12) 单击 Next 按钮,不需修改,之后单击 Finish 按钮,完成部署。

(13) 启动 Tomcat,选择 →MyEclipse Tomcat v8.5→Start,如图 7-11 所示。

(14) 打开 Web 浏览器,输入 http://localhost:8080/Servlet_demo/helloworldservlet,Servlet_demo 是 Web 应用的名字,后面是 Servlet 的 URL,这里一定注意使用的是配置文件中的 url-pattern 或者注解中的@WebServlet 名称,如图 7-12 所示。

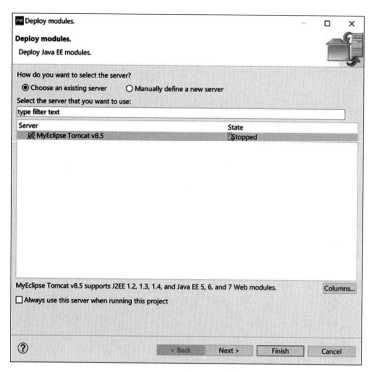

图 7-9　部署项目界面 1

图 7-10　部署项目界面 2

图 7-11　启动项目

图 7-12 项目运行结果

7.1.4 为什么要使用 Servlet

首先,Servlet 可以很好地替代公共网关接口(Common Gateway Interface,CGI)脚本。通常 CGI 脚本是用 Perl 或者 C 语言编写的,它们总是和特定的服务器平台紧密相关。而 Servlet 是用 Java 编写的,所以它们一开始就是与平台无关的。这样,Java 编写一次就可以在任何平台运行(write once,run anywhere)的承诺就同样可以在服务器上实现了。

Servlet 还有一些 CGI 脚本所不具备的独特优点:

- Servlet 是持久的。Servlet 只需 Web 服务器加载一次,而且可以在不同请求之间保持服务(如一次数据库连接)。与之相反,CGI 脚本是短暂的。每一次对 CGI 脚本的请求,都会使 Web 服务器加载并执行该脚本。一旦这个 CGI 脚本运行结束,它就会被从内存中清除,然后将结果返回到客户端。CGI 脚本的每一次使用,都会造成程序初始化过程(如连接数据库)的重复执行。
- Servlet 是与平台无关的。如前所述,Servlet 是用 Java 编写的,它自然也继承了 Java 的平台无关性。
- Servlet 是可扩展的。由于 Servlet 是用 Java 编写的,它就具备了 Java 所能带来的所有优点。Java 是健壮的、面向对象的编程语言,它很容易扩展以适应需求。Servlet 自然也具备了这些特征。
- Servlet 是安全的。从外界调用一个 Servlet 的唯一方法就是通过 Web 服务器。这提供了高水平的安全性保障,尤其是在 Web 服务器有防火墙保护的时候。
- Servlet 可以在多种多样的客户机上使用。由于 Servlet 是用 Java 编写的,所以可以很方便地在 HTML 中使用它们,就像使用 Applet 一样。

使用 Servlet 的方式多得超出你的想象。如果考虑在服务器上所能访问到的所有服务(如数据库服务器和旧的系统),使用 Servlet 的方式实际上可能是无限的。

7.2 Servlet 容器

Servlet 是对支持 Java 的服务器的一般扩充。它最常见的用途是扩展 Web 服务器,提供非常安全的、可移植的、易于使用的 CGI 替代品。它是一种动态加载的模块,为来自 Web 服务器的请求提供服务。它完全运行在 Java 虚拟机上。由于它在服务器端运行,因此它不依赖于浏览器的兼容性。

Servlet 容器负责处理客户请求,把请求传送给 Servlet 并把结果返回给客户。不同程序的容器实际实现可能有所变化,但容器与 Servlet 之间的接口是由 Servlet API 定义好的,这个接口定义了 Servlet 容器在 Servlet 上要调用的方法以及传递给 Servlet 的对象类。

Servlet 容器创建及销毁 Servlet 实例的过程如下。

（1）Servlet 容器创建 Servlet 的一个实例。

（2）容器调用该实例的 init()方法。

（3）如果容器对该 Servlet 有请求，则调用此实例的 service()方法。

（4）容器在销毁本实例前调用它的 destroy()方法。

（5）销毁并标记该实例以供作为垃圾收集。

一旦请求了一个 Servlet，就没有办法阻止容器执行一个完整的生命周期。容器在 Servlet 首次被调用时创建它的一个实例，并保持该实例在内存中，让它对所有的请求进行处理。容器可以决定在任何时候把这个实例从内存中移走。在典型的模型中，容器为每个 Servlet 创建一个单独的实例，容器并不会每接到一个请求就创建一个新线程，而是使用一个线程池来动态地将线程分配给到来的请求，但是这从 Servlet 的观点来看，和为每个请求创建一个新线程的效果相同。

总之，Servlet 容器为 Servlet 提供了运行环境，Servlet 的运行必须依赖于 Servlet 容器，Servlet 不能独立于容器运行。

7.3 Servlet 的生命周期

当 Servlet 被加载到 Container 时，Container 可以在同一个 JVM 上执行所有 Servlet，Servlet 之间可以有效地共享数据，但是 Servlet 本身的私有数据也受 Java 语言机制保护。

Servlet 从产生到结束的流程如图 7-13 所示。

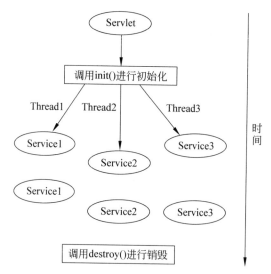

图 7-13 Servlet 从产生到结束的流程

（1）产生 Servlet，加载到 Servlet Engine 中，然后调用 init()这个方法来进行初始化工作。

（2）以多线程的方式处理来自 Client 的请求。

（3）调用 destroy()来销毁 Servlet，进行垃圾收集。

Servlet 生命周期包括如何加载、实例化、初始化、处理客户端请求，以及如何被删除。

这个生命周期由 javax.servlet.Servlet 接口的 init()、service()和 destroy()方法表达。举例如下。

```
packagesample;
import javax.servlet.*;
import javax.servlet.http.*;
import java.io.*;
import java.util.*;
public class LogServlet extends HttpServlet {
        private PrintWriter pw;
        public void init(ServletConfig conf) throws
                ServletException {
                super.init(conf);
                log("LogServlet.initialize: enter");
                String logFileName=getInitParameter("logFileName");
                System.out.println(logFileName);
                try {
                    pw=new PrintWriter(new OutputStreamWriter(new
                                FileOutputStream(logFileName,true)),true);
                }catch(Exception e) {throw new ServletException(e);}
                log("LogServlet:initialize:end ");
        }
        public void service(HttpServletRequest req,
                HttpServletResponse res) throws IOException {
                String data="Hello World from Lixin!";
                data=data+"haha";
                this.writeToFile(data);
        }
        private synchronized void writeToFile(String data) {
                pw.println(data);
        }
        public void destroy() {
                try {
                        pw.close();
                } catch (Exception e) {
                        e.getMessage();
                }
        }
}
```

说明：

（1）加载和实例化。当 Container 一开始启动，或是客户端发出请求服务时，Container会负责加载和实例化一个 Servlet。

（2）初始化。Servlet 加载并实例化后，Container 再来初始化 Servlet。初始化的过程主要是读取配置信息（如 JDBC 连接）或其他须执行的任务。也可以借助 ServletConfig 对象取得 Container 的配置信息。例如：

```
<servlet>
    <servlet-name>logservlet</servlet-name>
    <servlet-class>sample.LogServlet</servlet-class>
    <init-param>
      <param-name>logFileName</param-name>
      <param-value>D:\temp\testdata</param-value>
    </init-param>
</servlet>
```

说明：logFileName 为初始化的参数名称；D:\temp\testdata 为初始化的值。因此，可以在 LogServlet 程序中使用 ServletConfig 对象的 getInitParameter("logFileName")方法来取得。

（3）处理请求。Servlet 被初始化后，就可以开始处理请求。每一个请求由 ServletRequest 对象来接收；而 ServletResponse 对象来响应该请求。

（4）服务结束。当 Container 没有限定一个加载的 Servlet 能保存多长时间时，一个 Servlet 实例可能只在 Container 中存活几毫秒，或是其他更长的任意时间。一旦 destroy()方法被调用时，Container 将删除该 Servlet，那么它必须释放所有使用中的任何资源，若 Container 需要再使用该 Servlet 时，它必须重新建立新的实例。

特别需要指出的是 Servlet 是以多线程的方式工作的，Servlet 可以同时处理多个请求。作为开发人员，需要注意 Servlet 成员变量的线程安全，在 doGet()、doPost()中的局部域变量是线程安全的，而 Servlet 的成员变量则有线程安全的隐患。所以，除非你有意需要应用这种特性，在一般情况下，不宜将变量定义成 Servlet 的成员变量，否则一定要采取线程同步的措施确保线程安全。

例如上例中：

```
private synchronized void writeToFile(String data) {
    pw.println(data);
}
```

另一种方法是采用单线程模型，对于 Servlet 实现 javax.single.SingleThreadModel 接口。这样的 Servlet 牺牲了多线程的速度优点，但保证了程序运行的正确性。

7.4 Servlet API

Java Servlet API 由两个软件包组成：一个是不对应 HTTP 的通用软件包 javax.servlet；另一个是对应 HTTP 的软件包 javax.servlet.http。这两个软件包的同时存在使得 Java Servlet API 能够适应将来的其他请求-响应的协议。

7.4.1　javax.servlet 包

1. javax.servlet 包中的接口

软件包 javax.servlet 主要包括如下接口。

1）Filter 接口

Filter 接口为 Servlet 过滤器接口,通过一个过滤器对象实现对资源请求的过滤、资源响应的过滤或者资源请求响应过滤。过滤器在 doFilter()方法中实现过滤,过滤器通过访问 FilterConfig 对象获得初始化参数,使用 ServletContext 引用加载完成过滤任务的资源。过滤器在 Web 应用的部署描述文件中进行配置。

Servlet 过滤器的适用场合:

（1）认证过滤。

（2）登录和审核过滤。

（3）图像转换过滤。

（4）数据压缩过滤。

（5）加密过滤。

（6）令牌过滤。

（7）资源访问触发事件过滤。

Servlet 过滤器接口的构成:所有的 Servlet 过滤器类都必须实现 javax.servlet.Filter 接口,这个接口含有 3 个过滤器类必须实现的方法。

（1）init(FilterConfig cfg):Servlet 过滤器的初始化方法,性质等同于 Servlet 的 init()方法。

（2）doFilter(ServletRequest,ServletResponse,FilterChain):用于完成实际的过滤操作,当请求访问过滤器关联的 URL 时,Servlet 容器将先调用过滤器的 doFilter()方法。FilterChain 参数用于访问后续过滤器。

（3）destroy():Servlet 容器在销毁过滤器实例前调用该方法,这个方法中可以释放 Servlet 过滤器占用的资源。性质等同于 Servlet 的 destory()方法。

Servlet 过滤器的创建步骤:

（1）实现 javax.servlet.Filter 接口的 Servlet 类。

（2）实现 init()方法,读取过滤器的初始化函数。

（3）实现 doFilter()方法,完成对请求或过滤的响应。

（4）调用 FilterChain 接口对象的 doFilter()方法,向后续的过滤器传递请求或响应。

（5）在 web.xml 中配置 Filter。

2）FilterChain 接口

FilterChain 是一个由 Servlet 容器提供给开发人员的对象,给出某资源的过滤请求的调用链视图。Filter 使用 FilterChain 调用链中的下一个过滤器,如果调用过滤器是链中的最后一个过滤器,则调用链尾部的资源。

doFilter(ServletRequest request,ServletResponse response)方法使得链中的下一个过滤器被调用,如果该调用过滤器已是链中的最后一个过滤器,那么使得链尾部的资源被调用。

3）FilterConfig 接口

一个过滤器配置对象，在初始化过程中由 Servlet 容器使用传递信息给过滤器。

4）RequestDispatcher 接口

定义一个对象，从客户端接收请求，然后将它发给服务器的可用资源（如 Servlet、CGI、HTML 文件、JSP 文件）。Servlet 引擎创建 request dispatcher 对象，用于封装由一个特定的 URL 定义的服务器资源。这个接口是专用于封装 Servlet 的，但是一个 Servlet 引擎可以创建 request dispatcher 对象用于封装任何类型的资源。request dispatcher 对象是由 Servlet 引擎建立的，而不是由 Servlet 开发者建立的。

方法：

（1）forward()方法。

```
public void forward(ServletRequest request, ServletReponse response)
        throws ServletException, IOException;
```

说明：用来从这个 Servlet 向其他服务器资源传递请求。当一个 Servlet 对响应做了初步的处理，并要求其他的对象对此作出响应时，可以使用这个方法。

当 request 对象被传递到目标对象时，请求的 URL 路径和其他路径参数会被调整为反映目标对象的目标 URL 路径。

如果已经通过响应返回了一个 ServletOutputStream 对象或 PrintWriter 对象，这个方法将不能使用，否则这个方法会抛出一个 IllegalStateException。

（2）include()方法。

```
public void include(ServletRequest request, ServletResponse response)
        throws ServletException, IOException
```

说明：用来发送包括给其他服务器资源的响应的内容。本质上来说，这个方法反映了服务器端的内容。

请求对象传到目标对象后会反映调用请求的请求 URL 路径和路径信息。这个响应对象只能调用这个 Servlet 的 ServletOutputStream 对象和 PrintWriter 对象。

一个调用 include 的 Servlet 不能设置头域，如果这个 Servlet 调用了必须设置头域的方法（如 Cookie），这个方法将不能保证正常使用。作为一个 Servlet 开发者，必须妥善地解决那些可能直接存储头域的方法。例如，即使使用会话跟踪，为了保证 Session 的正常工作，也必须在一个调用 include 的 Servlet 之外开始你的 Session。

5）Servlet 接口

Servlet 接口是 Servlet 主要抽象的 API。所有 Servlet 都需要直接实现这一接口或者继承实现了该接口的类。Servlet API 中有两个类实现了 Servlet 接口，GenericServlet 和 HttpServlet。大多数情况下，开发人员只需要在这两个类的基础上扩展来实现自己的 Servlet。

方法：

（1）init()方法。

```
public void init(ServletConfig config) throws ServletException;
```

说明：Servlet 引擎会在 Servlet 实例化之后，置入服务之前精确地调用 init()方法。在调用 service()方法之前，init()方法必须成功退出。如果 init()方法抛出一个 ServletException，则不能将这个 Servlet 置入服务中，如果 init()方法在超时范围内没完成，也可以假定这个 Servlet 是不具备功能的，也不能置入服务中。

（2）service()方法。

```
public void service(ServletRequest request, ServletResponse response)
        throws ServletException, IOException;
```

说明：Servlet 引擎调用这个方法以允许 Servlet 响应请求。这个方法在 Servlet 未成功初始化之前无法调用。在 Servlet 被初始化之前，Servlet 引擎能够封锁未决的请求。在一个 Servlet 对象被卸载后，直到一个新的 Servelt 被初始化，Servlet 引擎不能调用这个方法。

（3）destroy()方法。

```
public void destroy();
```

说明：当一个 Servlet 被从服务中去除时，Servlet 引擎调用这个方法。在这个对象的 service()方法所有线程未全部退出或者未被引擎认为发生超时操作时，destroy()方法不能被调用。

（4）getServletConfig()方法。

```
public ServletConfig getServletConfig();
```

说明：返回一个 ServletConfig 对象，作为一个 Servlet 的开发者，应该通过 init()方法存储 ServletConfig 对象以便这个方法能返回这个对象。为了便利，GenericServlet 在执行这个接口时，已经这样做了。

（5）getServletInfo()方法。

```
public String getServletInfo();
```

说明：允许 Servlet 向主机的 Servlet 运行者提供有关它本身的信息。返回的字符串应该是纯文本格式且没有任何标志（如 HTML、XML 等）。

6）ServletConfig 接口

ServletConfig 接口用于描述 Servlet 本身的相关配置信息。

Servlet 配置初始化参数。例如：

```
<servlet>
<servlet-name>XXX</servlet-name>
<servlet-class>Xxx</servlet-class>
<init-param>
<param-name>yyy</param-name>
<param-value>xxx</param-value>
</init-param>
</servlet>
```

这些初始化参数，可以通过 this.getServletConfig.getInitParameter()获取，每一个

ServletConfig 对象对应着一个唯一的 Servlet。

方法：

（1）getInitParameter()方法。

```
public String getInitParameter(String name);
```

说明：返回一个包含 Servlet 指定的初始化参数的 String。如果这个参数不存在,返回空值。

（2）getInitParameterNames()方法。

```
public Enumeration getInitParameterNames();
```

说明：返回一个列表 String 对象,该对象包括 Servlet 的所有初始化参数名。如果 Servlet 没有初始化参数,getInitParameterNames 返回一个空的列表。

（3）getServletContext()方法。

```
public ServletContext getServletContext();
```

说明：返回这个 Servlet 的 ServletContext 对象。

7）ServletContext 接口

ServletContext 接口是 Servlet 中最大的一个接口,呈现了 Web 应用的 Servlet 视图。ServletContext 实例是通过 getServletContext()方法获得的,通过这个对象,Servlet 引擎向 Servlet 提供环境信息。

方法：

（1）getAttribute()方法。

```
public Object getAttribute(String name);
```

说明：返回 Servlet 环境对象中指定的属性对象。如果该属性对象不存在,返回空值。这个方法允许访问有关这个 Servlet 引擎在该接口的其他方法中尚未提供的附加信息。

（2）getAttributeNames()方法。

```
public Enumeration getAttributeNames();
```

说明：返回一个 Servlet 环境对象中可用的属性名的列表。

（3）getContext()方法。

```
public ServletContext getContext(String uripath);
```

说明：返回一个 Servlet 环境对象,这个对象包括了特定 URI 路径的 Servlet 和资源,如果该路径不存在,则返回一个空值。URI 路径格式是：/dir/dir/filename.ext。为了安全,如果通过这个方法访问一个受限制的 Servlet 环境对象,会返回一个空值。

（4）getMajorVersion()方法。

```
public int getMajorVersion();
```

说明：返回 Servlet 引擎支持的 Servlet API 的主版本号。例如对于 2.1 版,这个方法会返回一个整数 2。

（5）getMinorVersion()方法。

```
public int getMinorVersion();
```

说明：返回 Servlet 引擎支持的 Servlet API 的次版本号。例如对于 2.1 版，这个方法会返回一个整数 2。

（6）getMimeType()方法。

```
public String getMimeType(String file);
```

说明：返回指定文件的 MIME 类型，如果这种 MIME 类型未知，则返回一个空值。MIME 类型是由 Servlet 引擎的配置决定的。

（7）getRealPath()方法。

```
public String getRealPath(String path);
```

说明：一个符合 URL 路径格式的指定的虚拟路径的格式是：/dir/dir/filename.ext。用这个方法，可以返回与一个符合该格式的虚拟路径相对应的真实路径的 String。这个真实路径的格式应该适合于运行这个 Servlet 引擎的计算机(包括其相应的路径解析器)。不管是什么原因，如果这一从虚拟路径转换成实际路径的过程不能执行，该方法将会返回一个空值。

（8）getResource()方法。

```
public URL getResource(String uripath);
```

说明：返回一个 URL 对象，该对象反映位于给定的 URL 地址(格式为/dir/dir/filename.ext)的 Servlet 环境对象已知的资源。无论 URLStreamHandlers 对于访问给定的环境是不是必要的，Servlet 引擎都必须执行。如果给定的路径的 Servlet 环境没有已知的资源，该方法会返回一个空值。这个方法和 java.lang.Class()的 getResource()方法不完全相同。java.lang.Class()的 getResource()方法通过装载类来寻找资源。而这个方法允许服务器产生环境变量给任何资源的任何 Servlet，而不必依赖于装载类、特定区域等。

（9）getResourceAsStream()方法。

```
public InputStream getResourceAsStream(String uripath);
```

说明：返回一个 InputStream 对象，该对象引用指定的 URL 的 Servlet 环境对象的内容。如果没找到 Servlet 环境变量，就会返回空值，URL 路径应该具有这种格式：/dir/dir/filename.ext。

这个方法是一个通过 getResource()方法获得 URL 对象的方便的途径。注意，当使用这个方法时，meta-information(如内容长度、内容类型)会丢失。

（10）getRequestDispatcher()方法。

```
public RequestDispatcher getRequestDispatcher(String uripath);
```

说明：如果这个指定的路径下能够找到活动的资源(如一个 Servlet、JSP 页面、CGI等)就返回一个特定 URL 的 RequestDispatcher 对象，否则就返回一个空值，Servlet 引擎负责用一个 request dispatcher 对象封装目标路径。这个 request dispatcher 对象可以用来完全请求的传送。

（11）getServerInfo()方法。

```
public String getServerInfo();
```

说明：返回一个 String 对象，该对象至少包括 Servlet 引擎的名字和版本号。

（12）log()方法。

```
public void log(String msg);
public void log(String msg, Throwable t);
public void log(Exception exception, String msg);        //这种用法将被取消
```

说明：写指定的信息到一个 Servlet 环境对象的 log 文件中。被写入的 log 文件由 Servlet 引擎指定，但是通常这是一个事件 log。当这个方法被一个异常调用时，log 中将包括堆栈跟踪。

（13）setAttribute()方法。

```
public void setAttribute(String name, Object o);
```

说明：给予 Servlet 环境对象中所指定的对象一个名称。

（14）removeAttribute()方法。

```
public void removeAttribute(String name);
```

说明：从指定的 Servlet 环境对象中删除一个属性。

（15）getServlet()方法。

```
public Servlet getServlet(String name) throws ServletException;
```

说明：最初用来返回一个指定名称的 Servlet，如果没找到就返回一个空值。如果这个 Servlet 能够返回，这就意味着它已经被初始化，而且已经可以接受 service 请求。这是一个危险的方法。当调用这个方法时，可能并不知道 Servlet 的状态，这就可能导致有关服务器状态出现问题。而允许一个 Servlet 访问其他 Servlet 的这个方法也同样的危险。现在这个方法返回一个空值，为了保持和以前版本的兼容性，现在这个方法还没有被取消。在以后的 API 版本中，该方法将被取消。

（16）getServletNames()方法。

```
public Enumeration getServletNames();
```

说明：最初用来返回一个 String 对象的列表，该列表表示了在这个 Servlet 环境下所有已知的 Servlet 对象名。这个列表总是包含这个 Servlet 自身。基于与上一个方法同样的理由，这也是一个危险的方法。现在这个方法返回一个空的列表。为了保持和以前版本的兼容性，现在这个方法还没有被取消。在以后的 API 版本中，该方法将被取消。

（17）getServlets()方法。

```
public Enumeration getServlets();
```

说明：最初用来返回在这个 Servelet 环境下所有已知的 Servlet 对象的列表。这个列表总是包含这个 Servlet 自身。基于与 getServlet()方法同样的理由，这也是一个危险的方

法。现在这个方法返回一个空的列表。为了保持和以前版本的兼容性,现在这个方法还没有被取消。在以后的 API 版本中,该方法将被取消。

8) ServletContextAttributeListener 接口

用于监听 Web 应用属性改变的事件,包括增加属性、删除属性、修改属性,监听器类需要实现 javax.servlet.ServletContextAttributeListener 接口。

方法:

(1) void attributeAdded(ServletContextAttributeEvent scab)方法。

说明:若有对象加入 Application 的范围,通知正在收听的对象。

(2) void attributeRemoved(ServletContextAttributeEvent scab)方法。

说明:若有对象从 Application 的范围移除,通知正在收听的对象。

(3) void attributeReplaced(ServletContextAttributeEvent scab)方法。

说明:若在 Application 的范围中,有对象取代另一个对象时,通知正在收听的对象。

9) ServletContextListener 接口

用于监听 Web 应用启动和销毁的事件,监听器类需要实现 javax.servlet.ServletContextListener 接口。ServletContextListener 是 ServletContext 的监听者,如服务器启动时 ServletContext 被创建,服务器关闭时 ServletContext 将要被销毁。

方法:

(1) void contextInitialized(ServletContextEvent sce)方法。

说明:通知正在接受的对象,应用程序已经被加载及初始化。

(2) void contextDestroyed(ServletContextEvent sce)方法。

说明:通知正在接受的对象,应用程序已经被销毁。

10) ServletRequest 接口

定义一个 Servlet 引擎产生的对象,通过这个对象,Servlet 可以获得客户端请求的数据。这个对象通过读取请求体的数据提供包括参数的名称、值和属性以及输入流的所有数据。

方法:

(1) getAttribute()方法。

```
public Object getAttribute(String name);
```

说明:返回请求中指定属性的值,如果这个属性不存在,就返回一个空值。这个方法允许访问一些不提供给这个接口中其他方法的请求信息以及其他 Servlet 放置在这个请求对象内的数据。

(2) getAttributeNames()方法。

```
public Enumeration getAttributeNames();
```

说明:返回包含在这个请求中的所有属性名的列表。

(3) getCharacterEncoding()方法。

```
public String getCharacterEncoding();
```

说明：返回请求中输入内容的字符编码类型，如果没有定义字符编码类型就返回空值。

（4）getContentLength()方法。

```
public int getContentLength();
```

说明：请求内容的长度，如果长度未知就返回−1。

（5）getContentType()方法。

```
public String getContentType();
```

说明：返回请求数据体的 MIME 类型，如果类型未知则返回空值。

（6）getInputStream()方法。

```
public ServletInputStream getInputStream() throws IOException;
```

说明：返回一个输入流用来从请求体读取二进制数据。如果在此之前已经通过 getReader()方法获得了要读取的结果，这个方法会抛出一个 IllegalStateException。

（7）getParameter()方法。

```
public String getParameter(String name);
```

说明：以一个 String 返回指定的参数的值，如果这个参数不存在则返回空值。例如，在一个 HTTP Servlet 中，这个方法会返回一个指定的查询语句产生的参数的值或一个被提交的表单中的参数值。如果一个参数名对应着几个参数值，这个方法只能返回通过 getParameterValues()方法返回的数组中的第一个值。因此，如果这个参数有（或者可能有）多个值，你只能使用 getParameterValues()方法。

（8）getParameterNames()方法。

```
public Enumeration getParameterNames();
```

说明：返回所有参数名的 String 对象列表，如果没有输入参数，则该方法返回一个空值。

（9）getParameterValues()方法。

```
public String[] getParameterValues(String name);
```

说明：通过一个 String 对象的数组返回指定参数的值，如果这个参数不存在，则该方法返回一个空值。

（10）getProtocol()方法。

```
public String getProtocol();
```

说明：返回这个请求所用的协议，其形式是协议/主版本号.次版本号。例如，对于一个 HTTP1.0 的请求，该方法返回 HTTP/1.0。

（11）getReader()方法。

```
public BufferedReader getReader() throws IOException;
```

说明：返回一个 buffered reader 用来读取请求体的实体，其编码方式依照请求数据的编码方式。如果这个请求的输入流已经被 getInputStream 调用获得，则这个方法会抛出一个 IllegalStateException。

(12) getRemoteAddr()方法。

```
public String getRemoteAddr();
```

说明：返回发送请求者的 IP 地址。

(13) getRemoteHost()方法。

```
public String getRemoteHost();
```

说明：返回发送请求者的主机名称。如果引擎不能或者选择不解析主机名（为了改善性能），则这个方法会直接返回 IP 地址。

(14) getScheme()方法。

```
public String getScheme();
```

说明：返回请求所使用的 URL 的模式。例如，对于一个 HTTP 请求，这个模式就是 http。

(15) getServerName()方法。

```
public String getServerName();
```

说明：返回接收请求的服务器的主机名。

(16) getServerPort()方法。

```
public int getServerPort();
```

说明：返回接收请求的端口号。

(17) setAttribute()方法。

```
public void setAttribute(String name,Object object);
```

说明：这个方法在请求中添加一个属性，这个属性可以被其他可以访问这个请求对象的对象（如一个嵌套的 Servlet）使用。

```
getRealPath
public String getRealPath(String path);          //该方法将被取消
```

返回与虚拟路径相对应的真实路径，如果因为某种原因，这一过程不能进行，则该方法将返回一个空值。这个方法和 ServletContext 接口中的 getRealPath()方法重复。

11) ServletRequestAttributeListener 接口

开发者可以实现 ServletRequestAttributeListener 接口，从而在请求对象属性发生变化时获得通知。属性改变的事件包括增加属性、删除属性、修改属性。

12) ServletRequestListener 接口

开发者可以实现 ServletRequestListener 接口，从而在请求进入或退出 Web 组件的作用域时获得通知。一个请求被定义当它进入 Web 应用的第一个 Servlet 或 Filter 从而进入作用域时，以及当它退出最后一个 Servlet 或者链中的第一个 Filter 从而退出作用域时。

13）ServletResponse 接口

定义一个 Servlet 引擎产生的对象，通过这个对象，Servlet 对客户端的请求作出响应。这个响应应该是一个 MIME 实体，可能是一个 HTML 页、图像数据或其他 MIME 的格式。

方法：

（1）getCharacterEncoding()方法。

```
public String getCharacterEncoding();
```

说明：返回 MIME 实体的字符编码。这个字符编码可以是指定的类型，也可以是与请求头域所反映的客户端所能接受的字符编码最匹配的类型。在 HTTP 协议中，这个信息被通过 Accept-Charset 传送到 Servlet 引擎。有关字符编码和 MIME 的更多信息请参看 RFC 2047。

（2）getOutputStream()方法。

```
public ServletOutputStream getOutputStream() throws IOException;
```

说明：返回一个记录二进制的响应数据的输出流。如果这个响应对象已经调用 getWriter，将会抛出 IllegalStateException。

（3）getWriter()方法。

```
public PrintWriter getWriter() throws IOException;
```

说明：返回一个 PringWriter 对象用来记录格式化的响应实体。如果要反映使用的字符编码，那么必须修改响应的 MIME 类型。在调用这个方法前，必须设定响应的 content 类型。

如果没有提供这样的编码类型，将会抛出一个 UnsupportedEncodingException，如果这个响应对象已调用 getOutputStream，将会抛出一个 getOutputStream。

（4）setContentLength()方法。

```
public void setContentLength(int length);
```

说明：设置响应的内容的长度，这个方法会覆盖以前对内容长度的设定。为了保证成功地设定响应头的内容长度，在响应被提交到输出流之前必须调用这个方法。

（5）setContentType()方法。

```
public void setContentType(String type);
```

说明：设定响应的 content 类型。这个类型以后可能会在另外的一些情况下被隐式地修改，这里所说的另外的情况可能是当服务器发现有必要的情况下对 MIME 的字符设置。为了保证成功地设定响应头的 Content 类型，在响应被提交到输出流之前必须调用这个方法。

14）SingleThreadModel 接口

这是一个空接口，它指定了系统如何处理对同一个 Servlet 的调用。如果一个 Servlet 被这个接口指定，那么在这个 Servlet 中的 service()方法中将不会有两个线程被同时执行。

Servlet 可以通过维持一个各自独立的 Servlet 实例池，或者通过让 Servlet 的 service

()中只有一个线程的方法来实现这个保证。

2. javax.servlet 包中的类

软件包 javax.servlet 主要包括如下类。

1）GenericServlet 类

```
public abstract class GenericServlet implements Servlet, ServletConfig,
Serializable;
```

这个类的存在使得编写 Servlet 更加方便。它提供了一个简单的方案，这个方案用来执行有关 Servlet 生命周期的方法以及在初始化时对 ServletConfig 对象和 ServletContext 对象进行说明。

方法：

（1）destroy()方法。

```
public void destroy();
```

说明：在这里 destroy()方法不做任何其他的工作。

（2）getInitParameter()方法。

```
public String getInitParameter(String name);
```

说明：这是一个简便的途径，它将会调用 ServletConfig 对象的同名的方法。

（3）getInitParameterNames()方法。

```
public Enumeration getInitParameterNames();
```

说明：这是一个简便的途径，它将会调用 ServletConfig 对象的同名的方法。

（4）getServletConfig()方法。

```
public ServletConfig getServletConfig();
```

说明：返回一个通过这个类的 init()方法产生的 ServletConfig 对象的说明。

（5）getServletContext()方法。

```
public ServletContext getServletContext();
```

说明：这是一个简便的途径，它将会调用 ServletConfig 对象的同名的方法。

（6）getServletInfo()方法。

```
public String getServletInfo();
```

说明：返回一个反映 Servlet 版本的 String。

（7）init()方法。

```
public void init() throws ServletException;
public void init(ServletConfig config) throws ServletException;
```

说明：init(ServletConfig config)方法是一个对这个 Servlet 的生命周期进行初始化的简便途径。

init()方法是用来对 GenericServlet 类进行扩充的,使用这个方法时,不需要存储 config 对象,也不需要调用 super.init(config)。

init(ServletConfig config)方法会存储 config 对象然后调用 init()方法。如果重载了这个方法,就必须调用 super.init(config),这样 GenericServlet 类的其他方法才能正常工作。

(8) log()方法。

```
public void log(String msg);
public void log(String msg,Throwable cause);
```

说明:通过 Servlet content 对象将 Servlet 的类名和给定的信息写入 log 文件中。

(9)service()方法。

```
public abstract void service (ServletRequest request, ServletResponse response)
throws ServletException, IOException;
```

说明:这是一个抽象的方法,当扩展这个类时,为了执行网络请求,就必须执行它。

2) ServletContextAttributeEvent 类

Web 应用程序的 Servlet 上下文属性发生变化时产生的通知事件类。

3) ServletContextEvent 类

Web 应用程序的 Servlet 上下文发生变化时产生的通知事件类。

4) ServletInputStream 类

这个类定义了一个用来读取客户端的请求信息的输入流。这是一个 Servlet 引擎提供的抽象类。一个 Servlet 通过使用 ServletRequest 接口获得了对一个 ServletInputStream 对象的说明。这个类的子类必须提供一个从 InputStream 接口读取有关信息的方法。

方法:

```
public int readLine(byte[] b, int off, int len) throws IOException;
```

说明:从输入流的指定的偏移量开始将指定长度的字节读入指定的数组中。如果该行所有请求的内容都已被读取,则这个读取的过程将结束。如果是遇到了新的一行,则新的一行的首个字符也将被读入数组中。

5) ServletOutputStream 类

这是一个由 Servlet 引擎使用的抽象类。Servlet 通过 ServletResponse 接口的使用获得了对一个这种类型的对象的说明。利用这个输出流可以将数据返回到客户端。这个类的子类必须提供一个向 OutputStream 接口写入有关信息的方法。在这个接口中,当一个刷新或关闭的方法被调用时,所有数据缓冲区的信息将会被发送到客户端,也就是说,响应被提交了。注意,关闭这种类型的对象时不一定要关闭隐含的 Socket 流。

方法:

(1) print()方法。

```
public void print(String s) throws IOException;
public void print(boolean b) throws IOException;
public void print(char c) throws IOException;
```

```
public void print(int i) throws IOException;
public void print(long l) throws IOException;
public void print(float f) throws IOException;
public void print(double d) throws IOException;
```

说明：输出变量到输出流中。

（2）println()方法。

```
public void println() throws IOException;
public void println(String s) throws IOException;
public void println(boolean b) throws IOException;
public void println(char c) throws IOException;
public void println(int i) throws IOException;
public void println(long l) throws IOException;
public void println(float f) throws IOException;
public void println(double d) throws IOException;
```

说明：输出变量到输出流中，并增加一个回车换行符。

6）ServletRequestAttributeEvent 类

Web 应用程序中 Servlet 请求属性发生变化时产生的通知事件。

7）ServletRequestEvent 类

这类事件表明了一个 ServletRequest 生命周期事件。事件的来源是此 Web 应用的 ServletContext。

8）ServletRequestWrapper 类

提供了一种实现 ServletRequest 接口的便捷方式，开发人员想改写 Servlet 请求的话，可以对其子类化。该类实现了包装或装饰模式。

9）ServletResponseWrapper 类

提供了一种实现 ServletRsponse 接口的便捷方式，开发人员想改写 Servlet 响应的话，可以对其子类化。该类实现了包装或装饰模式。

10）ServletException 类

当 Servlet 遇到问题时抛出的一个异常。

构造函数：

```
public ServletException();
public ServletException(String message);
public ServletException(String message, Throwable cause);
public ServletException(Throwable cause);
```

构造一个新的 ServletException，如果这个构造函数包括一个 Throwable 参数，这个 Throwable 对象将被作为可能抛出这个异常的原因。

方法：

```
public Throwable getRootCause();
```

说明：如果配置了抛出这个异常的原因，这个方法将返回这个原因，否则返回一个空值。

11) UnavailableException 类

不论一个 Servlet 是永久的还是临时的无效,都会抛出这个异常。Servlet 会记录这个异常以及 Servlet 引擎所要采取的相应措施。

临时无效是指 Servlet 在某一时间由于一个临时的问题而不能处理请求。例如,在另一个不同的应用层的服务(可能是数据库)无法使用。这个问题可能会自行纠正或者需要采取其他的纠正措施。

永久无效是指除非管理员采取措施,这个 Servlet 将不能处理客户端的请求。例如,这个 Servlet 配置信息丢失或 Servlet 的状态被破坏。

Servlet 引擎可以安全地处理临时无效和永久无效两种异常,但是对临时无效的正常处理可以使得 Servlet 引擎更健壮。特别的,这时对 Servlet 的请求只是被阻止(或是被延期)一段时间,这显然要比在 service 自己重新启动前完全拒绝请求更为科学。

构造函数:

```
public UnavailableException(Servlet servlet,String message);
public UnavailableException(int seconds,Servlet servlet, String message);
```

构造一个包含指定的描述信息的新的异常。如果这个构造函数有一个关于秒数的参数,这将给出 Servlet 发生临时无效后,能够重新处理请求的估计时间。如果不包含这个参数,这意味着这个 Servlet 永久无效。

方法:

(1) getServlet()方法。

```
public Servlet getServlet();
```

说明:返回报告无效的 Servlet,这被 Servlet 引擎用来识别受到影响的 Servlet。

(2) getUnavailableSeconds()方法。

```
public int getUnavailableSeconds();
```

说明:返回 Servlet 预期的无效时间,如果这个 Servlet 是永久无效,则返回-1。

(3) isPermanent()方法。

```
public boolean isPermanent();
```

说明:如果这个 Servlet 永久无效,则返回布尔值 true,指示必须采取一些管理行动以使得这个 Servlet 可用。

7.4.2 javax.servlet.http 包

1. javax.servlet.http 包中的接口

软件包 javax.servlet.http 主要包括以下接口。

1) HttpServletRequest 接口

该接口继承了 ServletRequest 接口,为 HTTPServlet 提供请求信息。Servlet 容器产生一个 httpservletrequest 对象并将其作为一个参数传递给 Servlet 的 service()方法。

2）HttpServletResponse 接口

该接口继承了 ServletResponse 接口，为 HTTPServlet 输出响应信息提供支持。Servlet 容器产生一个 httpservletresponse 对象并将其作为一个参数传递给 Servlet 的 service（）方法。

3）HttpSession 接口

该接口为维护 HTTP 用户的会话状态提供支持。提供一种方法在对于一个 Web 应用的多次请求或访问之间标识一个用户，并且可以保存关于用户的相关信息。Servlet 容器使用该接口生成一个介于 HTTP 客户端和 HTTP 服务器之间的会话。会话会持续特定的时间段，跨越用户的多次连接或页面请求。一个会话经常对应一个用户，该用户可能多次访问一个站点。服务器可以通过多种方式维持一个会话，例如 Cookie 或 URL 重写。

4）HttpSessionActivationListener 接口

该接口绑定到会话的对象会监听会话钝化和激活的容器事件。在虚拟机之间迁移会话和维持会话的容器需要通知绑定到会话实现了 HttpSessionActivationListener 接口的那些属性。

5）HttpSessionAttributeListener 接口

该监听器接口的实现类可以捕获 Web 应用中会话属性列表的变化。

6）HttpSessionBindingListener 接口

该接口使得某对象在加入一个会话或从会话中删除时能够得到通知。

7）HttpSessionContext 接口

该接口由 Servlet 2.1 定义，该对象在新版本已不被支持。

8）HttpSessionListener 接口

该接口的实现类会收到一个 Web 应用中活动会话列表的变化。为了获得通知事件，实现类必须在 Web 应用的部署描述中进行配置。

2. javax.servlet.http 包中的类

软件包 javax.servlet.http 主要包括以下类。

1）Cookie 类

Cookie 是由 Servlet 发送给 Web 浏览器的一小段信息，该信息由浏览器保存并且后来再发送给服务器。一个 Cookie 的值可以唯一地标识一个客户，因此 Cookie 一般用来完成会话管理。

一个 Cookie 有一个名字、一个单一的值以及可选的属性，如一个注释、路径和域的限定、最大生存期和版本号。

2）HttpServlet 类

定义了一个抽象类，继承 GenericServlet 抽象类。提供一个抽象类使子类可以创建一个适合 Web 站点的 HTTP servlet。HttpServlet 的子类至少应该覆盖下面列出的方法中的一个。

（1）doGet（）方法：servlet 支持 HTTP GET 请求。

（2）doPost（）方法：支持 HTTP POST 请求。

（3）doPut（）方法：支持 HTTP PUT 请求。

（4）doDelete()方法：支持 HTTP DELETE 请求。

（5）init and destroy()方法：管理 servlet 生命周期中保持的资源。

（6）getServletInfo()方法：用来提供自身的信息。

没有理由需要重写 service()方法。service 处理标准 HTTP 请求,将每种 HTTP 请求类型转发至不同的处理方法（上面列出的 doXXXmethods）同样,也没有理由重写 doOptions()和 doTrace()方法。

Servlet 通常运行在多线程的服务器上,因此 Servlet 必须处理并发请求,小心地同步化访问共享资源。共享资源包括内存中的数据（如实例或类变量）和外部对象（如文件、数据库连接以及网络连接）。

3）HttpServletRequestWrapper 类

提供 HttpServletRequest 接口的简便实现,开发者可以定义该类的子类以实现一个特定 Servlet 的请求。

4）HttpServletResponseWrapper 类

提供 HttpServletResponse 接口的简便实现,开发者可以定义该类的子类以实现一个特定 Servlet 的响应。

5）HttpSessionBindingEvent 类

定义了一种对象,当某一个实现了 HttpSessionBindingListener 接口的对象被加入会话或从会话中删除时,会收到该类对象的一个句柄。

6）HttpSessionEvent 类

代表 Web 应用中会话发生变化的通知事件。

7）HttpUtils 类

提供了一系列便于编写 HTTPServlet 的方法。

关于 javax.servlet.http 包中接口和类中方法的具体定义,请参考 Servlet API 文档。

7.5　重定向与转发技术

当 Web 容器接收到客户端的请求后,它负责创建 request 对象和 response 对象,然后将这两个对象以参数的形式传递给与请求 URL 地址相关联的 Servlet 的 service()方法进行处理。但对于复杂的处理过程,仅仅通过一个 Servlet 来实现对于请求的处理比较困难,这时经常需要几个资源间共同协作完成对于请求的处理。资源间的协作包括转发与重定向。

在 Servlet 中调用转发、重定向的语句为：

```
request.getRequestDispatcher("new.jsp").forward(request,response); //转发
response.sendRedirect("new.jsp");                                  //重定向
```

转发是服务器行为,重定向是客户端行为。

（1）转发过程：客户浏览器发送 HTTP 请求→web 服务器接受此请求→调用内部的一个方法在容器内部完成请求处理和转发动作→将目标资源发送给客户；在这里,转发的路径必须是同一个 Web 容器下的 URL,其不能转向到其他的 Web 路径上去,中间传递的

是自己的容器内的 request。在客户浏览器路径栏显示的仍然是其第一次访问的路径。也就是说,客户是感觉不到服务器做了转发的。转发行为是浏览器只做了一次访问请求。

(2) 重定向过程:客户浏览器发送 HTTP 请求→Web 服务器接收后发送 302 状态码响应及对应新的 location 给客户浏览器→客户浏览器发现是 302 响应,则自动再发送一个新的 HTTP 请求,请求 RUL 是新的 location 地址→服务器根据此请求寻找资源并发送给客户。在这里 location 可以重定向到任意 URL,既然是浏览器重新发出了请求,那么就没有什么 request 传递的概念了。在客户浏览器路径栏显示的是其重定向的路径,客户可以观察到地址的变化。重定向行为是浏览器做了至少两次访问请求的。

尽管 HttpServletResponse.sendRedirect()方法和 RequestDispatcher.forward()方法都可以让浏览器获得另外一个 URL 所指向的资源,但两者的内部运行机制有着很大的区别。下面是 HttpServletResponse.sendRedirect()方法实现的请求重定向与 RequestDispatcher.forward()方法实现的请求转发的总结比较。

(1) RequestDispatcher.forward()方法只能将请求转发给同一个 Web 应用中的组件;而 HttpServletResponse.sendRedirect()方法不仅可以重定向到当前应用程序中的其他资源,还可以重定向到同一个站点上的其他应用程序中的资源,甚至是使用绝对 URL 重定向到其他站点的资源。如果传递给 HttpServletResponse.sendRedirect()方法的相对 URL 以斜杠“/”开头,它是相对于整个 Web 站点的根目录;如果创建 RequestDispatcher 对象时指定的相对 URL 以“/”开头,它是相对于当前 Web 应用程序的根目录。

(2) 调用 HttpServletResponse.sendRedirect()方法重定向的访问过程结束后,浏览器地址栏中显示的 URL 会发生改变,由初始的 URL 地址变成重定向的目标 URL;而调用 RequestDispatcher.forward()方法的请求转发过程结束后,浏览器地址栏保持初始的 URL 地址不变。

(3) HttpServletResponse.sendRedirect()方法对浏览器的请求直接作出响应,响应的结果就是告诉浏览器去重新发出对另外一个 URL 的访问请求,这个过程好比有个绰号叫“浏览器”的人写信找张三借钱,张三回信说没有钱,让“浏览器”去找李四借,并将李四现在的通信地址告诉给了“浏览器”。于是,“浏览器”又按张三提供通信地址给李四写信借钱,李四收到信后就把钱汇给了“浏览器”。可见,“浏览器”一共发出了两封信和收到了两次回复,“浏览器”也知道他借到的钱出自李四之手。RequestDispatcher.forward()方法在服务器端内部将请求转发给另外一个资源,浏览器只知道发出了请求并得到了响应结果,并不知道在服务器程序内部发生了转发行为。这个过程好比绰号叫“浏览器”的人写信找张三借钱,张三没有钱,于是张三找李四借了一些钱,甚至还可以加上自己的一些钱,然后再将这些钱汇给了“浏览器”。可见,“浏览器”只发出了一封信和收到了一次回复,他只知道从张三那里借到了钱,并不知道有一部分钱出自李四之手。

(4) RequestDispatcher.forward()方法的调用者与被调用者之间共享相同的 request 对象和 response 对象,它们属于同一个访问请求和响应过程;而 HttpServletResponse. sendRedirect()方法调用者与被调用者使用各自的 request 对象和 response 对象,它们属于两个独立的访问请求和响应过程。对于同一个 Web 应用程序的内部资源之间的跳转,特别是跳转之前要对请求进行一些前期预处理,并要使用 HttpServletRequest.setAttribute()方法传递预处理结果,那就应该使用 RequestDispatcher.forward()方法。不同 Web 应用程序之间的重定向,特别是要重定向到另外一个 Web 站点上的资源的情况,都应该使用 HttpServletResponse.sendRedirect()方法。

(5) 无论是 RequestDispatcher.forward()方法,还是 HttpServletResponse.sendRedirect() 方法,在调用它们之前,都不能有内容已经被实际输出到了客户端。如果缓冲区中已经有了一些内容,这些内容将从缓冲区中被清除。

7.6　在 Servlet 中使用 JDBC

在 Servlet 中可以使用 JDBC 来连接数据库和读取数据,为了提高性能,我们会使用前面介绍过的连接池和数据源技术。下面重点介绍如何在 Tomcat 服务器上配置连接池和数据源。

(1) 修改 conf/context.xml 文件,添加以下信息到该文件。

```
<Resource
    name="jdbc/mysql"
    auth="Container"
    type="javax.sql.DataSource"
    username="root"
    password=""
    maxIdle="20"
    maxWait="100"
    maxActive="20"
    driverClassName="com.mysql.jdbc.Driver"
    url="jdbc:mysql://localhost:3306/ascentweb"/>
```

注意:username、password 和 URL 要和自己的数据库设置保持一致。

(2) <Resource />标签常用属性说明如下。

name:表示连接池的名称,也就是要访问连接池的地址。

auth:连接池管理权属性,Container 表示容器管理。

type:对象的类型。

username:登录数据库的用户名。

password:登录数据库的密码。

maxIdle:最大空闲数,数据库连接的最大空闲时间。超过空闲时间,数据库连接将被标记为不可用,然后被释放。设为 0,表示无限制。

maxWait:最大建立连接等待时间(单位为 ms)。如果超过此时间将接到异常。设为-1,表示无限制。

maxActive:连接池的最大数据库连接数。设为 0,表示无限制。

driverClassName:数据库驱动的名称。

url:数据库的地址。

(3) 在 WEB-INF/web.xml 中添加下列的配置项。

```
<resource-ref>
    <description>DB Connection</description>
```

```
        <res-ref-name>jdbc/mysql</res-ref-name>
        <res-type>javax.sql.DataSource</res-type>
        <res-auth>Container</res-auth>
    </resource-ref>
```

（4）在 lib 目录下添加 MySQL 数据库驱动程序。这样，当 Tomcat 为我们创建数据源对象时就可以获得 MySQL 数据库的驱动程序。

完成数据源的配置后，就可以在 Servlet 中使用了，举例如下。

```java
package sample;
import javax.servlet.*;
import javax.servlet.http.*;
import java.io.*;
import java.util.*;
import javax.sql.*;
import java.sql.*;
import javax.naming.*;
public class DBServlet extends HttpServlet {
    public void doGet(HttpServletRequest req, HttpServletResponse res)
            throws ServletException, IOException
{
    try {
        Context initCtx=new InitialContext();
        Context envCtx=(Context) initCtx.lookup("java:comp/env");
        DataSource ds=(DataSource)envCtx.lookup("jdbc/mysql ");
        Connection con=ds.getConnection()

          PrintWriter out=res.getWriter();
          Statement stmt=con.createStatement();
          String query="SELECT * "+"FROM usr";
          ResultSet rs=stmt.executeQuery(query);
          dispResultSet(rs, out);
          rs.close();
          stmt.close();
          con.close();
        }catch(Exception e){e.printStackTrace();}
    }

    private void dispResultSet(ResultSet rs, PrintWriter out) throws SQLException {
        out.println("<html><head><title>Students</title><head><body>");
        while(rs.next()) {
                out.println("id: "+rs.getString(1));
                out.println("name: "+rs.getString(2));
                out.println("<p>");
        }
        out.println("</body></html>");
    }
}
```

注意：上面的代码中使用了 JNDI 来访问数据源。JNDI 需要特定的配置环境，所以必须把这个类部署在 Tomcat 环境下它才会工作。

7.7 项目案例

7.7.1 学习目标

(1) 掌握 Servlet 应用程序的开发、编译、部署、运行的整个过程。

(2) 理解 Servlet 应用程序的运行原理。

(3) 理解 JNDI 及数据源的配置和使用。

7.7.2 案例描述

在艾斯医药系统中含有浏览商品的功能，管理员可以对商品进行查询并对信息进行维护；普通用户可以查询商品并对商品进行购买；也可以通过关键字对商品进行检索，查找自己喜爱的商品，这样的功能是系统中的常见功能，根据 Servlet＋JavaBean(JDBC)的开发方式来完成此项功能。

7.7.3 案例要点

需要理解 Servlet 的访问方式、映射配置、单例运行、线程安全、生命周期等特性。

7.7.4 案例实施

(1) 创建数据库 ascentweb 及 usr 表，创建表脚本参照第 2 章 SQL 脚本。

(2) 创建 com.ascent.bean.Usr.java 类，参考第 5 章项目案例。

(3) 创建 com.ascent.util.DataAccess.java 类（首先在 Tomcat 上配置好数据源）。

```java
import java.sql.Connection;
import javax.naming.Context;
import javax.naming.InitialContext;
import javax.sql.DataSource;

public class DataAccess {
    public static Connection getConnection() {
        Connection con=null;
        try {
            Context ctx=new InitialContext();
//在 Tomcat 的 conf/context.xml 中配置数据源,JNDI 绑定的数据源名为 jdbc/mysql
DataSource ds= (DataSource) ctx.lookup("java:comp/env/jdbc/mysql");
            con=ds.getConnection();
        } catch (Exception e) {
            e.printStackTrace();
        }
        return con;
```

```
    }
}
```

（4）创建 com.ascent.dao.UserManagerDAO.java 类。

```java
import java.sql. * ;
import java.util. * ;
import com.ascent.bean.Usr;
import com.ascent.util.DataAccess;

public class UserManagerDAO {

    /**
     * 查询所有用户对象
     * @return 所有用户对象
     */
    public List<Usr>getAllProductUser() {
        Connection con=DataAccess.getConnection();
        String sql="select * from usr p  order by p.id ";
        List<Usr>list=new ArrayList<Usr>();
        Statement stmt=null;
        ResultSet rs=null;
        try {
            stmt=con.createStatement();
            rs=stmt.executeQuery(sql);
            while (rs.next()) {
                Usr pu=new Usr();
                pu.setId(rs.getInt("id"));
                pu.setUsername(rs.getString("username"));
                pu.setPassword(rs.getString("password"));
                pu.setFullname(rs.getString("fullname"));
                pu.setTitle(rs.getString("title"));
                pu.setCompanyname(rs.getString("companyname"));
                pu.setCompanyaddress(rs.getString("companyaddress"));
                pu.setCity(rs.getString("city"));
                pu.setJob(rs.getString("job"));
                pu.setTel(rs.getString("tel"));
                pu.setEmail(rs.getString("email"));
                pu.setCountry(rs.getString("country"));
                pu.setZip(rs.getString("zip"));
                pu.setSuperuser(rs.getString("superuser"));
                pu.setDelsoft(rs.getString("delsoft"));
                pu.setNote(rs.getString("note"));
                list.add(pu);
            }
        } catch (SQLException e) {
```

```
                    e.printStackTrace();
            } finally{
                try {
                    if(rs!=null){
                        rs.close();
                    }
                    if(stmt!=null){
                        stmt.close();
                    }
                    if(con!=null){
                        con.close();
                    }
                } catch (Exception e2) {
                    e2.printStackTrace();
                }
            }
            return list;
        }
    }
```

(5）创建 com.ascent.servlet.FindAllUsrServlet.java 类。

```
package com.ascent.servlet;

import java.io.IOException;
import java.io.PrintWriter;
import java.util.List;
import javax.servlet.ServletException;
import javax.servlet.http.HttpServlet;
import javax.servlet.http.HttpServletRequest;
import javax.servlet.http.HttpServletResponse;

import com.ascent.bean.Usr;
import com.ascent.dao.UserManagerDAO;

public class FindAllUsrServlet extends HttpServlet {

    /**
     * Constructor of the object.
     */
    public FindAllUsrServlet() {
        super();
    }

    /**
     * Initialization of the servlet. <br>
     * @throws ServletException if an error occurs
```

```java
 */
public void init() throws ServletException {
    // Put your code here
}


/**
 * Destruction of the servlet. <br>
 */
public void destroy() {
    super.destroy(); // Just puts "destroy" string in log
    // Put your code here
}


/**
 * The doGet method of the servlet. <br>
 * This method is called when a form has its tag value method equals to get.
 * @param request the request send by the client to the server
 * @param response the response send by the server to the client
 * @throws ServletException if an error occurred
 * @throws IOException if an error occurred
 */
public void doGet(HttpServletRequest request, HttpServletResponse response)
        throws ServletException, IOException {

    response.setContentType("text/html;charset=gb2312");
    PrintWriter out=response.getWriter();

    out.println("<!DOCTYPE HTML PUBLIC ”-//W3C//DTD HTML 4.01
        Transitional//EN”>");
    out.println("<HTML>");
    out.println("<HEAD><TITLE>A Servlet</TITLE></HEAD>");
    out.println("<BODY><center><table border=1>");
    out.println("<tr><td>编号</td><td>用户名</td><td>公司名称</td><td>
        公司地址</td><td>电话</td><td>电子邮件</td></tr>");
    UserManagerDAO dao=new UserManagerDAO();
    List<Usr>usrs=dao.getAllProductUser();
    for(Usr u : usrs){
    out.println("<tr><td>"+u.getId()+"</td><td>"+u.getUsername()+
        "</td><td>"+u.getCompanyname()+"</td><td>"+u.getCompanyaddress()
        +"</td><td>"+u.getTel()+"</td><td>"+ 0u.getEmail()+"</td></tr>");
    }
    out.println("</table></center></BODY>");
    out.println("</HTML>");
    out.flush();
    out.close();
}
```

```
/**
 * The doPost method of the servlet. <br>
 * This method is called when a form has its tag value method equals to post.
 * @param request the request send by the client to the server
 * @param response the response send by the server to the client
 * @throws ServletException if an error occurred
 * @throws IOException if an error occurred
 */
public void doPost(HttpServletRequest request, HttpServletResponse
    response) throws ServletException, IOException {
        this.doGet(request, response);
    }
}
```

（6）在 web.xml 文件中配置映射。

```
<servlet>
<servlet-name>FindAllUsrServlet</servlet-name>
<servlet-class>com.ascent.servlet.FindAllUsrServlet</servlet-class>
</servlet>
<servlet-mapping>
    <servlet-name>FindAllUsrServlet</servlet-name>
    <url-pattern>/findAllUsr</url-pattern>
</servlet-mapping>
```

（7）部署应用程序到 Tomcat 服务器：

在地址栏里输入 http://localhost:8080/ProjectExample/findAllUsr。

（8）输出结果。

输出结果如图 7-14 所示。

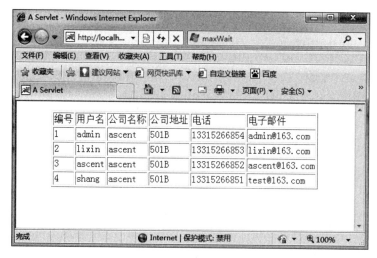

图 7-14　输出结果

7.7.5　特别提示

DataAccess.java 中连接数据库的方式是通过 JNDI 的方式来查找数据源对象,该程序不能通过 Main()方法进行测试。因为查找数据源对象时必须初始化上下文环境。

7.7.6　拓展与提高

Servlet+JavaBean(JDBC)的开发方式有什么缺点? 如何改进?

习题

1. 什么是 Servlet?
2. 简述 Servlet 的工作过程。
3. 简述客户端请求、会话与 Servlet 上下文之间的关系。
4. 简述 Servlet 的生命周期。
5. Java Servlet API 由哪两个软件包组成?
6. Servlet 重定向与转发技术有什么区别?

第 8 章 Session 状态持久化技术

学习目的与要求

Session 即会话,会话是客户为实现特定应用目的与系统的多次请求交互。本章将对 Session 进行相应解释,重点是对会话跟踪技术做详细介绍,最后讲解 Java Servlet 会话跟踪 API。通过本章的学习,理解会话跟踪的几种技术,掌握会话跟踪 API 的具体使用。

本章主要内容

- 会话跟踪技术。
- Java Servlet 会话跟踪 API。

8.1 会话跟踪技术

8.1.1 什么是 Session

首先要说明的是,HTTP 是一种无状态的协议,客户端每打开一个 Web 页面,它就会与服务器建立一个新连接,发送新请求到服务器,服务器处理请求将该请求返回给客户端,服务器不记录任何客户端信息,这样每次客户端发送的请求都是独立的,这种方式在现实中是不可用的。而 Session(会话)恰恰是一种能将信息保存在服务器端的技术,它能记录特定的客户端到服务器的一系列请求。

8.1.2 会话跟踪技术

Web 应用程序使用 HTTP 通信,而 HTTP 是无状态协议,服务器一旦响应完客户端的请求后就断开连接,下次请求会重新建立连接,各次连接之间相互独立,不能维护客户的上下文信息。然而,在开发 Web 应用时,有时必须考虑一些问题：如何把相关的请求联系起来，即怎样维护用户在服务器中的状态？这种维护对Web 应用所提请求之间的状态的概念就称为"会话跟踪"。例如，用户进行网上购物对应一个会话，用户完成网上购物需要与服务器进行多次交互，每次选购特定的商品，服务器必须识别相应的请求，将商品放入与客户相对应的购物车。

会话跟踪允许服务器跟踪同一个客户端作出的连续请求，使得服务器应用程序可以保持客户应用的相关信息。会话跟踪常用的方法包括使用 Cookie、URL 重写、隐藏表单域等技术。

1. Cookie 实现会话跟踪

Cookie 是一小块可以嵌入在 HTTP 请求和应答中的数据。典型情况下，Web 服务器将 Cookie 值嵌入应答的头文件中，而浏览器则在其以后的请求中都将携带同样的 Cookie。Cookie 的信息中可以有一部分用来存储会话 ID，这个 ID 被服务器用来将某些 HTTP 请求绑定在会话中。Cookie 由浏览器保存在客户端，通常保存在一个名为 cookie.txt 的文件。Cookie 还含有一些其他属性，例如可选的注释、版本号及最长生存期。下面是使用Cookie 的 Servlet 代码，它显示了当前请求包含的所有 Cookie 的一些信息。

```
package sample;
import javax.servlet.*;
import javax.servlet.http.*;
/**
* <p>This is a simple servlet that displays all of the
* cookies present in the request
*/
public class CookiesTest extends HttpServlet
{
    /**
     * <p>Performs the HTTP GET operation
     *
     * @param req The request from the client
     * @param resp The response from the servlet
     */
    public void doGet(HttpServletRequest req,
    HttpServletResponse resp)
    throws ServletException, java.io.IOException
    {
      //Set the content type of the response
      resp.setContentType("text/html");
      //Get the PrintWriter to write the response
      java.io.PrintWriter out=resp.getWriter();
      //Get an array containing all of the cookies
      Cookie cookies[]=req.getCookies();
      //Write the page header
      out.println("<html>");
      out.println("<head>");
```

```
        out.println("<title>Servlet Cookie Information</title>");
        out.println("</head>");
        out.println("<body>");
        if((cookies==null) || (cookies.length==0)) {
    out.println("No cookies found");
    }
    else {
        out.println("<center><h1>Cookies found in the request</h1>");
        //Display a table with all of the info
        out.println("<table border>");
        out.println("<tr><th>Name</th><th>Value</th>"+
        "<th>Comment</th><th>Max Age</th></tr>");
        for(int i=0; i<cookies.length; i++) {
        Cookie c=cookies[i];
        out.println("<tr><td>"+c.getName()+"</td><td>"+
        c.getValue()+"</td><td>"+
        c.getComment()+"</td><td>"+
        c.getMaxAge()+"</td></tr>");
        }
    out.println("</table></center>");
    }
    //Wrap up
    out.println("</body>");
    out.println("</html>");
    out.flush();
    }
}
```

值得注意的是，HttpServletRequest 对象有一个 getCookies()方法，它可以返回当前请求中的 Cookie 对象的一个数组。

关于是否应当使用 Cookie 有很多的争论，因为一些人认为 Cookie 可能会造成对隐私权的侵犯。有鉴于此，大部分浏览器允许用关闭 Cookie 功能，然而这使我们跟踪会话变得更加困难。如果不能依赖 Cookie 的支持又该怎么办呢？你将不得不使用 URL Rewriting，这种方法很久以前就被 CGI 所使用。

2. URL 重写实现会话跟踪

如何面对那些必须关闭 Cookie 支持以保证超出一般安全要求的信息技术部门中的用户，以及那些使用没有 Cookie 支持的浏览器上网的用户呢？我们不得不使用 URL Rewriting 技术。Servlet 创建的所有链接的重定向都必须将会话 ID 编码为 URL 的一部分。在服务器指定的 URL 编码的方法中，最可能的一种是给 URL 加入一些参数或者附加的路径信息。

为了说明 URL Rewriting 技术，可以编写 Sevlet 实现访问记数。下面代码显示了 CounterRewrite Servlet 的源程序，它使用 URL Rewriting 技术在 HTTP 请求之间维护会话信息。

```
package sample;
import javax.servlet.*;
import javax.servlet.http.*;
public class CounterRewrite extends HttpServlet
{
    static final String COUNTER_KEY="CounterRewrite.count";
    public void doGet(HttpServletRequest req,
    HttpServletResponse resp)
    throws ServletException, java.io.IOException
    {
      resp.setContentType("text/html");
      java.io.PrintWriter out=resp.getWriter();
      HttpSession session=req.getSession(true);
      int count=1;
      Integer i=(Integer) session.getValue(COUNTER_KEY);
      if(i !=null) {
      count=i.intValue()+1;
      }
    session.putValue(COUNTER_KEY, new Integer(count));
    out.println("<html>");
    out.println("<head>");
    out.println("<title>Session Counter "+"with URL rewriting</title>");
    out.println("</head>");
    out.println("<body>");
    out.println("Your session ID is <b>"+session.getId());
    out.println("</b>and you have hit this page <b>"+count+
    "</b>time(s) during this browser session");
    String url=req.getRequestURI()+";"+SESSION_KEY+session.getId();
    out.println("<form method=POST action=\""+resp.encodeUrl(url)+"\">");
    out.println("<input type=submit "+"value=\"Hit page again\">");
    out.println("</form>");
    out.println("</body>");
    out.println("</html>");
    out.flush();
    }
    public void doPost(HttpServletRequest req, HttpServletResponse resp)
    throws ServletException, java.io.IOException
    {
    doGet(req, resp);
    }
}
```

注意：encodeURL 方法被用来修改 URL，使 URL 包含会话 ID；encodeRedirectURL
被用来重定向页面。

3. 隐藏表单域实现会话跟踪

隐藏表单域将字段隐藏在 HTML 表单中，但不在客户端显示。例如，在第一张页面中输入用户名和密码登录，服务器生成响应返回第二张页面。当第二张页面提交时可能仍然需要知道来自第一张页面中的用户名。

可以通过隐藏表单域来实现这一连续的过程。当第一张页面提交后，服务器端作出响应返回第二张页面，此页面中用隐藏域记录了来自登录时的用户名。通俗说就是当服务器回发给客户端的响应中，就同时把用户名再次回发到客户端，用隐藏域隐藏起来，即不可见的。当第二张页面提交时，此隐藏域中的用户名一并随表单提交。这样，服务器就仍然可以判断此用户是否与以前的用户相同。于是，再次处理完结果后继续将响应回发给客户端，且此响应中也仍然包含了用户名，在客户端中仍然用隐藏域将这一信息隐藏。这样就完成了一个连续请求的动作，但是对于用户，这是不可见的。

以下是一个购物车的示例。

```java
import javax.servlet.*;
import javax.servlet.http.*;
import java.io.*;
import java.util.*;
public class SessionServlet extends HttpServlet {
  private static final String CONTENT_TYPE="text/html; charset=GBK";
  public void doGet(HttpServletRequest request, HttpServletResponse response)
throws ServletException, IOException {
    response.setContentType(CONTENT_TYPE);
      PrintWriter out=response.getWriter();
      out.println("<html><head><title>当前购物车中的商品</title></head>");
      out.println("<body>");
      request.setCharacterEncoding("GBK");
      String[] items=request.getParameterValues("item");
    out.println("当前,在你的购物车中有下列商品:");
  if(items==null) {
      out.println("没有商品!");
      }
  else {
    out.println("<UL>");
    for (int i=0; i<items.length; i++) {
      out.println("<LI>");
      out.println(items[i]);
    }
    out.println("</UL>");
  }
    out.println("<form action=/SessionModule/sessionservlet
        method=post>");
  if(items !=null) {
    for(int i=0; i<items.length; i++) {
```

```
        System.out.println(
            out.println("<input type=\"hidden\" name=item value=\""+
                items[i]+"\">");
        }
    }
    System.out.println("随机数,模拟添加一个商品!");
    int i=new Random().nextInt(100);
    out.println("<input type=\"hidden\" name=\"item\" value=\"商品:");
    out.println(String.valueOf(i));
    out.println("\"/>");
    out.println("<br>你愿意");
    out.println("<input type=\"submit\" value=\"添加商品\" />");
    out.println("</form>");
    out.println("</body>");
    out.println("</html>");
    out.close();
}
public void doPost(HttpServletRequest request, HttpServletResponse response)
throws
    ServletException, IOException {
    doGet(request, response);
}
}
```

8.1.3　会话跟踪的基本步骤

Servlet 会话跟踪的基本步骤:

(1) Servlet 会话跟踪使用 Cookie 或对 URL 进行重写进行会话跟踪。

(2) 访问与当前请求相关联的会话对象:调用 request.getSession() 获取 HttpSession 对象或者创建一个新的会话对象。该对象是一个简单的散列表,用来存储用户的相关数据。在后台,系统从 Cookie 或附加的 URL 数据中提取出用户 ID,之后以该 ID 为键访问之前创建的 HttpSession 对象组成的表。但是,这些动作对程序员都是完全透明的,只需调用 getSession。如果在输入 Cookie 或附加 URL 信息中找不到会话 ID,系统则会创建一个新的空会话。同时,如果使用 Cookie,系统还会创建一个名为 JSESSIONID 的输出 Cookie,在其中存入唯一的值表示会话 ID。因此,你调用请求的 getSession() 方法能够影响到后面的响应。

(3) 查找与会话相关联的信息:调用 HttpSession 对象的 getAttribute(),将返回值转换成恰当的类型,并检查结果是否为 null。

(4) 存储会话中的信息:使用 setAttribute() 设置需要存储的值以及相应的键。

(5) 废弃会话数据:调用 removeAttribute() 废弃指定的值。调用 invalidate() 废弃整个会话。调用 logout() 使客户退出 Web 服务器,并作废与该用户相关联的所有会话。

会话对象的类型是 HttpSession,但它们基本上只能够存储任意用户对象的散列表。可以通过调用 HttpServletRequest 的 getSession() 方法访问 HttpSession 对象。

```
HttpSession session=request.getSession();
```

getSession()/getSession(true)方法：当 Session 存在时返回该 Session,否则新建一个
Session 并返回该对象。

getSession(false)方法：当 Session 存在时返回该 Session,否则不会新建 Session,返回
null。

8.2 Java Servlet 会话跟踪 API

在 Servlet 中使用会话信息是相当简单的,主要的操作包括：查看和当前请求关联的
会话对象,必要时创建新的会话对象,查看与某个会话相关的信息,在会话对象中保存信
息,以及会话完成或中止时释放会话对象。

1. 查看当前请求的会话对象

查看当前请求的会话对象通过调用 HttpServletRequest 的 getSession()方法实现。如
果 getSession()方法返回 null,则可以创建一个新的会话对象。但通常的方法是通过指定
参数使得不存在现成的会话时自动创建一个会话对象,即指定 getSession()的参数为 true。
例如,访问当前请求会话对象的第一个步骤通常是：

```
HttpSession session=request.getSession(true);
```

2. 查看和会话有关的信息

HttpSession 对象生存在服务器上,通过 Cookie 或 URL 这类后台机制自动关联到请
求的发送者。会话对象提供一个内建的数据结构,在这个结构中可以保存任意数量的键-
值对。

getAttribute()：该方法取一个 session 相联系的信息。

getID()：该方法返回会话的唯一标识。有时该标识被作为键-值对中的键使用,例如
会话中只保存一个值时,或保存上一次会话信息时。

isNew()：如果客户(浏览器)还没有绑定到会话,则返回 true。这通常意味着该会话
刚刚创建,而不是引用自客户端的请求。对于早就存在的会话,返回值为 false。

getCreationTime()：该方法返回建立会话的时间(以毫秒计),从 1970.01.01(GMT)算
起。要得到用于打印输出的时间值,可以把该值传递给 Date 构造函数,或者
GregorianCalendar 的 setTimeInMillis()方法。

getLastAccessedTime()：该方法返回客户最后一次发送请求的时间(以毫秒计),从
1970.01.01(GMT)算起。

getMaxInactiveInterval()：返回最大时间间隔(以秒计),如果客户请求之间的间隔不
超过该值,Servlet 引擎将保持会话有效。负数表示会话永远不会超时。

3. 在会话对象中保存数据

setAttribute()方法将提供一个关键词和一个值,会替换掉任何以前会话对象中的
数据。

8.3　项目案例

8.3.1　学习目标

（1）掌握会话 HttpSession 的创建。

（2）掌握会话 HttpSession 保存信息的方法使用。

（3）掌握会话 HttpSession 的 invalidate()方法，实现注销功能。

（4）掌握会话 HttpSession 的使用场景。

8.3.2　案例描述

本案例实现了用户登录功能。登录用户的信息被保存在 HttpSession 对象中，在整个会话过程中，任意页面或 Servlet 程序都可以获取该信息，同时还实现了系统注销功能。

8.3.3　案例要点

本案例要在用户登录成功的情况下，将用户的信息保存在会话 HttpSession 中，用户信息可以在会话过程中任意页面或 Servlet 中被获取显示，使用 HttpSession 的 invalidate()方法实现系统的注销功能。一旦 Session 对象被销毁，该用户信息丢失，那么用户需要重新登录才能访问系统。

8.3.4　案例实施

（1）编写 LoginServlet.java。

```
package com.ascent.servlet;

import java.io.IOException;
import java.io.PrintWriter;
import java.sql.Connection;
import java.sql.PreparedStatement;
import java.sql.ResultSet;
import java.sql.SQLException;
import javax.naming.Context;
import javax.naming.InitialContext;
import javax.naming.NamingException;
import javax.servlet.ServletException;
import javax.servlet.http.HttpServlet;
import javax.servlet.http.HttpServletRequest;
import javax.servlet.http.HttpServletResponse;
import javax.sql.DataSource;
import javax.servlet.http.HttpSession;

public class LoginServlet extends HttpServlet {
    public void doPost (HttpServletRequest request, HttpServletResponse
```

```
response) throws ServletException, IOException {
    doGet(request, response);
}


public void doGet(HttpServletRequest request, HttpServletResponse response)
throws ServletException, IOException {
    //1.如果请求有中文的话 要先设置请求 request 编码,获取请求参数
    //request.setCharacterEncoding("utf-8");
    String username=request.getParameter("username");
    String password=request.getParameter("password");

    /**
     * 2.调用 JDBC 功能处理请求
     * <1>使用 JNDI 获取数据源
     * <2>使用 JDBC 完成登录功能
     */
    boolean flag=false;          //表示登录是否成功字段,true 成功;false 失败
    String superuser="";         //表示权限字段,"3"管理员,"1"普通用户
    int uid=0;                   //表示用户 ID
    try {
        Context context=new InitialContext();
        DataSource ds=(DataSource)context.lookup("java:/comp/env/jdbc/
            mysql");
        Connection con=ds.getConnection();
        PreparedStatement ps=con.prepareStatement("select * from usr
            where username=? and password=? and delsoft='0'");
        ps.setString(1,username);
        ps.setString(2,password);
        ResultSet rs=ps.executeQuery();
        if(rs.next()){              //登录成功
            flag=true;
            uid=rs.getInt("id");
            superuser=rs.getString("superuser");
        }
        rs.close();
        ps.close();
        con.close();
    } catch (NamingException e) {
        e.printStackTrace();
    } catch (SQLException e) {
        e.printStackTrace();
    }
    //3.判断第 2 步返回值(保存数据,进行跳转)进行响应
    //设置响应编码,一定要在创建 out 流之前进行编码设置
    response.setCharacterEncoding("UTF-8");
    response.setContentType("text/html");
    PrintWriter out=response.getWriter();
```

```
            out.println("<!DOCTYPE HTML PUBLIC "-//W3C//DTD HTML 4.01
                Transitional//EN">");
            out.println("<HTML>");
            out.println(" <HEAD><TITLE>A Servlet</TITLE></HEAD>");
            out.println(" <BODY>");

            if(flag){      //flag 为 true,登录成功
                //创建会话 HttpSession,并将用户信息保存起来
            /**
            *《1》HttpSession session=request.getSession(boolean bl);
            * true 表示有 HttpSession 对象就直接返回这个对象;如果没有,就创建一个新
            * 的 session
            * false 表示有 HttpSession 对象就直接返回这个对象;如果没有,就返回 null
            *《2》HttpSession session=request.getSession();
            * 无参数方法默认为 true
            * /
                HttpSession session=request.getSession();
                                            //相当于 request.getSession(true)
                session.setAttribute("uid",new Integer(uid));   //保存登录用户 ID
                session.setAttribute("username",username);      //保存登录用户名

                if("1".equals(superuser)){                      //普通用户权限
                    out.print(" 恭喜,登录成功! 您是普通用户,信息已经保存在会话 Session
                        中,请打开 userInfo.html 查看!");
                }else{
                    out.print(" 恭喜,登录成功! 您是管理员! 信息已经保存在会话 Session
                        中,请打开 userInfo.html 查看!");
                }
            }else{                                              //登录失败
                out.print("用户名或密码错误,登录失败!");
            }
            out.println(" </BODY>");
            out.println("</HTML>");
            out.flush();
            out.close();
        }
}
```

(2) 添加页面。

① 查看用户信息页面 userInfo.html。

```
<!DOCTYPE HTML PUBLIC "-//W3C//DTD HTML 4.01 Transitional//EN">
<html>
  <head>
    <title>userInfo.html</title>
    <meta http-equiv="keywords" content="keyword1,keyword2,keyword3">
```

```
      <meta http-equiv="description" content="this is my page">
      <meta http-equiv="content-type" content="text/html; charset=UTF-8">
      <!--<link rel="stylesheet" type="text/css" href="./styles.css">-->
    </head>
    <body>
      <a href="loginUserInfoServlet">登录用户信息查看</a>
    </body>
  </html>
```

② 登录页面 login.html。

```
<!DOCTYPE HTML PUBLIC "-//W3C//DTD HTML 4.01 Transitional//EN">
<html>
  <head>
    <title>login.html</title>
    <meta http-equiv="keywords" content="keyword1,keyword2,keyword3">
    <meta http-equiv="description" content="this is my page">
    <meta http-equiv="content-type" content="text/html; charset=UTF-8">
    <!--<link rel="stylesheet" type="text/css" href="./styles.css">-->
  </head>
  <body>
    <form action="loginServlet" method="post">
        用户名:<input type="text" name="username"><br>
        密     码:<input type="password"
        name="password"><br>
        <input type="submit" value="登录"/>
    </form>
  </body>
</html>
```

（3）获取登录用户信息 LoginUserInfoServlet.java。

```
package com.ascent.servlet;

import java.io.IOException;
import java.io.PrintWriter;
import javax.servlet.ServletException;
import javax.servlet.http.HttpServlet;
import javax.servlet.http.HttpServletRequest;
import javax.servlet.http.HttpServletResponse;
import javax.servlet.http.HttpSession;

public class LoginUserInfoServlet extends HttpServlet {
    public void doGet(HttpServletRequest request, HttpServletResponse
        response) throws ServletException, IOException {
        this.doPost(request, response);
    }
```

```java
    public void doPost(HttpServletRequest request, HttpServletResponse response)
            throws ServletException, IOException {
        //创建会话 session,获取登录用户信息
        HttpSession session=request.getSession();
        int uid=0;
        //获取登录用户名
        String username=(String)session.getAttribute("username");

        String result="";
        if(username==null){//登录用户注销或没有登录
            result="您没有登录或已经注销!";
        }else{
            //获取登录用户 id
            uid=((Integer)session.getAttribute("uid")).intValue();
            result="您已经登录,信息为: ID:"+uid+" USERNAME:"+username+" 
                 <a href='logout'>注销</a>";
        }
        response.setCharacterEncoding("UTF-8");
        response.setContentType("text/html");
        PrintWriter out=response.getWriter();
        out.println("<!DOCTYPE HTML PUBLIC "-//W3C//DTD HTML 4.01
            Transitional//EN">");
        out.println("<HTML>");
        out.println("  <HEAD><TITLE>A Servlet</TITLE></HEAD>");
        out.println("  <BODY>");
        out.print(result);
        out.println("  </BODY>");
        out.println("</HTML>");
        out.flush();
        out.close();
    }
}
```

（4）注销 LogoutServlet.java。

```java
package com.ascent.servlet;

import java.io.IOException;
import javax.servlet.ServletException;
import javax.servlet.http.HttpServlet;
import javax.servlet.http.HttpServletRequest;
import javax.servlet.http.HttpServletResponse;
import javax.servlet.http.HttpSession;

public class LogoutServlet extends HttpServlet {
    public void doGet(HttpServletRequest request, HttpServletResponse
        response) throws ServletException, IOException {
```

```
        this.doPost(request, response);
    }


    public void doPost(HttpServletRequest request, HttpServletResponse
        response) throws ServletException, IOException {
        //创建会话 session
        HttpSession session=request.getSession();
        //注销 session
        session.invalidate();
        //跳转到首页面
        response.sendRedirect(request.getContextPath()+"/login.html");
    }
}
```

（5）web.xml 文件 Servlet 映射配置。

```
<servlet>
    <servlet-name>LoginUserInfoServlet</servlet-name>
    <servlet-class>com.ascent.servlet.LoginUserInfoServlet
</servlet-class>
</servlet>
<servlet-mapping>
    <servlet-name>LoginUserInfoServlet</servlet-name>
    <url-pattern>/loginUserInfoServlet</url-pattern>
</servlet-mapping>


<servlet>
    <servlet-name>LoginServlet</servlet-name>
    <servlet-class>com.ascent.servlet.LoginServlet</servlet-class>
</servlet>
<servlet-mapping>
    <servlet-name>LoginServlet</servlet-name>
    <url-pattern>/loginServlet</url-pattern>
</servlet-mapping>


<servlet>
    <servlet-name>LogoutServlet</servlet-name>
    <servlet-class>com.ascent.servlet.LogoutServlet</servlet-class>
</servlet>
<servlet-mapping>
    <servlet-name>LogoutServlet</servlet-name>
    <url-pattern>/logout</url-pattern>
</servlet-mapping>
```

（6）测试。

启动 Tomcat 服务器，按照以下步骤测试。

① 在地址栏输入 http://localhost:8080/AscentWeb/login.html 登录，输入用户名

ascent 和密码 ascent，登录成功后的界面如图 8-1 所示。

图 8-1　登录成功界面

② 在地址栏输入 http：//localhost：8080/AscentWeb/userInfo.html，按 Enter 键，如图 8-2 所示。

图 8-2　查看用户信息

单击链接文字"登录用户信息查看"可以去看信息结果，如图 8-3 所示。

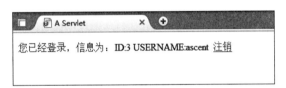

图 8-3　查看信息结果

③ 单击"注销"链接，注销登录用户，返回登录页面，再次直接访问 http：//localhost：8080/AscentWeb/userInfo.html，单击页面上查看用户信息的超链接，结果如图 8-4 所示。

图 8-4　再次查看用户信息

注销后，展现用户 LoginUserInfoServlet 类的 HttpSession 实例已经没有了登录用户信息。

8.3.5　特别提示

（1）创建 HttpSession 实例的两种方式的区别。
（2）如果需要保存登录用户多个属性信息，则可以直接保存登录用户对象。

8.3.6　拓展与提高

HttpSession 会话使用的经典场景为项目中的购物车的实现，读者可以尝试开发购物车功能。

习题

1. 什么是 Session？
2. 为什么要进行会话跟踪？
3. 会话跟踪技术有哪些？
4. 简述 Servlet 会话跟踪步骤。
5. Java Servlet 会话跟踪 API 主要有哪些？

学习目的与要求

本章介绍 Servlet 过滤器和监听器的相关知识,以及在实际开发中如何使用这些技术。通过本章的学习,理解过滤器与监听器的工作机制,掌握过滤器与监听器在实际开发中的应用。

本章主要内容

- 使用 Servlet 过滤器。
- 使用 Listener 处理 Servlet 生命周期事件。

9.1 使用 Servlet 过滤器

9.1.1 什么是 Servlet 过滤器

Servlet 过滤器(Filter)是小型的 Web 组件,它们拦截请求和响应,以便查看、提取或以某种方式操作正在客户机和服务器之间交换的数据。过滤器是通常封装了一些功能的 Web 组件,这些功能虽然重要,但是对于处理客户机请求或发送响应来说不是决定性的。典型的例子包括记录关于请求和响应的数据、处理安全协议、管理会话属性等。过滤器提供一种面向对象的模块化机制,用以将公共任务封装到可插入的组件中,这些组件通过一个配置文件来声明,并动态地处理。

Servlet 过滤器中结合了许多元素,从而使得过滤器成为独特、强大和模块化的 Web 组件。Servlet 过滤器具有以下特点。

(1) 声明式的:过滤器通过 Web 部署描述符(web.xml)中的 XML 标签来声明。这样允许添加和删除过滤器,而无须改动任何应用程序代码或 JSP 页面。

(2) 动态的:过滤器在运行时由 Servlet 容器调用来拦截和处理请求和响应。

(3) 灵活的:过滤器在 Web 处理环境中的应用很广泛,涵盖诸如日志记录和安全等许多公共的辅助任务。过滤器是灵活的,因为它们可用于对来自客户机的直接调用执行预处理和后期处理,以及处理在防火墙之后的 Web 组件之间调度的请求。最后,可以将过滤器连接起来以提供必需的功能。

(4) 模块化的:通过把应用程序处理逻辑封装到单个类文件中,从而让过滤器定义可容易地从请求/响应链中添加或删除的模块化单元。

(5) 可移植的:与 Java 平台一样,Servlet 过滤器是跨平台和跨容器可移植的,从而进一步支持了 Servler 过滤器的模块化和可重用本质。

(6) 可重用的:归功于过滤器实现类的模块化设计,以及声明式的过滤器配置方式,过滤器可以容易地跨越不同的项目和应用程序。

(7) 透明的:在请求/响应链中包括过滤器,这种设计是为了补充(而不是以任何方式替代)Servlet 或 JSP 页面提供的核心处理。因此,过滤器可以根据需要添加或删除,而不会破坏 Servlet 或 JSP 页面。

所以,Servlet 过滤器是通过一个配置文件来灵活声明的模块化可重用组件。过滤器动态地处理传入的请求和传出的响应,并且无须修改应用程序代码就可以透明地添加或删除它们。最后,过滤器独立于任何平台或者 Servlet 容器,从而允许将它们容易地部署到任何相容的 J2EE 环境中。

9.1.2　Servlet 过滤器体系结构

正如其名称所暗示的,Servlet 过滤器用于拦截传入的请求和/或传出的响应,并监视、修改或者以某种方式处理正在通过的数据流。过滤器是自包含、模块化的组件,可以将它们添加到请求/响应链中,或者在无需影响应用程序中其他 Web 组件的情况下删除它们。过滤器仅改动请求和响应的运行时处理,因而不应该将它们直接嵌入 Web 应用程序框架,除非通过 Servlet API 中良好定义的标准接口来实现。

Web 资源可以配置为没有过滤器与之关联(这是默认情况)、与单个过滤器关联(这是典型情况),甚至是与一个过滤器链相关联。那么过滤器究竟做什么呢?像 Servlet 一样,它接受请求并响应对象。然后过滤器会检查请求对象,并决定将该请求转发给链中的下一个组件,或者中止该请求并直接向客户机发回一个响应。如果请求被转发,它将被传递给链中的下一个资源(另一个过滤器、Servlet 或 JSP 页面)。在这个请求设法通过过滤器链并被服务器处理之后,一个响应将以相反的顺序通过该链发送回去。这样就给每个过滤器都提供了根据需要处理响应对象的机会。

9.1.3　实现 Servlet 过滤器

实现 Servlet 过滤器经历了以下 3 个步骤。

1. 编写实现类的程序

从编程的角度看,过滤器类将实现 Filter 接口,然后使用 FilterChain 和 FilterConfig

接口。该过滤器类的一个引用将传递给 FilterChain 对象,以允许过滤器把控制权传递给链中的下一个资源。FilterConfig 对象将由容器提供给过滤器,以允许访问该过滤器的初始化数据。

1)过滤器生命周期中的方法

(1) init()方法:这个方法在容器实例化过滤器时被调用,它主要使过滤器初始化为后面的处理做好准备。该方法接受一个 FilterConfig 类型的对象作为输入。

(2) doFilter()方法:与 Servlet 拥有一个 service()方法(该方法又调用 doPost()或doGet()方法)来处理请求一样,过滤器拥有单个用于处理请求和响应的方法 doFilter()。这个方法接收 3 个输入参数:ServletRequest、ServletResponse 和一个 FilterChain 对象。

(3) destroy()方法:正如想像的那样,这个方法执行任何清理操作,这些操作可能需要在自动垃圾收集之前进行。

以下是一个完成字符集转换的过滤器实例。

首先完成过滤器代码,在 init()方法中读取配置参数,在 doFilter()中完成字符集的转换。

```
package myproj.filter;
import java.io.IOException;
import javax.servlet.Filter;
import javax.servlet.FilterChain;
import javax.servlet.FilterConfig;
import javax.servlet.ServletException;
import javax.servlet.ServletRequest;
import javax.servlet.ServletResponse;
public class SetCharacterEncodingFilter implements Filter{
  //定义替换后的字符集,从过滤器的配置参数中读取
  String newCharSet;
  public void destroy(){}
   public void doFilter (ServletRequest request, ServletResponse response,
FilterChain chain) throws IOException, ServletException
  {
    //处理请求字符集
    request.setCharacterEncoding(newCharSet);
    //处理响应字符集
    response.setContentType("text/html;charset="+newCharSet);
    //传递给下一个过滤器,如果没有 filter 就是请求的资源
    chain.doFilter(request,response);
  }
  public void init(FilterConfig filterConfig)hrows ServletException
  {
    //从过滤器的配置中获得初始化参数,如果没有就使用默认值
    if(filterConfig.getInitParamter("newcharset")!=null)
    {
      newCharSet=filterConfig.getInitParamter("newcharset");
    }
```

```
      else
        newCharSet="GB2312";
    }
  }
```

2）编程实现过滤器类

（1）初始化。当容器第一次加载该过滤器时，init()方法将被调用。该类在这个方法中包含了一个指向 FilterConfig 对象的引用。通过 FilterConfig 对象获得配置文件中设定的字符集。

（2）过滤。过滤器的大多数时间都消耗在这里。doFilter()方法被容器调用，同时传入分别指向这个请求/响应链中的 ServletRequest、ServletResponse 和 FilterChain 对象的引用。在这里完成响应页面字符集的设定。

（3）析构。容器紧跟在垃圾收集之前调用 destroy()方法，以便能够执行任何必需的清理代码。

2. 在 web.xml 文件中配置过滤器

```
<!--过滤器配置-->
<filter>
  <filter-name>Encoder</filter-name>
  <filter-class>myproj.filter.SetCharacterEncodingFilter</filter-class>
  <!--初始化参数-->
  <init-param>
    <param-name>newcharset</param-name>
    <param-value>gb2312</param-value>
  </init-param>
</filter>
<!--过滤器与 URL 关联-->
<filter-mapping>
    <filter-name>Encoder</filter-name>
    <url-pattern>/*</url-pattern>
</filter-mapping>
```

3. 打包并部署

编译 SetCharacterEncodingFilter 类，编译时，需要将 Java Servlet API 的包 servlet-api.jar 放到类路径中，编译后的类放到 Web 应用的 WEB-INF\classes 目录下，并且目录结构要与包的结构一致。

9.1.4　过滤器的应用

（1）设置字符编码的过滤器：通过配置参数 encoding 指明使用何种字符编码，以处理页面的中文问题。

（2）使用 Filter 实现 URL 级别的权限认证：在实际开发中经常把一些执行敏感操作的 Servlet 映射到一些特殊目录中，并把 filter 这些特殊目录保护起来，限制只能拥有相应访问权限的用户才能访问这些目录下的资源。

（3）实现用户自动登录的过滤器：在用户登录成功后，发送一个名为 user 的 Cookie 给客户端，Cookie 的值为用户名和加密后的密码。可以通过过滤器检查请求是否带有名称为 user 的 Cookie。如果有，则进行验证。

（4）实现应用访问的日志：对于到达系统的所有请求，过滤器收集诸如浏览器类型、一天中的时间、转发 URL 等相关信息，并对它们进行日志记录。

（5）XSLT 转换：不管是使用移动客户端还是使用基于 XML 的 Web 服务，无需把逻辑嵌入应用程序，就在 XML 语法之间执行转换的能力都是无价的。

9.2　使用 Listener 处理 Servlet 生命周期事件

Servlet 监听器用于监听一些重要事件的发生，监听器对象可以在事情发生前、发生后做一些必要的处理。

表 9-1 给出 Listener 与对应的 Event。

表 9-1　Listener 与对应的 Event

Listener	Event
ServletContextListener	ServletContextEvent
ServletContextAttributeListener	ServletContextAttributeEvent
HttpSessionListener	HttpSessionEvent
HttpSessionActivationListener	HttpSessionEvent
HttpSessionAttributeListener	HttpSessionBindingEvent
HttpSessionBindingListener	HttpSessionBindingEvent
ServletRequestListener	ServletRequestEvent
ServletRequestAttributeListener	ServletRequestAttributeEvent

1. ServletContext 相关监听接口

通过 ServletContext 的实例可以存取应用程序的全局对象，以及初始化阶段的变量。在 JSP 文件中，application 是 ServletContext 的实例，由 JSP 容器默认创建。Servlet 中调用 getServletContext()方法得到 ServletContext 的实例。

需注意的是，全局对象即 Application 范围对象，初始化阶段的变量指在 web.xml 中经由＜context-param＞元素所设定的变量，其范围也是 Application 范围。例如：

```
<context-param>
    <param-name>Name</param-name>
    <param-value>browser</param-value>
</context-param>
```

当容器启动时，会建立一个 Application 范围的对象，若要在 JSP 网页中取得此变量，则可用如下代码实现。

```
String name=(String)application.getInitParameter("Name");
```

或者使用 EL：

```
${initPara.name}
```

在 Servlet 中，可用以下方法取得 Name 的值。

```
String name=(String)ServletContext.getInitParameter("Name");
```

1）ServletContextListener

用于监听 Web 应用启动和销毁的事件，监听器类需要实现 javax. servlet. ServletContext Listener 接口。ServletContextListener 是 ServletContext 的监听者，如服务器启动时 ServletContext 被创建，服务器关闭时 ServletContext 将要被销毁。

ServletContextListener 接口的方法：

（1）void contextInitialized(ServletContextEvent sce)：通知正在接收的对象，应用程序已经被加载及初始化。

（2）void contextDestroyed(ServletContextEvent sce)：通知正在接受的对象，应用程序已经被载出。

ServletContextEvent 中的方法：

ServletContext getServletContext()：取得 ServletContext 对象。

2）ServletContextAttributeListener

用于监听 Web 应用属性改变的事件，包括增加属性、删除属性、修改属性，监听器类，需要实现 javax.servlet.ServletContextAttributeListener 接口。

ServletContextAttributeListener 接口方法：

（1）void attributeAdded(ServletContextAttributeEvent scab)：若有对象加入 Application 的范围，通知正在收听的对象。

（2）void attributeRemoved(ServletContextAttributeEvent scab)：若有对象从 Application 的范围移除，通知正在收听的对象。

（3）void attributeReplaced(ServletContextAttributeEvent scab)：若在 Application 的范围中，有对象取代另一个对象时，通知正在收听的对象。

ServletContextAttributeEvent 中的方法：

（1）java.lang.String getName()：回传属性的名称。

（2）java.lang.Object getValue()：回传属性的值。

2. HttpSession 相关监听接口

通过 HttpSession 的实例可以实现会话跟踪，HttpSession 相关监听接口定义了与会话相关的处理。

1）HttpSessionBindingListener 接口

注意：HttpSessionBindingListener 接口是唯一不需要在 web.xml 中设定的 Listener。当我们的类实现了 HttpSessionBindingListener 接口后，只要对象加入 Session 范围（即调用 HttpSession 对象的 setAttribute()方法时）或者从 Session 范围中移出（即调用 HttpSession 对象的 removeAttribute()方法时或者 Session Time out 时），容器分别会自动调用下列两

个方法：

（1）void valueBound(HttpSessionBindingEvent event)。

（2）void valueUnbound(HttpSessionBindingEvent event)。

2）HttpSessionAttributeListener 接口

HttpSessionAttributeListener 监听 HttpSession 中的属性的操作。当在 Session 增加一个属性时，激发 attributeAdded(HttpSessionBindingEvent se)方法；当在 Session 删除一个属性时，激发 attributeRemoved(HttpSessionBindingEvent se)方法；当在 Session 属性被重新设置时，激发 attributeReplaced(HttpSessionBindingEvent se)方法。这和 ServletContextAttributeListener 比较类似。

3）HttpSessionListener 接口

HttpSessionListener 监听 HttpSession 的操作。当创建一个 Session 时，激发 sessionCreated(HttpSessionEvent se)方法；当销毁一个 Session 时，激发 sessionDestroyed (HttpSessionEvent se)方法。

4）HttpSessionActivationListener 接口

该接口主要用于同一个 Session 转移至不同的 JVM 的情形。

3. ServletRequest 监听接口

1）ServletRequestListener 接口

与 ServletContextListener 接口类似，该接口定义 ServletRequest 对象相关的操作。

2）ServletRequestAttributeListener 接口

与 ServletContextAttributeListener 接口类似，只是该接口监听 ServletRequest 的属性变化。

在以下示例中，MySessionListener 用来监控会话(Session)的变化。

```
package sample;

import javax.servlet.ServletContext;
import javax.servlet.ServletContextEvent;
import javax.servlet.ServletContextListener;
import javax.servlet.http.HttpSessionAttributeListener;
import javax.servlet.http.HttpSessionBindingEvent;
import javax.servlet.http.HttpSessionEvent;
import javax.servlet.http.HttpSessionListener;
import javax.servlet.http.HttpSessionActivationListener;
import javax.servlet.http.HttpSessionBindingListener;
import java.io.PrintWriter;
import java.io.FileOutputStream;

public final class MySessionListener
    implements HttpSessionActivationListener,HttpSessionBindingListener,
                        HttpSessionAttributeListener,  HttpSessionListener,
    ServletContextListener {
```

```
ServletContext context;
int users=0;

//HttpSessionActivationListener
public void sessionDidActivate(HttpSessionEvent se)
{
    logout("sessionDidActivate("+se.getSession().getId()+")");
}
public void sessionWillPassivate(HttpSessionEvent se)
{
    logout("sessionWillPassivate("+se.getSession().getId()+")");
}//HttpSessionActivationListener
//HttpSessionBindingListener
public void valueBound(HttpSessionBindingEvent event)
{
    logout("valueBound("+event.getSession().getId()+event.
        getValue()+")");
}
public void valueUnbound(HttpSessionBindingEvent event)
{
    logout("valueUnbound("+event.getSession().getId()+event.
        getValue()+")");
}
//HttpSessionAttributeListener
 public void attributeAdded(HttpSessionBindingEvent event) {
    logout("attributeAdded('"+event.getSession().getId()+"', '"+
        event.getName()+"', '"+event.getValue()+"')");
 }
 public void attributeRemoved(HttpSessionBindingEvent event) {
    logout("attributeRemoved('"+event.getSession().getId()+"', '"+
        event.getName()+"', '"+event.getValue()+"')");
 }
 public void attributeReplaced(HttpSessionBindingEvent se)
 {
        logout("attributeReplaced('"+se.getSession().getId()+"', '"+se.
            getName()+"', '"+se.getValue()+"')");
 }//HttpSessionAttributeListener
 //HttpSessionListener
public void sessionCreated(HttpSessionEvent event) {
    users++;
    logout("sessionCreated('"+event.getSession().getId()+"'),目前有"+
        users+"个用户");
    context.setAttribute("users",new Integer(users));
}
public void sessionDestroyed(HttpSessionEvent event) {
```

```
        users--;
        logout("sessionDestroyed('"+event.getSession().getId()+"'),目前有"+
            users+"个用户");
        context.setAttribute("users",new Integer(users));
    }//HttpSessionListener
    //ServletContextListener
    public void contextDestroyed(ServletContextEvent sce) {
        logout("contextDestroyed()-->ServletContext 被销毁");
        this.context=null;
    }
    public void contextInitialized(ServletContextEvent sce) {
        this.context=sce.getServletContext();
        logout("contextInitialized()-->ServletContext 初始化了");
    }//ServletContextListener

    private void logout(String message) {
        PrintWriter out=null;
        try
        {
            out=new PrintWriter(new FileOutputStream("D:\\temp\\session.
                txt",true));
            out.println(new java.util.Date().toLocaleString()+"::Form
                MySessionListener: "+message);
            out.close();
        }
        catch(Exception e)
        {
            out.close();
            e.printStackTrace();
        }
    }
}
```

9.3　项目案例

9.3.1　学习目标

（1）掌握 Filter 过滤器类的开发、生命周期。
（2）掌握 Filter 过滤器的配置。
（3）掌握 Filter 过滤器的应用范围。

9.3.2　案例描述

在艾斯医药系统中对于用户管理模块、商品管理模块、订单管理模块、邮件管理模块，只有管理员具备对它们的访问权限，普通用户和游客是不能够访问的。对于这一功能的使用限制,可以通过过滤器来实现。

本案例是在系统中增加权限验证的过滤器 AuthorityFilter,使用该过滤器可以保护管理员页面及管理员所使用的功能 Servlet,使得普通用户无法非法访问操作管理员功能。

9.3.3　案例要点

本案例使用过滤器来实现管理员功能不被非法访问。实现该权限验证的过滤器必须对登录后才允许访问的资源进行过滤保护,对这一功能的实现必须保证用户登录成功后将用户信息保存会话 Session 中,当用户对系统资源进行访问时,过滤器会根据会话 Session 中是否含有登录用户信息来判断用户身份的合法性,过滤器过滤路径一定不能包含登录路径,否则系统登录无法完成。

9.3.4　案例实施

(1) 修改 LoginServlet 类。

该修改需要在登录 LoginServlet 中登录成功后保存用户信息地方加入下面一行代码:

```
session.setAttribute("superuser", superuser);        //保存登录用户权限
```

用户权限验证的过滤器需要从会话 Session 中获取登录用户权限信息,进行判断用户权限。

(2) 权限验证过滤器 AuthorityFilter.java 开发。

```java
package com.ascent.util;
import java.io.IOException;
import javax.servlet.Filter;
import javax.servlet.FilterChain;
import javax.servlet.FilterConfig;
import javax.servlet.ServletException;
import javax.servlet.ServletRequest;
import javax.servlet.ServletResponse;
import javax.servlet.http.HttpServletRequest;
import javax.servlet.http.HttpServletResponse;
import javax.servlet.http.HttpSession;
/**
 * 权限验证的过滤器
 */
public class AuthorityFilter implements Filter {
    public void destroy() {

    }
    public void doFilter(ServletRequest req, ServletResponse resp,
            FilterChain chain) throws IOException, ServletException {
        HttpServletRequest request=(HttpServletRequest)req;
        HttpServletResponse response=(HttpServletResponse)resp;
        HttpSession session=request.getSession();
```

```
        //从 session 中获取登录用户的权限
        String superuser=(String)session.getAttribute("superuser");
        if(superuser==null){               //没有登录,Session 中没有保存信息
            //没有登录访问管理员的资源,跳转到登录页面
            response.sendRedirect(request.getContextPath()+"/login.html");
        }else{                             //登录用户
            if(superuser.equals("3")){      //管理员
                //是管理员,则权限通过,请求可以通过
                chain.doFilter(req, resp);
            }else{                          //普通用户
                //普通用户访问管理员资源,跳转到一个权限错误的提示页面
                response.sendRedirect(request.getContextPath()+"/authError.
                    html");
            }
        }
    }
    public void init(FilterConfig arg0) throws ServletException {
    }
}
```

（3）web.xml 文件配置过滤器。

```
<filter>
    <filter-name>authority_filter</filter-name>
    <filter-class>com.ascent.util.AuthorityFilter</filter-class>
</filter>
<filter-mapping>
    <filter-name>authority_filter</filter-name>
    <url-pattern>/admin/*</url-pattern>
</filter-mapping>
```

（4）模拟管理员资源。

在工程的 WebRoot 下创建文件夹 admin，在 admin 文件夹下创建一个管理页面 admin.html，模拟管理员资源，代码如下。

```
<!DOCTYPE HTML PUBLIC "-//W3C//DTD HTML 4.01 Transitional//EN">
<html>
  <head>
    <title>admin.html</title>
    <meta http-equiv="keywords" content="keyword1,keyword2,keyword3">
    <meta http-equiv="description" content="this is my page">
    <meta http-equiv="content-type" content="text/html; charset=UTF-8">
    <!--<link rel="stylesheet" type="text/css" href="./styles.css">-->
  </head>
  <body>
    <h1>管理页面</h1>
    <a href="# ">用户管理</a>  <a href="# ">商品管理</a>  
```

```
<a href="# ">订单管理</a>
  </body>
</html>
```

（5）提示页面。

在工程的 WebRoot 下创建 authError.html，权限验证失败后的提示页面。

```
<!DOCTYPE HTML PUBLIC "-//W3C//DTD HTML 4.01 Transitional//EN">
<html>
  <head>
    <title>authError.html</title>
    <meta http-equiv="keywords" content="keyword1,keyword2,keyword3">
    <meta http-equiv="description" content="this is my page">
    <meta http-equiv="content-type" content="text/html; charset=UTF-8">
    <!--<link rel="stylesheet" type="text/css" href="./styles.css">-->
  </head>
  <body>
    您的权限不够,无法访问管理员资源。<br>
  </body>
</html>
```

（6）测试。

正确启动服务器 Tomcat，进行如下步骤测试权限验证过滤器。

① 未登录用户直接访问管理页面，访问 http://localhost:8080/AscentWeb/admin/admin.html，看到的结果是展现了登录页面。

② 访问 http://localhost:8080/AscentWeb/login.html，打开登录页面，使用普通用户名 ascent 和密码 ascent 登录，登录成功后再访问 http://localhost:8080/AscentWeb/admin/admin.html，结果如图 9-1 所示。

图 9-1　一般用户访问页面结果

③ 访问 http://localhost:8080/AscentWeb/login.html，打开登录页面，使用管理员 admin，密码 123456 登录，登录成功后再访问 http://localhost:8080/AscentWeb/admin/admin.html，结果如图 9-2 所示。

图 9-2　管理员访问页面结果

9.3.5 特别提示

（1）权限验证过滤器的过滤路径设置/admin/＊,代表过滤所有访问 http://localhost:8080/AscentWeb/admin 下路径的资源,包括页面及 Servlet 路径。

（2）项目开发结构设计的所有管理员资源需要在 admin 路径下,普通用户资源不能在 admin 路径下。

9.3.6 拓展与提高

可以在项目中模拟开发编码设置的过滤器,注意过滤器过滤路径的设置。

习题

1. 过滤器可以实现哪些常用功能?
2. 为什么要使用监听器?
3. 利用 Servlet 实现一个简单的聊天室,并利用监听器动态显示在线用户列表。
4. 编写一个登录验证的过滤器,实现不通过登录就不允许访问系统。
5. 如何实现记录网站的客户登录日志,统计在线人数?

第五部分　JSP

学习目的与要求

JavaServer Pages(JSP)技术是一个基于纯 Java 平台的技术,它主要用来产生动态网页内容。JavaServer Pages 技术能够让网页制作人员更方便地建立起功能强大、有弹性的动态内容,实现将静态内容(如 HTML、JavaScript 等)和动态内容(如 Java 代码)混合编码的技术。通过本章的学习,要求掌握 JSP 语法及内置对象,能够使用 JSP 开发 Web 页面。

本章主要内容

- JSP 基础。
- JSP 语法。
- JSP 内置对象。
- JSP 中使用 JavaBean。

10.1　JSP 基础

JSP(JavaServer Pages)是由 Sun 公司倡导、多家公司参与建立的一种新动态网页技术标准,它类似其他技术标准,如 ASP、PHP 或 ColdFusion 等。

在传统的网页 HTML 文件(* .htm、 * .html)中加入 Java 程序片段(Scriptlet)和 JSP 标签,就构成了 JSP 网页(* .jsp)。Servlet/JSP Container 收到客户端发出的请求时,首先执行其中的程序片段,然后将执行结果以 HTML 格式响应给客户端。其中程序片段可以是操作数据库、重新定向网页及发送 E-mail 等,这些都是建立动态网站所需要的功能。所有程序操作都在服务器端执行,网络上传送给客户端的仅是得到的结果,与客户端的浏览器无关,因此

JSP 称为服务器端语言(Server-Side Language)。

JSP 与 Java Servlet 一样,是在服务器端执行的,通常返回给客户端的就是一个 HTML 文本,因此客户端只要有浏览器就能浏览。

自 JSP 推出后,众多大公司(如 IBM、Oracle、Bea 公司等)推出了支持 JSP 技术的服务器,所以 JSP 迅速成为商业应用的服务器端语言。

1. JSP 的技术优点

(1) 一次编写,各处执行(Write Once,Run Anywhere)。

作为 Java 平台的一部分,JavaServer Pages 技术拥有 Java 语言"一次编写,各处执行"的特点。随着越来越多的供货商将 JavaServer Pages 技术添加到自己的产品中,并针对自己公司的需求,做出审慎评估后,选择符合公司成本及规模的服务器,如果未来的需求有所变更,更换服务器平台也不会影响之前所开发的应用程序。

(2) 搭配可重复使用的组件。

JavaServer Pages 技术可依赖于重复使用跨平台的组件(如 JavaBean 或 Enterprise JavaBean 组件)来执行更复杂的运算、数据处理。开发人员能够共享开发完成的组件,或者能够加强这些组件的功能,让更多用户或是客户团体使用。基于利用组件的方法,可以加快整体开发过程,也大大降低了公司的开发成本和人力。

(3) 采用标签化页面开发。

Web 网页开发人员不一定都是熟悉 Java 语言的程序员。因此,JSP 技术能够将许多功能封装起来,成为一个自定义的标签,这些功能是完全根据 XML 的标准来制订的,即 JSP 技术中的标签库(Tag Library)。因此,Web 页面开发人员可以运用自定义好的标签来达成工作需求,无须再写复杂的 Java 语法,让 Web 页面开发人员也能快速开发出动态内容网页。

第三方开发人员和其他人员可以为常用功能建立自己的标签库,让 Web 网页开发人员能够使用熟悉的开发工具,如同 HTML 一样的标签语法来执行特定功能的工作。后面将详细地介绍如何制作标签。

(4) N-tier 企业应用架构的支持。

为适应未来网络发展对服务越来越繁杂的要求,且不再受地域的限制,必须放弃以往 Client-Server 的 Two-tier 架构,进而转向更具威力和弹性的分布式对象系统。JavaServer Page 技术是 Java 2 Platform Enterprise Edition(J2EE)集成中的一部分,它主要是负责前端显示经过复杂运算后的结果,而分布式的对象系统则是主要依赖 EJB(Enterprise JavaBean)和 JNDI(Java Naming and Directory Interface)构建而成。

2. JSP 与 Servlet 的比较

Sun 公司首先推出 Servlet,其功能非常强大,且体系设计也很完善,但是它输出 HTML 语法时,必须使用 out.println()一句一句地输出。例如:

```
out.println("<html>");
out.println("<head><title>demo1</title></head>");
out.println(" Hello World <br>");
out.println("<body>");
```

```
out.println("大家好");
out.println("</body>");
out.println("</html>");
```

由于这是一段简单的 Hello World 程序,还看不出来其复杂性,但是当整个网页内容非常复杂时,那么 Servlet 程序可能大部分都是用 out.println()输出 HTML 的标签了!

因此,Sun 公司推出类似 ASP 的嵌入型 Scripting Language,并且给它一个新的名称——JavaServer Pages,简称 JSP。于是,上面那段程序可以改为:

```
<html>
<head><title>欢迎你</title></head>
<body>
<%
out.println(" Hello World <br>");
out.println("大家好");
%>
</body>
</html>
```

这样就简化了 Web 程序员的负担,不用为了网页内容编排的变动而做大量复杂的修改。

3. JSP 的执行过程

在介绍 JSP 语法之前,首先介绍 JSP 的执行过程,如图 10-1 所示。

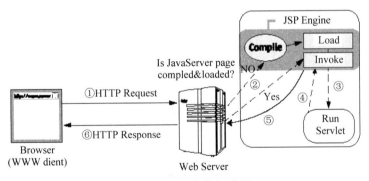

图 10-1　JSP 的执行过程

一般人都会以为 JSP 的执行性能会和 Servlet 相差很多,其实两者执行性能上的差别只在第一次的执行。因为 JSP 在执行第一次后,会被编译成 Servlet 的类文件,即为 XXX.class,当再重复调用执行时,就直接执行第一次所产生的 Servlet,而不用再重新把 JSP 编译成 Servlet。因此,除了第一次的编译会花较久的时间之外,之后 JSP 和 Servlet 的执行速度就几乎相同了。

在执行 JSP 网页时,通常可分为两个时期:转译时期和请求时期,如图 10-2 所示。

(1) 转译时期:JSP 网页转译成 Servlet 类。转译期间主要做两件事,一是将 JSP 网页转译为 Servlet 源代码(.java),此段称为转译时期;二是将 Servlet 源代码(.java)编译成 Servlet 类(.class),此段称为编译时期。

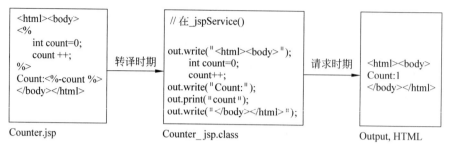

图 10-2　转译时期与请求时期程序图

（2）请求时期：Servlet 类执行后，响应结果至客户端。

接下来看第一个 JSP 实例：helloWorld.jsp。

（1）选择 File→New→Web Project，建立一个 Web 工程，如图 10-3 所示。

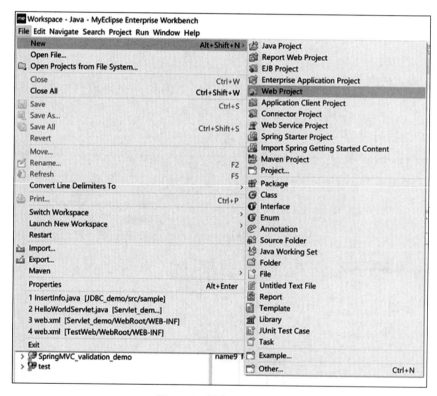

图 10-3　创建 Web 工程

　　（2）命名 web 工程为 JSP_demo，单击 Next 按钮，无须修改，之后勾选 Generate web. xml deployment descriptor，单击 Finish 按钮，完成创建 Web 工程，如图 10-4 所示。

　　（3）右击项目下的 WebRoot 目录，选择 New→JSP(Advanced Template)后，结果如图 10-5 所示。

　　（4）将 File Name 改为 helloWorld.jsp，之后单击 Finish 按钮。

　　（5）编写 helloWorld.jsp，代码如下。

图 10-4 完成创建 Web 工程

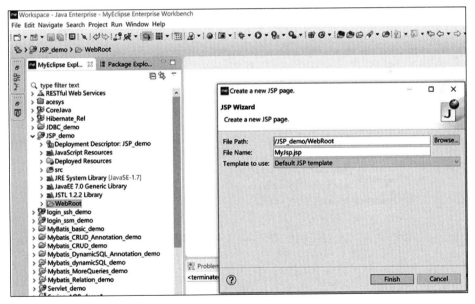

图 10-5 创建 JSP

```jsp
<%@ page info="a hello world example" %>
<%! String greetingStr="Hello World!"; %>
<html>
<head><title>Hello World</title></head>
<body bgcolor="#ffffff" background="background.gif">
```

```
<center>
<h1><%=greetingStr%></h1>
</center>
</body>
</html>
```

(6) 选中 JSP_demo 项目,单击工具栏中的 图标,出现如图 10-6 所示的部署 Web 工程界面。

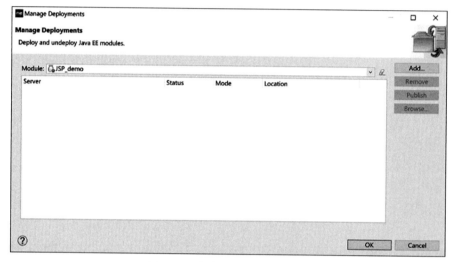

图 10-6　部署 Web 工程界面 1

(7) 在如图 10-7 所示的界面中选择 MyEclipse Tomcat v8.5。

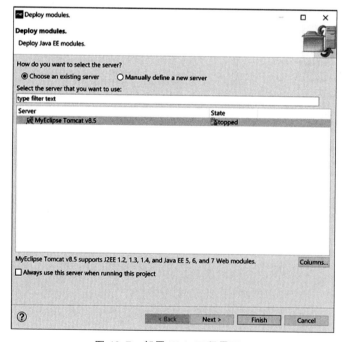

图 10-7　部署 Web 工程界面 2

单击 Next 按钮,无须修改,之后单击 Finish 按钮,完成部署。

(8) 启动 Tomcat,选择 →MyEclipse Tomcat v8.5→start,如图 10-8 所示。

图 10-8　启动 Web 工程

(9) 启动浏览器,输入 URL:

```
http://localhost:8080/JSP_demo/helloWorld.jsp
```

将会在浏览器中看到"Hello World!",如图 10-9 所示。

图 10-9　运行结果

10.2　JSP 语法

JSP 文件由静态 HTML 与动态元素组成。静态 HTML 体现页面结构及内容的显示方式,动态元素体现页面的动态信息。

1. 静态 HTML

许多时候,JSP 页面的很大一部分都由静态 HTML 构成,这些静态 HTML 也称为"模板文本"。模板文本和普通 HTML 几乎完全相同,它们都遵从相同的语法规则,而且模板文本也是被 Servlet 直接发送到客户端。此外,模板文本也可以用任何现有的页面制作工具,如 DreamWeaver、FrontPage 等来编写。

除了普通 HTML 代码之外,我们还可以看到注释。JSP 可以使用＜%-- comment --%＞ 来表示注释;JSP 转换成 Servlet 时注释会被忽略。如果要把注释嵌入结果 HTML 文档,则使用普通的 HTML 注释标记＜-- comment --＞。

2. 动态元素

嵌入 JSP 页面的动态元素主要有 3 种：脚本元素(Scripting Element)、指令(Directive)和动作(Action)。

(1) 脚本元素用来嵌入 Java 代码,这些 Java 代码将成为转换得到的 Servlet 的一部分。

(2) JSP 指令用来从整体上控制 Servlet 的结构。

(3) 动作用来引入现有的组件或者控制 JSP 引擎的行为。

10.2.1　脚本元素

JSP 脚本元素用来插入 Java 代码,这些 Java 代码将出现在由当前 JSP 页面生成的 Servlet 中。脚本元素有 3 种格式。

(1) 表达式格式<%= expression %>:计算表达式并输出其结果。

(2) Scriptlet 格式<% code %>:把代码插入到 Servlet 的 service()方法。

(3) 声明格式<%! code %>:把声明加入到 Servlet 类(在任何方法之外)。

下面详细说明它们的用法。

1. JSP 表达式

JSP 表达式用来把 Java 数据直接插入到输出。

JSP 表达式语法格式为:

```
<%= Java Expression %>
```

注意:%与=之间不能有空格并且表达式后面不加分号,表达式中的变量必须是以前声明过的变量。

计算 Java 表达式得到的结果被转换成字符串,然后插入页面。计算在运行时进行(页面被请求时),因此可以访问和请求有关的全部信息。

例如,下面的代码显示页面被请求的日期/时间。

```
Current time: <%= new java.util.Date() %>
```

为简化这些表达式,JSP 预定义了一组可以直接使用的对象变量。后面将详细介绍这些隐含声明的对象,但对于 JSP 表达式来说,最重要的几个对象及其类型如下。

request:HttpServletRequest;

response:HttpServletResponse;

session:和 request 关联的 HttpSession;

out:PrintWriter(带缓冲的版本,JspWriter),用来把输出发送到客户端。

例如:

```
Your hostname: <%= request.getRemoteHost() %>
```

2. JSP Scriptlet

如果要完成的任务比插入简单的表达式更加复杂,可以使用 JSP Scriptlet。JSP Scriptlet 允许把任意的 Java 代码插入 Servlet。

JSP Scriptlet 语法格式为:

```
<% Java Code %>
```

和 JSP 表达式一样,Scriptlet 也可以访问所有预定义的变量。例如,如果要向结果页面输出内容,可以使用 out 变量:

```
<%
String queryData=request.getQueryString();
out.println("Attached GET data: "+queryData);
```

```
%>
```

注意：Scriptlet 中的代码将被照搬到 Servlet 内，而 Scriptlet 前面和后面的静态 HTML 将被转换成 println 语句。这就意味着，Scriptlet 内的 Java 语句并非一定要是完整的，没有关闭的块将影响 Scriptlet 外的静态 HTML。

例如，下面的 JSP 片断混合了模板文本和 Scriptlet。

```
<% if(Math.random()<0.5) { %>
Have a <B>nice</B>day!
<% } else { %>
Have a <B>lousy</B>day!
<% } %>
```

上述 JSP 代码将被转换成如下 Servlet 代码。

```
if(Math.random()<0.5) {
out.println("Have a <B>nice</B>day!");
} else {
out.println("Have a <B>lousy</B>day!");
}
```

3. JSP 声明

JSP 声明用来定义插入 Servlet 类的方法和成员变量，当然也可以插入类。

JSP 声明语法格式为：

```
<%! Java Code %>
```

注意：该方法在整个 JSP 页面有效，但该方法内定义的变量只有在该方法中有效。

由于声明不会有任何输出，因此它们往往和 JSP 表达式或 Scriptlet 结合在一起使用。例如，下面的 JSP 代码片断输出自从服务器启动（或 Servlet 类被改动并重新装载）以来当前页面被请求的次数。

```
<%! private int accessCount=0; %>
```

自从服务器启动以来页面访问次数为：

```
<%= ++accessCount %>
```

10.2.2　指令元素

JSP 指令影响 Servlet 类的整体结构。

JSP 指令语法格式为：

```
<%@ directive attribute="value" %>
```

另外，也可以把同一指令的多个属性结合起来。例如：

```
<%@ directive attribute1="value1"
attribute2="value2"
...
```

```
attributeN="valueN" %>
```

JSP 指令分为两种类型：一类是 page 指令，用来完成导入指定的类、自定义 Servlet 的超类等任务；另一类是 include 指令，用来在 JSP 文件转换成 Servlet 时引入其他文件。JSP 规范也提到了 taglib 指令，其目的是让 JSP 开发者能够自己定义标记。

1. page 指令

page 指令的作用是定义下面一个或多个属性，这些属性大小写敏感。

- import＝"package.class"，或者 import＝"package.class1,…,package.classN"

说明：用于指定导入哪些包。例如：

```
<%@ page import="java.util. * " %>
```

其中，import 是唯一允许出现一次以上的属性。

- contentType＝"MIME-Type"或 contentType＝"MIME-Type；charset＝Character-Set"

说明：该属性指定输出的 MIME 类型。默认是 text/html。例如，下面这个指令：

```
<%@ page contentType="text/plain" %>
```

和下面的 Scriptlet 效果相同：

```
<% response.setContentType("text/plain"); %>
```

- isThreadSafe＝"true|false"

说明：默认值 true 表明 Servlet 按照标准的方式处理，即假定开发者已经同步对实例变量的访问，由单个 Servlet 实例同时地处理多个请求。如果取值 false，表明 Servlet 应该实现 SingleThreadModel。请求或者是逐个进入，或者多个并行的请求分别由不同的 Servlet 实例处理。

- session＝"true|false"

说明：默认值 true 表明预定义变量 session(类型为 HttpSession)应该绑定到已有的会话，如果不存在已有的会话，则新建一个并绑定 session 变量。如果取值 false，表明不会用到会话，试图访问变量 session 将导致 JSP 转换成 Servlet 时出错。

- buffer＝"size kb|none"

说明：该属性指定 JspWrite out 的缓存大小。默认值和服务器有关，但至少应该是 8 KB。

- autoflush＝"true|false"

说明：默认值 true 表明如果缓存已满则刷新它。autoflush 很少取 false 值，取 false 值表示如果缓存已满则抛出异常。如果 buffer＝"none"，autoflush 不能取 false 值。

- extends＝"package.class"

说明：该属性指出将要生成的 Servlet 使用哪个超类。使用该属性应当十分小心，因为服务器可能已经在用自定义的超类。

- info＝"message"

说明：该属性定义一个可以通过 getServletInfo()方法提取的字符串。

- errorPage＝"url"

说明：该属性指定一个 JSP 页面,所有未被当前页面捕获的异常均由该页面处理。

- isErrorPage＝"true|false"

说明：该属性指示当前页面是否可以作为另一 JSP 页面的错误处理页面,默认值是 false。

- language＝"java"

说明：该属性用来指示所使用的语言。目前没有必要关注这个属性,因为默认的 Java 是当前唯一可用的语言。

2. include 指令

include 指令用于 JSP 页面转换成 Servlet 时引入其他文件。

include 指令语法格式为:

```
< %@ include file="relative url" %>
```

这里所指定的 URL 是和发出引用指令的 JSP 页面相对的 URL,然而与通常意义上的相对 URL 一样,可以利用以斜杠"/"开始的 URL 告诉系统把 URL 视为从 Web 服务器根目录开始。包含文件的内容也是 JSP 代码,即包含文件可以包含静态 HTML、脚本元素、JSP 指令和动作。例如,许多网站的每个页面都有一个小小的导航条。由于 HTML 框架存在不少问题,导航条往往用页面顶端或左边的一个表格制作,同一份 HTML 代码重复出现在整个网站的每个页面上。include 指令是实现该功能的非常理想的方法。使用 include 指令,开发者不必再把导航 HTML 代码复制到每个文件中,从而可以更轻松地完成维护工作。

由于 include 指令是在 JSP 转换成 Servlet 的时候引入文件,因此如果导航条改变了,所有使用该导航条的 JSP 页面都必须重新转换成 Servlet。如果导航条改动不频繁,而且希望包含操作具有尽可能好的效率,使用 include 指令是最好的选择。然而,如果导航条改动非常频繁,可以使用 jsp:include 动作。jsp:include 动作在出现对 JSP 页面请求的时候才会引用指定的文件,请参见本文后面的具体说明。

3. taglib 指令

所谓标记库(Tag Library),是指由在 JSP 页面中使用的标记所组成的库。JSP 容器推出时带有一个小型的、默认的标记库。而自定义标记库是人们为了某种特定的用途或者目的,将一些标记放到一起而形成的一种库。在一个团队中协同工作的开发者们可能会为各自的项目创建一些非常特定化的自定义标记库,同时也会创建一个通用自定义标记库,以供当前使用。

JSP 标记替代了 Scriptlet,并缓解了由 Scriptlet 所导致的所有令人头痛的事情。例如,可以看到这样的标记:

```
<store:shoppingCart id="1097629"/>
```

或者这样的标记:

```
<tools:usageGraph />
```

每个标记都包含了指向一个 Java 类的引用,但是类中的代码仍然在它该在的地方:在标签之外，一个编译好的类文件之中。自定义标签将在第 12 章进行介绍。

10.2.3　动作元素

在 JSP 中的动作指令包括 include、forward、useBean、getProperty、setProperty、plugin。

1. include 指令

<jsp:include>标签表示包含一个静态的或者动态的文件。

include 指令语法格式为：

```
< jsp:include page="path" flush="true" />
```

或者

```
<jsp:include page="path" flush="true">
    <jsp:param name="paramName" value="paramValue" />
</jsp:include>
```

说明：

（1）page="path" 为相对路径，或者代表相对路径的表达式。

（2）flush="true" 必须使用 flush 为 true，它默认值是 false。

（3）<jsp:param>子句能传递一个或多个参数给动态文件，也可在一个页面中使用多个<jsp:param>来传递多个参数给动态文件。

2. forward 指令

<jsp:forward>标签表示重定向一个静态 HTML/JSP 的文件，或者是一个程序段。

forward 指令语法格式为：

```
<jsp:forward page="path"} />
```

或者

```
<jsp:forward page="path"} >
    <jsp:param name="paramName" value="paramValue" />……
</jsp:forward>
```

说明：

（1）page="path" 为一个表达式或者一个字符串。

（2）<jsp:param> name 指定参数名，value 指定参数值。参数被发送到一个动态文件，参数可以是一个或多个值，而这个文件却必须是动态文件。要传递多个参数，则可以在一个 JSP 文件中使用多个<jsp:param>将多个参数发送到一个动态文件中。

3. useBean 指令

<jsp:useBean>标签表示用来在 JSP 页面中创建一个 Bean 实例并指定它的名字以及作用范围。

useBean 指令语法格式为：

```
<jsp:useBean id="name" scope="page | request | session | application" typeSpec />
```

其中,typeSpec 有以下几种可能的情况:

```
class="className" | class="className" type="typeName" | beanName="beanName"
type="typeName" | type="typeName"
```

说明:必须使用 class 或 type,而不能同时使用 class 和 beanName。beanName 表示 Bean 的名字,其形式为 a.b.c。

4. getProperty 指令

<jsp:getProperty>标签表示获取 Bean 的属性的值并将之转换为一个字符串,然后将其插入输出的页面中。

getProperty 指令语法格式为:

```
<jsp:getProperty name="name" property="propertyName" />
```

说明:

(1) 在使用<jsp:getProperty>之前,必须用<jsp:useBean>来创建它。

(2) 不能使用<jsp:getProperty>来检索一个已经被索引了的属性。

(3) 能够和 JavaBeans 组件一起使用<jsp:getProperty>,但是不能与 Enterprise Java Bean 一起使用。

5. setProperty 指令

<jsp:setProperty>标签表示用来设置 Bean 中的属性值。

setProperty 指令语法格式为:

```
<jsp:setProperty name="beanName" prop_expr />
```

其中,prop_expr 有以下几种可能的情况:

```
property=" * " | property="propertyName" | property="propertyName" param=
"parameterName" | property="propertyName" value="propertyValue"
```

说明:使用<jsp:setProperty>来为一个 Bean 的属性赋值,可以使用两种方式实现。

(1) 在<jsp:useBean>后使用 jsp:setProperty:

```
<jsp:useBean id="myUser" … />
…
<jsp:setProperty name="user" property="user" … />
```

在这种方式中,<jsp:setProperty>将被执行。

(2) <jsp:setProperty>出现在<jsp:useBean>标签内:

```
<jsp:useBean id="myUser" … >
…
<jsp:setProperty name="user" property="user" … />
</jsp:useBean>
```

在这种方式中,<jsp:setProperty>只会在新的对象被实例化时才将被执行。

说明：在<jsp:setProperty>中的 name 值应当和<jsp:useBean>中的 id 值相同。

6. plugin 指令

<jsp:plugin>标签表示执行一个 Applet 或 Bean，若有可能，还要下载一个 Java 插件用于执行它。

plugin 指令语法格式为：

```
<jsp:plugin
      type="bean | applet"
      code="classFileName"
      codebase="classFileDirectoryName"
      [ name="instanceName" ]
      [ archive="URIToArchive, …" ]
      [ align="bottom | top | middle | left | right" ]
      [ height="displayPixels" ]
      [ width="displayPixels" ]
      [ hspace="leftRightPixels" ]
      [ vspace="topBottomPixels" ]
      [ jreversion="JREVersionNumber | 1.1" ]
      [ nspluginurl="URLToPlugin" ]
      [ iepluginurl="URLToPlugin" ]>
      [ <jsp:params>
      [ <jsp:param name="parameterName" value="{parameterValue | <%=
          exdivssion %>}" />]+</jsp:params>
      [ <jsp:fallback>text message for user </jsp:fallback>]
</jsp:plugin>
```

说明：<jsp:plugin>元素用于在浏览器中播放或显示一个对象（典型的就是 Applet 和 Bean），而这种显示需要在浏览器的 Java 插件。

当 JSP 文件被编译，送往浏览器时，<jsp:plugin>元素将会根据浏览器的版本替换成<object>或<embed>元素。

注意：<object>用于 HTML 4.0，<embed>用于 HTML 3.2。一般来说，<jsp:plugin>元素会指定对象是 Applet 还是 Bean，同样也会指定 class 的名字，还有位置，另外还会指定将从哪里下载这个 Java 插件。

10.3 JSP 内置对象

JSP 的一个重要特征就是它自带了功能强大的内置对象，主要包括 request、response、session、application、out、page、pageContext、exception、config。

10.3.1 request 对象

request 对象封装了用户提交的信息，通过调用该对象相应的方法可以获取封装的信息，即使用该对象也可以获取用户提交信息。request 对象是 HttpServletRequest 类的实例。request 对象如表 10-1 所示。

表 10-1　request 对象

方　　法	说　　明
Object getAttribute(String name)	返回指定属性的属性值
Enumeration getAttributeNames()	返回所有可用属性名的枚举
String getCharacterEncoding()	返回字符编码方式
int getContentLength()	返回请求体的长度(以字节数)
String getContentType()	得到请求体的 MIME 类型
ServletInputStream getInputStream()	得到请求体中一行的二进制流
String getParameter(String name)	返回 name 指定参数的参数值
Enumeration getParameterNames()	返回可用参数名的枚举
String[] getParameterValues(String name)	返回包含参数 name 的所有值的数组
String getProtocol()	返回请求用的协议类型及版本号
String getScheme()	返回请求用的计划名,如 http.https 及 ftp 等
String getServerName()	返回接受请求的服务器主机名
int getServerPort()	返回服务器接受此请求所用的端口号
BufferedReader getReader()	返回解码过了的请求体
String getRemoteAddr()	返回发送此请求的客户端 IP 地址
String getRemoteHost()	返回发送此请求的客户端主机名
void setAttribute(String key,Object obj)	设置属性的属性值
String getRealPath(String path)	返回一虚拟路径的真实路径

1) 提交信息

request 对象可以使用 getParameter(string s)方法获取该表单通过 text 提交的信息。例如:

```
request.getParameter("user")
```

下面给出一些示例。

(1) request1.jsp。

```
<%@ page contentType="text/html;charset=GB2312" %>
<HTML>
<BODY bgcolor=green><FONT size=1>
  <FORM action="test.jsp" method=post name=form>
    <INPUT type="text" name="user">
    <INPUT TYPE="submit" value="Enter" name="submit">
  </FORM>
</FONT>
```

```
</BODY>
</HTML>
```

（2）test.jsp。

```
<%@ page contentType="text/html;charset=GB2312" %>
<HTML>
<BODY bgcolor=green><FONT size=1>
<P>获取文本框提交的信息：
  <%String textContent=request.getParameter("user");
  %>
<BR>
  <%=textContent%>
<P>获取按钮的名字：
  <%String buttonName=request.getParameter("submit");
  %>
<BR>
  <%=buttonName%>
</FONT>
</BODY>
</HTML>
```

（3）request3.jsp。

使用 request 对象获取信息要格外小心，要避免使用空对象，否则会出现 NullPointerException 异常，所以可以做以下处理。

```
<%@ page contentType="text/html;charset=GB2312" %>
<HTML>
<BODY bgcolor=cyan><FONT size=5>
  <FORM action="" method=post name=form>
    <INPUT type="text" name="price">
    <INPUT TYPE="submit" value="Enter" name="submit">
  </FORM>
  <%String textContent=request.getParameter("price");
  double number=0,r=0;
  if(textContent==null)
    {textContent="";
    }
  try{ number=Double.parseDouble(textContent);
    if(number>=0)
      {r=Math.sqrt(number);
      out.print("<BR>"+String.valueOf(number)+"的平方根：");
      out.print("<BR>"+String.valueOf(r));
      }
    else
      {out.print("<BR>"+"请输入一个正数");
      }
```

```
    }
  catch(NumberFormatException e)
    {out.print("<BR>"+"请输入数字字符");
    }
  %>
</FONT>
</BODY>
</HTML>
```

2）处理汉字信息

当 request 对象获取客户提交的汉字字符时，会出现乱码问题，必须进行特殊处理。首先，将获取的字符串用 ISO-8859-1 进行编码，并将编码存放到一个字节数组中，然后再将这个数组转换为字符串对象即可。例如：

```
String textContent=request.getParameter("user");
byte b[]=textContent.getBytes("ISO-8859-1");
textContent=new String(b);
```

下面给出一些示例。

（1）request2.jsp。

```
<%@ page contentType="text/html;charset=GB2312" %>
<HTML>
<BODY bgcolor=green><FONT size=1>
  <FORM action="test2.jsp" method=post name=form>
    <INPUT type="text" name="user">
    <INPUT TYPE="submit" value="提交" name="submit">
  </FORM>
</FONT>
</BODY>
</HTML>
```

（2）test2.jsp。

```
<%@ page contentType="text/html;charset=GB2312" %>
<MHML>
<BODY>
<P>获取文本框提交的信息：
  <%String textContent=request.getParameter("user");
  byte b[]=textContent.getBytes("ISO-8859-1");
  textContent=new String(b);
  %>
<BR>
  <%=textContent%>
<P>获取按钮的名字：
  <%String buttonName=request.getParameter("submit");
  byte c[]=buttonName.getBytes("ISO-8859-1");
```

```
  buttonName=new String(c);
  %>
<BR>
  <%=buttonName%>
</BODY>
</HTML>
```

3）常用方法举例

常用的方法有 getProtocol()、getServletPath()、getContentLength()、getMethod()、getRemoteAddr()、getRemoteHost()、getServerName()、getParameterName()。

下面给出一个示例。

```
<%@ page contentType="text/html;charset=GB2312" %>
<%@ page import="java.util.*" %>
<HTML>
<BODY bgcolor=cyan>
<Font size=5>
<BR>客户使用的协议是：
  <%String protocol=request.getProtocol();
  out.println(protocol);
  %>
<BR>获取客户提交信息的页面：
  <%String path=request.getServletPath();
  out.println(path);
  %>
<BR>接受客户提交信息的长度：
  <%int length=request.getContentLength();
  out.println(length);
  %>
<BR>客户提交信息的方式：
  <%String method=request.getMethod();
  out.println(method);
  %>
<BR>获取 HTTP 头文件中 User-Agent 的值：
  <%String header1=request.getHeader("User-Agent");
  out.println(header1);
  %>
<BR>获取 HTTP 头文件中 accept 的值：
  <%String header2=request.getHeader("accept");
  out.println(header2);
  %>
<BR>获取 HTTP 头文件中 Host 的值：
  <%String header3=request.getHeader("Host");
  out.println(header3);
  %>
<BR>获取 HTTP 头文件中 accept-encoding 的值：
```

```
<%String header4=request.getHeader("accept-encoding");
 out.println(header4);
%>
```


获取客户的 IP 地址：

```
<%String IP=request.getRemoteAddr();
 out.println(IP);
%>
```


获取客户机的名称：

```
<%String clientName=request.getRemoteHost();
 out.println(clientName);
%>
```


获取服务器的名称：

```
<%String serverName=request.getServerName();
 out.println(serverName);
%>
```


获取服务器的端口号：

```
<%int serverPort=request.getServerPort();
 out.println(serverPort);
%>
```


获取客户端提交的所有参数的名字：

```
<%Enumeration enum=request.getParameterNames();
  while(enum.hasMoreElements())
    {String s=(String)enum.nextElement();
     out.println(s);
    }
%>
```


获取头名字的一个枚举：

```
<%Enumeration enum_headed=request.getHeaderNames();
  while(enum_headed.hasMoreElements())
    {String s=(String)enum_headed.nextElement();
     out.println(s);
    }
%>
```


获取头文件中指定头名字的全部值的一个枚举：

```
<%Enumeration enum_headedValues=request.getHeaders("cookie");
  while(enum_headedValues.hasMoreElements())
    {String s=(String)enum_headedValues.nextElement();
     out.println(s);
    }
%>
```

```
<BR>
</Font>
</BODY>
</HTML>
```

4）获取 HTML 表单提交的数据

（1）单选框。

① radio.jsp 示例如下。

```html
<HTML>
<%@ page contentType="text/html;charset=GB2312" %>
<BODY bgcolor=cyan><Font size=1 >
<P>诗人白居易是中国历史上哪个朝代的人：
  <FORM action="answer.jsp" method=post name=form>
    <INPUT type="radio" name="R" value="a" checked="ok">宋朝
    <INPUT type="radio" name="R" value="b">唐朝
    <INPUT type="radio" name="R" value="c">明朝
    <INPUT type="radio" name="R" value="d">元朝
    <BR>
        <P>小说红楼梦的作者是：
    <BR>
    <INPUT type="radio" name="P" value="a">曹雪芹
    <INPUT type="radio" name="P" value="b">罗贯中
    <INPUT type="radio" name="P" value="c">白居易
    <INPUT type="radio" name="P" value="d">贾宝玉
    <BR>
    <INPUT TYPE="submit" value="提交答案" name="submit">
  </FORM>
</FONT>
</BODY>
</HTML>
```

② answer.jsp 示例如下。

```jsp
<HTML>
<%@ page contentType="text/html;charset=GB2312" %>
<BODY bgcolor=cyan><Font size=1 >
<%int n=0;
  String s1=request.getParameter("R");
  String s2=request.getParameter("P");
  if(s1==null)
    {s1="";}
  if(s2==null)
    {s2="";}
  if(s1.equals("b"))
    { n++;}
  if(s2.equals("a"))
    { n++;}
%>
<P>您得了<%=n%>分
</FONT>
```

```
</BODY>
</HTML>
```

（2）列表框。

① select.jsp 示例如下。

```
<HTML>
<%@ page contentType="text/html;charset=GB2312" %>
<BODY bgcolor=cyan><Font size=1 >
<P>选择计算和的方式
  <FORM action="sum.jsp" method=post name=form>
    <Select name="sum" size=2>
      <Option Selected value="1">计算 1 到 n 的连续和
      <Option value="2">计算 1 到 n 的平方和
      <Option value="3">计算 1 到 n 的立方和
    </Select>
    <P>选择 n 的值：<BR>
    <Select name="n" >
      <Option value="10">n=10
      <Option value="20">n=20
      <Option value="30">n=30
      <Option value="40">n=40
      <Option value="50">n=50
      <Option value="100">n=60
    </Select>
    <BR><BR>
  <INPUT TYPE="submit" value="提交你的选择" name="submit">
  </FORM>
</FONT>
</BODY>
</HTML>
```

② sum.jsp 示例如下。

```
<HTML>
<%@ page contentType="text/html;charset=GB2312" %>
<BODY bgcolor=cyan><Font size=1 >
<%long sum=0;
  String s1=request.getParameter("sum");
  String s2=request.getParameter("n");
   if(s1==null)
     {s1="";}
   if(s2==null)
     {s2="0";}
   if(s1.equals("1"))
     {int n=Integer.parseInt(s2);
      for(int i=1;i<=n;i++)
```

```
        {sum=sum+i;
        }
    }
    else if(s1.equals("2"))
     {int n=Integer.parseInt(s2);
     for(int i=1;i<=n;i++)
      {sum=sum+i*i;
      }
    }
    else if(s1.equals("3"))
     {int n=Integer.parseInt(s2);
     for(int i=1;i<=n;i++)
      {sum=sum+i*i*i;
      }
    }
%>
<P>您的求和结果是<%=sum%>
</FONT>
</BODY>
</HTML>
```

10.3.2 response 对象

response 对象对客户的请求做出动态的响应,向客户端发送数据。response 对象是 HttpServletResponse 类的实例。response 对象如表 10-2 所示。

表 10-2 response 对象

方 法	说 明
String getCharacterEncoding( )	返回响应用的是何种字符编码
ServletOutputStream getOutputStream( )	返回响应的一个二进制输出流
PrintWriter getWriter( )	返回可以向客户端输出字符的一个对象
void setContentLength(int len)	设置响应头长度
void setContentType(String type)	设置响应的 MIME 类型
sendRedirect(java.lang.String location)	重新定向客户端的请求

1) 动态响应 contentType 属性

当一个用户访问一个 JSP 页面时,如果该页面用 page 指令设置页面的 contentType 属性是 text/html,那么 JSP 引擎将按照这种属性值作出反映。如果要动态改变这个属性值来响应客户,就需要使用 Response 对象的 setContentType(String s)方法来改变 contentType 的属性值。其语法格式为:

```
response.setContentType(String s)
```

说明:参数 s 可取 text/html,application/x-msexcel,application/msword 等。

例如,response1.jsp 代码如下。

```
<%@ page contentType="text/html;charset=GB2312" %>
<HTML>
<BODY bgcolor=cyan><Font size=1 >
<P>我正在学习 response 对象的
<BR>setContentType 方法
<P>将当前页面保存为 word 文档吗?
<FORM action="" method="get" name=form>
  <INPUT TYPE="submit" value="yes" name="submit">
  </FORM>
<%String str=request.getParameter("submit");
  if(str==null)
    {
      str="";
    }
  if(str.equals("yes"))
    {
      response.setContentType("application/msword;charset=GB2312");
    }
%>
</FONT>
</BODY>
</HTML>
```

2) response 重定向

在某些情况下,当响应客户时,需要将客户重新引导至另一个页面,可以使用 response 的 sendRedirect(URL)方法实现客户的重定向。

例如,response2.jsp 代码如下。

```
<%@ page contentType="text/html;charset=GB2312" %>
<html>
<head><title>重定向测试</title></head>
<body>
<%
String address=request.getParameter("where");
if(address!=null){
if(address.equals("AscentTech"))
  response.sendRedirect("http://www.ascenttech.com.cn");
else if(address.equals("Microsoft"))
  response.sendRedirect("http://www.microsoft.com");
  else if(address.equals("Sun"))
  response.sendRedirect("http://www.sun.com");
}
%>
<b>Please select:</b><br>
<form action="" method="GET">
```

```
<select name="where">
  <option value="AscentTech" selected>go to Ascent Tech
  <option value="Sun">go to Sun
  <option value="Microsoft">go to Microsoft
</select>
<input type="submit" value="go">
</form>
</body>
</html>
```

10.3.3　session 对象

1. 什么是 session 对象

这里的 session 是一个 JSP 内置对象,它在第一个 JSP 页面被装载时自动创建,完成会话期管理。它是 HttpSession 的对象。

从一个客户打开浏览器并连接到服务器开始,到客户关闭浏览器离开这个服务器结束,被称为一个会话。当一个客户访问一个服务器时,可能会在这个服务器的几个页面之间反复连接,反复刷新一个页面,服务器应当通过某种办法知道这是同一个客户,这就需要 session 对象。

2. session 对象的 Id

当一个客户首次访问服务器上的一个 JSP 页面时,JSP 引擎产生一个 session 对象,同时分配一个 String 类型的 ID 号,JSP 引擎同时将这个 ID 号发送到客户端,存放在 Cookie 中,这样 session 对象和客户之间就建立了一一对应的关系。当客户再访问连接该服务器的其他页面时,不再分配给客户新的 session 对象,直到客户关闭浏览器后,服务器端该客户的 session 对象才取消,并且和客户的会话对应关系消失。当客户重新打开浏览器并且再连接到该服务器时,服务器为该客户再创建一个新的 session 对象。

3. session 对象常用方法

session 对象常用方法如表 10-3 所示。

表 10-3　session 对象常用方法

方　　　法	说　　　明
long getCreationTime()	返回 session 创建时间
public String getId()	返回 session 创建时 JSP 引擎为它设的唯一 ID 号
long getLastAccessedTime()	返回此 session 里客户端最近一次请求时间
int getMaxInactiveInterval()	返回两次请求间隔多长时间此 session 被取消(ms)
String[] getValueNames()	返回一个包含此 session 中所有可用属性的数组
void invalidate()	取消 session,使 session 不可用
boolean isNew()	返回服务器创建的一个 session,客户端是否已经加入

续表

方　　法	说　　明
void removeValue(String name)	删除 session 中指定的属性
void setMaxInactiveInterval( )	设置两次请求间隔多长时间此 session 被取消（ms）
public void setAttribute（String key，Object obj）	将参数 Object 指定的对象 obj 添加到 session 对象中，并为添加的对象指定一个索引关键字
public Object getAttribute(String key)	获取 session 对象中含有关键字的对象

例如，session1.jsp 代码如下。

```
<%@ page contentType="text/html;charset=GB2312" %>
<HTML>
<BODY bgcolor=cyan><FONT Size=5>
<%String s=session.getId();%>
<P>您的 session 对象的 ID 是:
<BR>
<%=s%>
</BODY>
</HTML>
```

例如，session2.jsp 代码如下。

```
<%@ page contentType="text/html;charset=GB2312" %>
<HTML>
<BODY>
  <%! int number=0;
  synchronized void countPeople()
   {
        number++;
    }
%>
  <%
  if(session.isNew())
   {
   countPeople();
   String str=String.valueOf(number);
   session.setAttribute("count",str);
   }
  %>
<P>您是第<%=(String)session.getAttribute("count")%>个访问本站的人。
</BODY>
</HTML>
```

10.3.4　application 对象

1. 什么是 application

服务器启动后就产生了这个 application 对象,当客户在所访问的网站的各个页面之间浏览时,这个 application 对象都是同一个,直到服务器关闭。但是与 session 不同的是,所有客户的 application 对象都是同一个,即所有客户共享这个内置的 application 对象。它是 ServletContext 类的实例。

2. application 对象常用方法

application 对象常用方法如表 10-4 所示。

表 10-4　application 对象常用方法

方　　法	说　　明
Object getAttribute(String name)	返回给定名的属性值
Enumeration getAttributeNames()	返回所有可用属性名的枚举
void setAttribute(String name,Object obj)	设定属性的属性值
void removeAttribute(String name)	删除一属性及其属性值
String getServerInfo()	返回 JSP(Servlet)引擎名及版本号
String getRealPath(String path)	返回一虚拟路径的真实路径
ServletContext getContext(String uripath)	返回指定 WebApplication 的 application 对象
Int getMajorVersion()	返回服务器支持的 Servlet API 的最大版本号
Int getMinorVersion()	返回服务器支持的 Servlet API 的最小版本号
String getMimeType(String file)	返回指定文件的 MIME 类型
URL getResource(String path)	返回指定资源(文件及目录)的 URL 路径
InputStream getResourceAsStream(String path)	返回指定资源的输入流
RequestDispatcher getRequestDispatcher(String uripath)	返回指定资源的 RequestDispatcher 对象
Servlet getServlet(String name)	返回指定名的 Servlet
Enumeration getServlets()	返回所有 Servlet 的枚举
Enumeration getServletNames()	返回所有 Servlet 名的枚举
void log(String msg)	把指定消息写入 Servlet 的日志文件
void log(Exception exception,String msg)	把指定异常的栈轨迹及错误消息写入 Servlet 的日志文件
void log(String msg,Throwable throwable)	把栈轨迹及给出的 Throwable 异常的说明信息写入 Servlet 的日志文件

例如,application.jsp 代码如下。

```
application.jsp
```

```
<%@ page contentType="text/html;charset=GB2312" %>
<HTML>
<HEAD>
<TITLE>application 变量的使用</TITLE>
</HEAD>
<BODY>
<CENTER>
<FONT SIZE=5 COLOR=blue>application 变量的使用</FONT>
</CENTER>
<HR>
<P></P>
<%
Object obj=null;
String strNum=(String)application.getAttribute("Num");
int Num=0;
//检查 Num 变量是否可取得
if(strNum !=null)
Num=Integer.parseInt(strNum)+1;                    //将取得的值增加 1
application.setAttribute("Num", String.valueOf(Num));   //起始 Num 变量值
%>
application 对象中的<Font color=blue>Num</Font>变量值为
<Font color=red><%=Num %></Font><BR>
</BODY>
</HTML>
```

10.3.5　out 对象

out 对象是一个输出流,用来向客户端输出数据。out 对象用于各种数据的输出,如表 10-5 所示。

表 10-5　out 对象

方　　法	说　　明
void clear( )	清除缓冲区的内容
void clearBuffer( )	清除缓冲区的当前内容
void flush( )	清空流
int getBufferSize( )	返回缓冲区以字节数的大小,如不设缓冲区则为 0
int getRemaining( )	返回缓冲区还剩余多少可用
boolean isAutoFlush( )	返回缓冲区满时,是自动清空还是抛出异常
void close( )	关闭输出流
out.print( )	输出各种类型数据
out.newLine( )	输出一个换行符

例如,out.jsp 原代码是:

```
<%@ page contentType="text/html;charset=GB2312" %>
<%@ page import="java.util.Date"%>
<HTML>
<HEAD>
<%
Date now=new Date();
String hours=String.valueOf(now.getHours());
String mins=String.valueOf(now.getMinutes());
String secs=String.valueOf(now.getSeconds());
%>
```

现在代码是:

```
<%out.print(String.valueOf(now.getHours()));%>
点
<%out.print(String.valueOf(now.getMinutes()));%>
分
<%out.print(String.valueOf(now.getSeconds()));%>
秒
</FONT>
</BODY>
</HTML>
```

10.3.6 page 对象

page 对象就是指向当前 JSP 页面本身,有点像类中的 this 指针,它是 java.lang.Object 类的实例,如表 10-6 所示。

表 10-6 page 对象

方 法	说 明
class getClass	返回此 Object 的类
int hashCode()	返回此 Object 的 hash 码
boolean equals(Object obj)	判断此 Object 是否与指定的 Object 对象相等
void copy(Object obj)	把此 Object 复制到指定的 Object 对象中
Object clone()	克隆此 Object 对象
String toString()	把此 Object 对象转换成 String 类的对象
void notify()	唤醒一个等待的线程
void notifyAll()	唤醒所有等待的线程
void wait(int timeout)	使一个线程处于等待,直到 timeout 结束或被唤醒
void wait()	使一个线程处于等待,直到被唤醒
void enterMonitor()	对 Object 加锁
void exitMonitor()	对 Object 开锁

10.3.7 pageContext 对象

pageContext 对象提供了对 JSP 页面内所有的对象及名字空间的访问。也就是说,它可以访问到本页所在的 session,也可以取本页面所在的 application 的某一属性值,它相当于页面中所有功能的集大成者,它的本类名也叫 pageContext,如表 10-7 所示。

表 10-7   pageContext 对象

方　　法	说　　明
JspWriter getOut()	返回当前客户端响应被使用的 JspWriter 流(out)
HttpSession getSession()	返回当前页中的 HttpSession 对象(session)
Object getPage()	返回当前页的 Object 对象(page)
ServletRequest getRequest()	返回当前页的 ServletRequest 对象(request)
ServletResponse getResponse()	返回当前页的 ServletResponse 对象(response)
Exception getException()	返回当前页的 Exception 对象(exception)
ServletConfig getServletConfig()	返回当前页的 ServletConfig 对象(config)
ServletContext getServletContext()	返回当前页的 ServletContext 对象(application)
void setAttribute(String name,Object attribute)	设置属性及属性值
void setAttribute(String name,Object obj,int scope)	在指定范围内设置属性及属性值
public Object getAttribute(String name)	取属性的值
Object getAttribute(String name,int scope)	在指定范围内取属性的值
public Object findAttribute(String name)	寻找一属性,返回其属性值或 NULL
void removeAttribute(String name)	删除某属性
void removeAttribute(String name,int scope)	在指定范围删除某属性
int getAttributeScope(String name)	返回某属性的作用范围
Enumeration getAttributeNamesInScope(int scope)	返回指定范围内可用的属性名枚举
void release()	释放 pageContext 所占用的资源
void forward(String relativeUrlPath)	使当前页面重导到另一页面
void include(String relativeUrlPath)	在当前位置包含另一文件

10.3.8 exception 对象

exception 对象是异常对象,当一个页面在运行过程中发生了异常,就产生这个对象。如果一个 JSP 页面要应用此对象,就必须把 isErrorPage 设为 true,否则无法编译。exception 对象实际上是 java.lang.Throwable 的对象,如表 10-8 所示。

表 10-8　exception 对象

方　　法	说　　明
String getMessage()	返回描述异常的消息
String toString()	返回关于异常的简短描述消息
void printStackTrace()	显示异常及其栈轨迹
Throwable FillInStackTrace()	重写异常的执行栈轨迹

这里补充在 Web 应用中对异常的处理,即错误处理页面 error.jsp。

Web 应用程序一般都有一个或多个统一的错误处理 JSP 页面,以便在功能性的 JSP 页面发生错误时,能以一种友好的形式向用户反馈。友好而统一的错误页面是 Web 展现层不可忽略的一个重要方面。

下面创建错误处理 error.jsp 文件,其代码如下。

```
<%@ page contentType="text/html; charset=GBK" isErrorPage="true" %>
<html>
<head>
<title>error</title>
</head>
<body bgcolor="# ffffff">
抱歉,系统发生异常,请单击<a href="login.jsp">这里</a>返回首页
</body>
</html>
```

错误处理 JSP 页面的 page 指令标签中的 isErrorPage 属性应该设置为 true,如第 1 行所示,这样 JSP 页面中就可以访问 exception 隐含对象了。在第 7 行,用一种 graceful(优雅)的方式向用户报告程序错误并提供一个返回到登录页面的链接。

现在,回过头去,通过<%@ page errorPage="错误处理 JSP"%>将 error.jsp 指定为 switch.jsp 和 login.jsp 的错误处理页面。

为 switch.jsp 页面添加错误处理页面后,其代码如下。

```
<%@ page contentType="text/html; charset=GBK" errorPage="error.jsp"%>
<%@ page import="bookstore. * "%>
<%@ page import="java.sql. * "%>
…
```

10.3.9　config 对象

config 对象是在一个 Servlet 初始化时,JSP 引擎向它传递信息用的,此信息包括 Servlet 初始化时所要用到的参数(通过属性名和属性值构成)以及服务器的有关信息(通过传递一个 ServletContext 对象),config 对象如表 10-9 所示。

表 10-9 **config 对象**

方 法	说 明
ServletContext getServletContext( )	返回含有服务器相关信息的 ServletContext 对象
String getInitParameter(String name)	返回初始化参数的值
Enumeration getInitParameterNames( )	返回 Servlet 初始化所需的所有参数的枚举

以上介绍了 JSP 的基本语法。可以看到,最简单的 JSP 就是将 Java 代码嵌套在 HTML 模板中。这样虽然直观和易于理解,但是也存在明显的缺点——混乱。Java 代码和 HTML 代码混在一起,逻辑上很不清晰,维护起来也不方便。另外,其中的 Java 代码也不能重用,违背了面向对象的重要原理——可重用性。

所以需要改进 JSP 的开发。主要有以下改进方法:

- 使用 JavaBean 组件模型增加代码的重用性。
- 使用自定义标签 Customer Tag 来减少 scriptlet(脚本代码)。

下面将具体展开这些技术的学习,首先来看如何在 JSP 中使用 JavaBean。

10.4 JSP 中使用 JavaBean

JavaBean 被称为是 Java 组件技术的核心。JavaBean 的结构必须满足一定的命名约定。JavaBean 类似于 Windows 下的 ActiveX 控件,它们都能提供常用功能并且可以重复使用。JavaBean 可以在 JSP 程序应用中带来很大方便,这使得开发人员可以把某些关键功能和核心算法提取出来封装成为一个组件对象,这样就增加了代码的重用性和系统的安全性。例如,可以将访问数据库的数据处理功能编写封装为 JavaBean 组件,然后在某几个 JSP 程序中加以调用。

JavaBean 技术与 ActiveX 相比有着很大的优越性。例如,JavaBean 的与平台无关性使得 JavaBean 组件不但可以运行于 UNIX 平台,还可以运行在 Windows 平台下面,而且 JavaBean 从一个平台移植到另外的平台上代码不需要修改,甚至不需要重新编译。但是,ActiveX 就不同了,它只能够应用于 Windows 平台而且它的代码移植性很差,从 Windows 98 平台移植到 NT 平台就需要重新编译代码甚至要大幅度改写程序。另一方面 JavaBean 比 ActiveX 要容易编得多,用起来也方便得多,起码 JavaBean 组件在使用以前不需要注册而 ActiveX 控件在使用以前必须在操作系统中注册,否则在运行的时候系统将会报错。

本节将介绍在 JSP 程序中如何使用 JavaBean 组件。要想在 JSP 程序中使用 JavaBean 组件必须应用<jsp:useBean>、<jsp:setProperty>、<jsp:getProperty>等 JSP 的操作指令。本节会结合实际的例子详细介绍这 3 个操作指令的用法,也帮助读者复习 JSP 的基础知识。

1. <jsp:useBean>操作指令

<jsp:useBean>操作指令用于在 JSP 页面中实例化一个 JavaBean 组件。这个实例化的 JavaBean 组件对象将可以在这个 JSP 程序的其他地方被调用。

<jsp:useBean>操作指令的语法格式为:

```
<jsp:useBean id="name" scope="page|request|session|application" typeSpec />
```

或

```
<jsp:useBean id="name" scope="page|request|session|application" typeSpec />
body
</jsp:useBean>
```

语法参数说明：

id 属性：用来设定 JavaBean 的名称，利用 id 可以识别在同一个 JSP 程序中使用的不同的 JavaBean 组件实例。

class 属性：指定 JSP 引擎查找 JavaBean 代码的路径。一般是这个 JavaBean 所对应的 Java 类全名。

scope 属性：用于指定 JavaBean 实例对象的生命周期，即这个 JavaBean 的有效作用范围。scope 的值可能是 page、request、session 及 application。在前面讨论过这 4 个属性值的含义与用法。

typeSpec 可能是如下的 4 种形式之一：

```
class="className"
```

或

```
class="className" type="typeName"
```

或

```
beanName="beanName" type=" typeName"
```

或

```
type="typeName"
```

当 JavaBean 组件对象被实例化以后，就可以访问它的属性来定制它。要获得它的属性值，应当使用<jsp:getProperty>操作指令或者是在 JSP 程序段中直接调用 JavaBean 对象的 getXXX()方法。

要改变 JavaBean 的属性，必须使用<jsp:setProperty>操作指令或者是直接调用 JavaBean 对象的 setXXX()方法。稍后会详细介绍这两个指令。

为了能在 JSP 程序中使用 JavaBean 组件，需要特别注意 JavaBean 类程序的存放问题：为了使应用程序服务器能找到 JavaBean 类，需要将其类文件放在 Web 服务器的一个特殊位置。以 Tomcat 服务器为例，JavaBean 的类文件（编译好的 class 文件）应该放在 examples\WEB-INF\classes\目录下。至于 JavaBean 在其他服务器下的存放路径读者可以参考相应服务器的开发文档。

2. <jsp:setProperty>操作指令

<jsp:setProperty>操作指令被用于指定 JavaBean 的某个属性的值。

<jsp:setProperty>操作指令的语法格式为：

```
<jsp:setProperty name="BeanName" PropertyExpr />
```

```
PropertyExpr ::=property="*"|
property="PropertyName"|
property="PropertyName" value="PropertyValue"|
property="PropertyName" param="ParameterName"|
```

语法参数说明：

name：name 属性用来指定 JavaBean 的名称。这个 JavaBean 必须首先使用＜jsp：useBean＞操作指令来实例化。

property：property 属性被用来指定 JavaBean 需要定制的属性的名称。如果 property 属性的值为 * ，那么它代表所有的属性。

value：value 属性的值将会被赋给 JavaBean 的属性。

param：param 这个属性的作用很微妙，如果客户端传递过来的参数中有一个参数的名字和 param 属性的值相同，那么这个参数的值将会被赋给 JavaBean 的属性，所以使用了 param 属性就不要使用 value 属性；反之使用了 value 属性就不要使用 param 属性。这两个属性是互斥的。不过 param 属性必须和 property 属性搭配使用，否则就不知道该赋值给 JavaBean 的哪一个属性了。

我们不提倡读者使用＜jsp：setProperty＞操作指令，而应该在 JSP 程序段中直接调用 JavaBean 组件实例对象的 setXXX()方法，因为后者的代码简单，使用起来比较灵活。相对而言，前一种方法的代码就比较烦琐了，而且灵活性也不好。以 param 属性为例，客户端传递过来的参数值一般不应该直接赋给 JavaBean 的属性而应该先转换汉字的内码再赋值，这一点上 param 属性就无能为力了。

3. ＜jsp：getProperty＞操作指令

＜jsp：getProperty＞操作指令搭配＜jsp：useBean＞操作指令一起使用可以获取某个 JavaBean 组件对象的属性值，并使用输出方法将这个值输出到页面。

＜jsp：getProperty＞操作指令的语法格式为：

```
<jsp:getProperty name="BeanName" Property="PropertyName" />
```

语法参数说明：

name：这个属性用来指定 JavaBean 的名称，这个 JavaBean 组件对象必须已经使用＜jsp：useBean＞操作指令实例化了。

Property：Property 用来指定要读取的 JavaBean 组件对象的属性的名称。

实际上也可以在 JSP 程序段中直接调用 JavaBean 对象的 getXXX()方法来获取 JavaBean 对象的属性值，我们觉得使用这个方法要比使用＜jsp：getProperty＞操作指令好，因为前者使用起来比较灵活而且代码相对比较简单。

10.4.1　＜jsp：useBean＞

1. JSP 动作元素 useBean 语法

JSP 动作元素 useBean 语法格式为：

```
<jsp:useBean
    id="beanInstanceName"
```

```
scope="page | request | session | application"
{
    class="package.class" |
    type="package.class" |
    class="package.class" type="package.class" |
    beanName="{package.class | <%=expression %>}"
    type="package.class"
}
{
    /> |
    >other elements </jsp:useBean>
}
```

2. JSP 动作元素 useBean 使用示例

JSP 动作元素 useBean 使用示例如下。

```
<jsp:useBean id="cart" scope="session" class="session.Carts" />
<jsp:setProperty name="cart" property=" * " />
<jsp:useBean id="checking" scope="session" class="bank.Checking">
<jsp:setProperty name="checking" property="balance" value="0.0" />
</jsp:useBean>
```

3. JSP 动作元素 useBean 执行步骤

＜jsp:useBean＞元素用来定位或初始化一个 JavaBean 组件。＜jsp:useBean＞首先会尝试定位 Bean 实例,如果其不存在,则会依据 class 名称(class 属性指定)或序列化模板(beanName 属性指定)进行实例化。

进行定位或初始化 Bean 对象时,＜jsp:useBean＞按照以下步骤执行。

(1) 尝试在 scope 属性指定的作用域使用指定的名称(id 属性值)定位 Bean 对象。

(2) 使用指定的名称(id 属性值)定义一个引用类型变量。

(3) 假如找到 Bean 对象,将其引用给步骤(2)定义的变量。假如指定类型(type 属性),赋予该 Bean 对象该类型。

(4) 假如没找到,则实例化一个新的 Bean 对象,并将其引用给步骤(2)定义的变量。假如该类名(由 beanName 属性指定的类名)代表的是一个序列化模板(serialized template),该 Bean 对象由 java.beans.Beans.instantiate 初始化。

(5) 假如＜jsp:useBean＞此次是实例化 Bean 对象而不是定位 Bean 对象,且它有体标记(body tags)或元素(位于＜jsp:useBean＞和＜/jsp:useBean＞之间)的内容,则执行该体标记。

＜jsp:useBean＞和＜/jsp:useBean＞之间经常包含＜jsp:setProperty＞,用来设置该 Bean 的属性值。正如步骤(5)所描述的,该元素仅在＜jsp:useBean＞实例化 Bean 对象时处理。假如 Bean 对象早已存在,＜jsp:useBean＞是定位到它,则体标记毫无用处。

可以使用＜jsp:useBean＞元素来定位或实例化一个 JavaBean 对象,但不能是 EJB。对于 EJB,可以通过创建自定义标记来直接调用或采用其他方式。

值。进一步利用这种借助请求参数和属性名字相同进行自动赋值的思想,你还可以在 property(Bean 属性的名字)中用星号"＊",然后省略 value 和 param。此时,服务器会查看所有的 Bean 属性和请求参数,如果两者名字相同则自动赋值。

下面是一个利用 JavaBean 计算素数的例子。如果请求中有一个 numDigits 参数,则该值被传递给 Bean 的 numDigits 属性;numPrimes 也类似。

```
JspPrimes.jsp
<!DOCTYPE HTML PUBLIC "-//W3C//DTD HTML 4.0 Transitional//EN">
<HTML>
<HEAD>
<TITLE>在 JSP 中使用 JavaBean</TITLE>
</HEAD>
<BODY>
<CENTER>
<TABLE BORDER=5>
  <TR><TH CLASS="TITLE">
      在 JSP 中使用 JavaBean</TABLE>
</CENTER>
<P>
<jsp:useBean id="primeTable" class="hall.NumberedPrimes" />
<jsp:setProperty name="primeTable" property="numDigits" />
<jsp:setProperty name="primeTable" property="numPrimes" />
Some <jsp:getProperty name="primeTable" property="numDigits" />
digit primes:
<jsp:getProperty name="primeTable" property="numberedList" />
</BODY>
</HTML>
```

10.4.3 ＜jsp：getProperty＞

＜jsp：getProperty＞获取 Bean 的属性值,用于显示在页面中。
JSP 语法格式为:

```
<jsp:getProperty name="beanInstanceName" property="propertyName" />
```

例如:

```
<jsp:useBean id="calendar" scope="page" class="employee.Calendar" />
<h2>
Calendar of <jsp:getProperty name="calendar" property="username" />
</h2>
```

说明:这个＜jsp：getProperty＞元素将获得 Bean 的属性值,并可以将其使用或显示在 JSP 页面中。在使用＜jsp：getProperty＞之前,必须用＜jsp：useBean＞创建它。

＜jsp：getProperty＞元素有一些限制:不能使用＜jsp：getProperty＞检索一个已经被索引的属性。能够和 JavaBean 组件一起使用＜jsp：getProperty＞,但是不能与 Enterprise Bean 一起使用。

属性 name＝"beanInstanceName"为 bean 的名字，由＜jsp：useBean＞指定。

property＝"propertyName"为所指定的 Bean 的属性名。

技巧：在 Sun 公司的 JSP 参考中提到，如果使用＜jsp：getProperty＞检索的值是空值，那么 NullPointerException 将会出现；如果使用程序段或表达式检索其值，那么在浏览器上出现的是 null(空)。

下面是使用 JavaBean 实现的计算器实例。

```
calculate.jsp
<%@ page contentType="text/html; charset=gb2312" language="java"
    import="java.sql. * " errorPage="" %>
<jsp:useBean id="calculator" scope="request" class="sample.SimpleCalculator">
<jsp:setProperty name="calculator" property=" * "/>
</jsp:useBean>
<html>
<head><title>Untitled Document</title>
<meta http-equiv="Content-Type" content="text/html; charset=gb2312">
</head>
<body>
Result:<%
try{
    calculator.calculate();
    out.println(calculator.getFirst()+calculator.getOperator()+calculator.
        getSecond()+"="+calculator.getResult());
}catch(Exception e){
out.println(e.getMessage());
}
%>
<form action="calculate.jsp" method=get>
<table width="75%" border="1" bordercolor="# 003300">
    <tr><td>first param:</td>
    <td><input type=text name="first"></td>   </tr>
    <tr><td>operator:</td>
    <td><select name="operator">
            <option value="+">+</option>
            <option value="- ">-</option>
            <option value=" * "> * </option>
            <option value="/">/</option>
        </select>
    </td></tr>
  <tr><td>second param:</td>
    <td><input type=text name="second"></td>   </tr>
  <tr>   <td colspan="2" bgcolor="# CCCCCC"><input type=submit value=计算>
</td>
  </tr>
```

```
</table>
</form>
</body>
</html>
```

JavaBean：SimpleCalculator.java 代码如下。

```java
package sample;
public class SimpleCalculator{
        private String first;
        private String second;
        private double result;
        private String operator;
        public void setFirst(String first) { this.first=first;}
        public void setSecond(String second) { this.second=second; }
        public void setOperator(String operator) { this.operator=operator; }
        public String getFirst() { return this.first;}
        public String getSecond(){ return this.second;}
        public String getOperator() { return this.operator;}
        public double getResult() { return this.result; }
        public void calculate()     {
                double one=Double.parseDouble(first);
                double two=Double.parseDouble(second);
                try {
                        if(operator.equals("+"))result=one+two;
                        else if(operator.equals("-"))result=one-two;
                                else if(operator.equals(" * "))result=one * two;
                                else if(operator.equals("/"))result=one/two;
                } catch(Exception e) { e.printStackTrace(); }
        }
}
```

10.5 项目案例

10.5.1 学习目标

（1）掌握 JSP 基本语法的使用。
（2）掌握 JSP 中如何使用 JavaBean。
（3）掌握 JSP 中使用 JDBC。
（4）掌握 JSP 内置对象的使用。
（5）掌握标准 JavaBean 的编写。

10.5.2 案例描述

本案例使用 JSP 开发页面及业务功能的处理，实现了用户注册功能，并将注册成功的用户对象保存在会话 Session 中,使得在任意 JSP 页面可以使用内置对象 Session 获取用户信息。

10.5.3 案例要点

本案例是使用 JSP 页面设计注册页面,注册表单提交后处理注册功能也是使用 JSP 页面完成,在该页面中使用 JavaBean 以及 JSP 基本脚本语法编写完成注册,并保存注册信息到会话 Session 中,然后编写了 JSP 直接使用内置对象 Session 获取用户信息进行展现。

10.5.4 案例实施

(1) 编写用户的 JavaBean 类 Usr.java,请参考第 5 章项目案例。

(2) 创建注册页面 register.jsp。

```jsp
<%@ page language="java" import="java.util. * " contentType="text/html;
charset=UTF-8" pageEncoding="UTF-8"%>
<%
String path=request.getContextPath();
String basePath=request.getScheme()+
"://"+request.getServerName()+":"+request.getServerPort()+path+"/";
%>
<!DOCTYPE HTML PUBLIC "-//W3C//DTD HTML 4.01 Transitional//EN">
<html>五
  <head>
    <base href="<%=basePath%>">
    <title>My JSP 'register.jsp' starting page</title>
    <meta http-equiv="pragma" content="no-cache">
    <meta http-equiv="cache-control" content="no-cache">
    <meta http-equiv="expires" content="0">
    <meta http-equiv="keywords" content="keyword1,keyword2,keyword3">
    <meta http-equiv="description" content="This is my page">
    <!--
    <link rel="stylesheet" type="text/css" href="styles.css">
    -->
  </head>
  <body>
   <center>
       <h1>注册页面</h1>
       <form action="registerHandler.jsp" method="post">
           用户名:<input type="text" name="username"/><br/>
           全名:<input type="text" name="fullname"/><br/>
           密码:<input type="password" name="password"/><br/>
           电话:<input type="text" name="tel"/><br/>
           邮箱:<input type="text" name="email"/><br/>
           国家:<input type="text" name="country"/><br/>
```

```
城市:<input type="text" name="city"/><br/>
邮编:<input type="text" name="zip"/><br/>
公司名:<input type="text" name="companyname"/><br/>
公司地址:<input type="text" name="companyaddress"/><br/>
工作:<input type="text" name="job"/><br/>
职称:<input type="text" name="title"/><br/>
备注:<input type="text" name="note"/><br/>
<input type="submit" value="注册"/>
</form>
</center>
</body>
</html>
```

（3）处理注册的页面 registerHandler.jsp。

```
<%@ page language="java" import="java.util.*,com.ascent.bean.Usr"
pageEncoding="UTF-8"%>
<%@ page import="javax.naming.*,java.sql.*,javax.sql.*" %>
<%
String path=request.getContextPath();
String basePath=request.getScheme()+
"://"+request.getServerName()+":"+request.getServerPort()+path+"/";
%>
<!DOCTYPE HTML PUBLIC "-//W3C//DTD HTML 4.01 Transitional//EN">
<html>
  <head>
    <base href="<%=basePath%>">
    <title>My JSP 'registerHandler.jsp' starting page</title>
    <meta http-equiv="pragma" content="no-cache">
    <meta http-equiv="cache-control" content="no-cache">
    <meta http-equiv="expires" content="0">
    <meta http-equiv="keywords" content="keyword1,keyword2,keyword3">
    <meta http-equiv="description" content="This is my page">
    <!--
    <link rel="stylesheet" type="text/css" href="styles.css">
    -->
  </head>
  <body>
      <jsp:useBean id="user" class="com.ascent.bean.Usr" scope="session">
</jsp:useBean>
    <jsp:setProperty property="*" name="user"/>
    <%
        boolean flag=false;          //标识注册用户是否成功字段
        Connection con=null;
        Context context=null;
```

```
DataSource ds=null;
PreparedStatement pst=null;
try {
    context=new InitialContext();
    ds=(DataSource)context.lookup("java:/comp/env/jdbc/mysql");
    con=ds.getConnection();
    con.setAutoCommit(false);
    String sql="insert into usr (username,password,fullname,title,
        companyname,companyaddress,city,job,tel,email,country,zip,
        superuser,delsoft,note) values(?,?,?,?,?,?,?,?,?,?,?,?,'1',
        '0',?)";
    pst=con.prepareStatement(sql);
    pst.setString(1, user.getUsername());
    pst.setString(2, user.getPassword());
    pst.setString(3, user.getFullname());
    pst.setString(4, user.getTitle());
    pst.setString(5, user.getCompanyname());
    pst.setString(6, user.getCompanyaddress());
    pst.setString(7, user.getCity());
    pst.setString(8, user.getJob());
    pst.setString(9, user.getTel());
    pst.setString(10, user.getEmail());
    pst.setString(11, user.getCountry());
    pst.setString(12, user.getZip());
    pst.setString(13, user.getNote());
    pst.executeUpdate();
    con.commit();
    flag=true;
    pst.close();
    con.close();
} catch (NamingException e) {
    e.printStackTrace();
} catch (SQLException e) {
    e.printStackTrace();
    try {
        con.rollback();
    } catch (SQLException sqlexp) {
        e.printStackTrace();
    }
}
if(flag){    //注册用户成功
    out.print("用户注册成功,用户信息已经保存在会话 session 中.<br>下面
        显示信息取自内置对象 session:<br>");
    Usr p=(Usr)session.getAttribute("user");
```

```
            out.print("用户名："+p.getUsername()+" Email："+p.getEmail());
        }else{        //失败
            out.print("用户注册失败，请重新注册！");
        }
    %>
  </body>
</html>
```

（4）测试。访问注册页面 http://localhost:8080/AscentWeb/register.jsp，如图 10-10 所示。

输入注册信息后，单击注册，注册结果如图 10-11 所示。

图 10-10　注册页面

图 10-11　注册结果页面

10.5.5　特别提示

（1）JSP 中使用 JavaBean 标签，要求 Usr.java 类必须符合 JavaBean 规范。

（2）使用<jsp:setProperty property=" * " name="user"/>设置 JavaBean 对象属性要求提交请求表单的输入域的 name 名称必须在 JavaBean 中含有其 setter 方法。

10.5.6　拓展与提高

虽然本案例可以实现注册功能，但关于业务功能的代码及数据操作的代码全部都编写在 JSP 中会使其难于维护，不利于程序的扩展，那么该如何改进？

习题

1. JSP 的技术优点有哪些？

2. JSP 的执行过程是什么？

3. 分别描述嵌入 JSP 页面的 3 种动态元素。

4. request、session 与 application 对象的作用域是什么？有什么区别？

5. 编写用户登录页面 login.html，输入用户名与密码信息，提交给 validate.jsp 进行用户验证，如果验证为合法用户，则转到 success.html 页面，否则转到 login.html 页面重新登录。

学习目的与要求

　　MVC 是一种设计模式,目的就是实现 Web 系统的职能分工。Model 层实现系统中的业务逻辑,通常可以用 JavaBean 或 EJB 来实现。View 层用于与用户的交互,通常用 JSP 来实现。Controller 层是 Model 与 View 之间沟通的桥梁,它可以分派用户的请求并选择恰当的视图以用于显示,同时它也可以解释用户的输入并将它们映射为模型层可执行的操作,通常用 Servlet 来实现。通过本章的学习,要求理解 MVC 设计模式,在应用开发中使用 MVC 模式进行软件设计。

本章主要内容

- MVC 的需求与模式。
- 使用 JSP、Servlet、JavaBean 实现 MVC。

11.1　MVC 的需求与模式

　　MVC 是一种目前广泛流行的软件设计模式,早在 20 世纪 70 年代,IBM 公司就推出了 Sanfronscisico 项目计划,其实就是 MVC 设计模式的研究。近年来,随着 J2EE 的成熟,MVC 正在成为 J2EE 平台推荐的一种设计模型,也是广大 Java 研发者非常感兴趣的设计模型。MVC 模式也逐渐在 PHP 和 ColdFusion 研发者中运用,并有增长趋势。随着网络应用的快速发展,MVC 模式对于 Web 应用的研发无疑是一种非常先进的设计思想,无论选择哪种语言,无论应用有多复杂,都能为理解分析应用模型提供最基本的分析方法,为构造产品提供清晰的设计框架,为软件工程提供规范的依据。

11.1.1　MVC 的需求

大部分用过程语言(如 ASP、PHP)开发出来的 Web 应用,初始的开发模板就是混合层的数据编程。例如,直接向数据库发送请求并用 HTML 显示,开发速度往往比较快,但由于数据页面不是直接分离,因而很难体现出业务模型的样子或模型的重用性。产品设计弹性力度非常小,很难满足用户的变化性需求。MVC 需求对应用分层,虽然要花费额外的工作,但产品的结构清晰,产品的应用通过模型能得到更好地体现。

首先,最重要的是应该有多个视图对应一个模型的能力。在目前用户需求的快速变化下,可能有多种方式访问应用的需求。例如,订单模型可能有本系统的订单,也可能有网上订单,或其他系统的订单,但对于订单的处理都是相同的。也就是说,订单的处理是一致的。按 MVC 设计模式,一个订单模型及多个视图即可解决问题。这样减少了代码的复制,即减少了代码的维护量,一旦模型发生改动,也易于维护。

其次,由于模型返回的数据不带所有显示格式,因而这些模型也可直接应用于接口的使用。

再次,由于一个应用被分离为 3 层,因此有时改动其中的一层就能满足应用的改动。一个应用的业务流程或业务规则的改动只须改动 MVC 的模型层。控制层的概念也非常有效,由于它把不同的模型和不同的视图组合在一起完成不同的请求,因此,控制层能说是包含了用户请求权限的概念。

最后,MVC 更有利于软件工程化管理。由于不同的层各司其职,每一层不同的应用具有某些相同的特征,有利于通过工程化、工具化产生管理程式代码。

11.1.2　MVC 的基本模式

MVC 就是 Model-View-Controller 的英文缩写,即把一个应用的输入、处理、输出流程按照 View、Model、Controller 的方式进行分离,这样一个应用被分成 3 层——模型层、视图层、控制层,其基本模式如图 11-1 所示。

1. 视图

视图(View)代表用户交互界面,对于 Web 应用来说,能概括为 HTML 界面,但有可能为 XHTML、

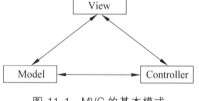

图 11-1　MVC 的基本模式

XML 和 Applet。随着应用的复杂性和规模性增大,界面的处理也变得具有挑战性。一个应用可能有非常多不同的视图,MVC 设计模式对于视图的处理仅限于视图上数据的采集和处理以及用户的请求,而不包括在视图上的业务流程的处理。业务流程的处理交予模型处理。例如,一个订单的视图只接受来自模型的数据并显示给用户,并将用户界面的输入数据和请求传递给控制和模型。

2. 模型

模型(Model)就是业务流程/状态的处理及业务规则的制定。业务流程的处理过程对其他层来说是黑箱操作,模型接收视图请求的数据,并返回最终的处理结果。业务模型的设计可以说是 MVC 最主要的核心。目前流行的 EJB 模型就是个典型的应用例子,它从应

用技术实现的角度对模型做了进一步的划分,以便充分利用现有的组件,但它不能作为应用设计模型的框架。它仅仅表明按这种模型设计就能利用某些技术组件,从而减少了技术上的困难。对一个研发者来说,这样就能专注于业务模型的设计。MVC 设计模式告诉我们,把应用的模型按一定的规则抽取出来,抽取的层次非常重要,这也是判断研发人员是否优秀的设计依据。抽象和具体不能隔得太远,也不能太近。MVC 并没有提供模型的设计方法,而只告诉应该组织管理这些模型,以便于模型的重构和提高重用性。我们用对象编程来做比喻,MVC 定义了一个顶级类,告诉它的子类只能做这些,但没法限制研发者能做这些。这点对编程的研发人员非常重要。业务模型还有一个非常重要的模型——数据模型。数据模型主要指实体对象的数据保存(持续化)。例如,将一张订单保存到数据库,从数据库获取订单。我们能将这个模型独立列出,所有有关数据库的操作只限制在该模型中。

3. 控制器

控制器(Controller)能理解为从用户接收请求,将模型和视图匹配在一起,一起完成用户的请求。划分控制层的作用也非常明显,它清晰地表明,它就是个分发器,可以选择什么样的模型,能选择什么样的视图,能完成什么样的用户请求。控制层并不做所有的数据处理。例如,用户单击一个连接,控制层接受请求后,并不处理业务信息,它只把用户的信息传递给模型,告诉模型做什么,选择符合需求的视图返回给用户。因此,一个模型可能对应多个视图,一个视图可能对应多个模型。

11.1.3 使用 MVC 的优点

MVC 通过以下 3 种方式消除与用户接口和面向对象的设计有关的绝大部分困难。

(1)控制器通过一个状态机跟踪和处理面向操作的用户事件。这允许控制器在必要时创建和破坏来自模型的对象,并且将面向操作的拓扑结构与面向对象的设计隔离开来。这个隔离有助于防止面向对象的设计走向歧途。

(2)MVC 将用户接口与面向对象的模型分开。这允许同样的模型不必修改就可以使用许多不同的界面显示方式。除此之外,如果模型更新由控制器完成,那么界面就可以跨应用再使用。

(3)MVC 允许应用的用户接口进行大的变化而不影响模型。每个用户接口的变化将只需要对控制器进行修改,但是由于控制器包含很少的实际行为,所以它是很容易修改的。

面向对象的设计人员在将一个可视化接口添加到一个面向对象的设计中时必须非常小心,因为可视化接口中面向操作的拓扑结构可以大大增加设计的复杂性。

MVC 设计允许一个开发者将一个好的面向对象的设计与用户接口隔离开来,允许在同样的模型中容易地使用多个接口,并且允许在实现阶段对接口作大的修改而不需要对相应的模型进行修改。

11.2 使用 JSP、Servlet、JavaBean 实现 MVC

使用 MVC 模式实现简单的用户登录验证,其中包括模型 Customer 和控制器 LoginServlet 两个视图,分别是登录页面和注册页面。

11.2.1　定义 Bean 来表示数据

如下定义 Bean 来表示数据。

```java
package com.ascenttech.ebookstore.bean;
import java.sql.*;
import java.util.*;
import com.ascenttech.ebookstore.util.DataAccess;
public class Customer {
    //data
    private int custId;   //only to get uid
    private String user;
    private String password;
    private String name;
    private String title;   //values F: for female; M: for male.
    private String email;
    private boolean checkin=false;
    //method
    public Customer() {
    }
    //getXXX/setXXX(){}
    public int getCustid(){ return custId; }
    public String getUser() { return user; }
    public String getPassword(){return password; }
    public String getName() {return name; }
    public String getTitle(){return title; }
    public String getEmail() {return email; }
    public boolean getCheckin() {return this.checkin; }
    public void setCustid(int cid){this.custId=cid; }
    public void setUser(String user){this.user=user; }
    public void setPassword(String password){this.password=password; }
    public void setName(String name){this.name=name; }
    public void setTitle(String title){this.title=title; }
    public void setEmail(String email){this.email=email; }
    public void setCheckin(boolean checkin){this.checkin=checkin; }
    public void newCustomer(){}
    public boolean login(String user, String password) throws SQLException {
      boolean succ=false;
      Connection con=DataAccess.getConnection();
      String sql="select * from ebs_customer where user='"
                 +user+"' AND password='"
                 +password+"'";
      Statement stmt=con.createStatement();

      ResultSet rs=stmt.executeQuery(sql);
```

```
            while (rs.next()){
                succ=true;;
            }
            rs.close();
            stmt.close();
            con.close();
            return succ;
        }
    public void saveInfo() throws Exception {
        Connection con=DataAccess.getConnection();
        String sqlStr="insert into ebs_customer "
                        +"  values("+this.getCustid()+","
                              +"'"+this.getUser()+"',"
                              +"'"+this.getPassword()+"',"
                              +"'"+this.getName()+"',"
                              +"'"+this.getTitle()+"',"
                              +"'"+this.getEmail()+"'"+
                              ")";
        Statement stmt=con.createStatement();
        stmt.executeUpdate(sqlStr);
        stmt.close();
        con.close();
    }
        public boolean logOut(){ return false; }
}
```

11.2.2 编写 Servlet 处理请求

如下编写 Servlet 处理请求。

```
package com.ascenttech.ebookstore.servlet;
import javax.servlet.*;
import javax.servlet.http.*;
import com.ascenttech.ebookstore.bean.*;
import com.ascenttech.ebookstore.shopcart.ShoppingCart;
import com.ascenttech.ebookstore.util.*;
import java.io.*;
import java.util.*;
import java.sql.*;
public class LoginServlet extends HttpServlet {
  private static final String CONTENT_TYPE="text/html; charset=GBK";
  private ServletContext sc=null;
  //Initialize
  public void init() throws ServletException {
    super.init();
    sc=this.getServletContext();
```

```
        }
    //Process the HTTP Get request
    public void doGet(HttpServletRequest request, HttpServletResponse response)
throws ServletException, IOException{
        String varname=request.getParameter("usename");
        String varpassword=request.getParameter("password");
        String reg=request.getParameter("Submit2");
          if(reg !=null){
            response.sendRedirect("register.jsp");
            return;
          }
          String register=request.getParameter("register");
          if(register!=null){
            doRegister(request, response);
            return;
          }
          boolean succ=false;
          Customer cu=new Customer();
          try {
            succ=cu.login(varname,varpassword);
          }
          catch (SQLException ex) {
            ex.getErrorCode();
          }
          String username=varname;
          if(succ){
              this.doBrowse(request, response);
              HttpSession mysession=request.getSession(false);
              ShoppingCart mycart=new ShoppingCart();
              mysession.setAttribute(username,mycart);
              mysession.setAttribute("username",username);
          }
          else{
              this.doError(request, response);
          }
          return;
    }
    //Process the HTTP Post request
    public void doPost(HttpServletRequest request, HttpServletResponse response)
throws ServletException, IOException{
        doGet(request, response);
    }
    private void doBrowse(HttpServletRequest request, HttpServletResponse response)
throws
        ServletException, IOException{
```

```
    RequestDispatcher rd=sc.getRequestDispatcher("/querybook.jsp");
    rd.forward(request,response);
  }
  private void doRegister (HttpServletRequest request, HttpServletResponse
response) throws
    ServletException, IOException{
    Customer cust=new Customer();
    cust.setUser(request.getParameter("username"));
    cust.setPassword(request.getParameter("password"));
    cust.setName(request.getParameter("name"));
    cust.setTitle(request.getParameter("title"));
    cust.setEmail(request.getParameter("email"));
    try {
     cust.saveInfo();
    }
    catch (Exception ex) {
     ex.printStackTrace();
    }
    RequestDispatcher rd=sc.getRequestDispatcher("/login.jsp");
    rd.forward(request,response);
  }
  private void doBrowseErr (HttpServletRequest request, HttpServletResponse
response) throws
        ServletException, IOException{
        RequestDispatcher rd=sc.getRequestDispatcher("/login.jsp");
        rd.forward(request,response);
  }

  private void doError(HttpServletRequest request, HttpServletResponse response)
throws
        ServletException, IOException{
        request.setAttribute("error","name or password error!");
        this.doBrowseErr(request, response);
  }
  //Clean up resources
  public void destroy() {
  }
}
```

11.2.3　编写视图

如下编写视图代码文件。

（1）登录页面代码如下。

```
<%@ page contentType="text/html; charset=GBK" %>
<html>
```

```
<head>
<title>
login
</title>
</head>
<body bgcolor="#ffffff">
<h1>
欢迎来到网上书店!
</h1>
<%String value=(String)request.getAttribute("error");
   if(value!=null){
       out.println("错误提示信息"+value);
   }
%>
<form action="login" method="post" >
<br><br>
   用户名<input type="text" name="usename" ><br>
密码<input type="password"name="password"><br>
<input type="submit" name="Submit1" value="登录">
<input type="submit" name="Submit2" value="注册">
</form>
</body>
</html>
```

（2）注册页面代码如下。

```
<%@ page contentType="text/html; charset=GBK" %>
<html>
<head>
<title>
注册
</title>
<link href="css/mycss.css" rel="stylesheet" type="text/css" />
<SCRIPT>
function checkform() {
  if(document.myform.username.value=="") {
    alert("You need to specify an user name");
    return(false);
  } else
  if(document.myform.password.value=="") {
    alert("You need to specify a password");
    return(false);
  }else {
    return(true);
  }
}
```

```
</SCRIPT>
</head>
<body leftmargin=0 topmargin="0"  bottommargin="0" marginwidth="0"
marginheight="0">
<div class="top"></div>
<div class="main1"></div>
<div class="main2"><center>
<h1> </h1>
<span class="bodyh1">请注册:</span><br>
<form name="myform" action="login" method="post" onSubmit="return checkform()">
  <input type="hidden" name="register" value="true"/>
  <span class="bodytxt">用 户 名:</span>
  <input type="text" name="username" />
  <br>
  <span class="bodytxt">密     码:</span>
  <input name="password" type="password" size="21" />
  <br>
  <span class="bodytxt">姓     名:</span>
  <input type="text" name="name" />
  <br>
  <span class="bodytxt">称     呼:</span>
  <input type="text" name="title" />
  <br>
  <span class="bodytxt">邮件地址:</span>
  <input type="text" name="email" />
  <br>
        
  <input type="submit" name="Submit" value="提交">
    
  <input type="reset" value="重置"></center>
</form>
<div class="txt">版权所有：亚思晟科技(C)2005-2008</div>
</div>
<div class="main3"></div>
</body>
</html>
```

11.3　项目案例

11.3.1　学习目标

（1）掌握 MVC 模式的分层设计。

（2）掌握 JavaBean 数据封装。

（3）掌握 Servlet 控制层具体实现。

（4）掌握 JSP 展现层数据处理。

11.3.2 案例描述

本案例能实现普通登录用户查看系统商品功能。该功能使用 MVC 模式实现。

11.3.3 案例要点

本案例使用 MVC 模式设计开发商品展现功能，Model 模型层使用 JavaBean 完成，View 显示层使用 JSP 完成，Control 控制层使用 Servlet 完成，这使得项目代码结构更加清晰。

11.3.4 案例实施

（1）编写 Product.java 类。

```java
package com.ascent.bean;
/**
 * 描述产品信息的类
 * @ author zy
 */
@SuppressWarnings("serial")
public class Product implements java.io.Serializable {
    //Fields
    private Integer id;                //商品 ID
    private String productnumber;      //商品编号
    private String productname;        //商品名称
    private String categoryno;         //商品分类编号
    private String category;           //商品分类名称
    private String imagepath;          //商品图片名称
    private String isnewproduct;       //是否新商品 1 为 true,0 为 false
    private float price1;              //价格
    private float price2;              //会员价格
    private String stock;              //剩余量
    private String realstock;          //库存量
    private String cas;                //药品摘要
    private String mdlint;             //mdl 编号
    private String formula;            //化学方程式
    private String weight;             //重量
    private String note;               //备注
    private String delsoft;            //软删除标志：1 为软删除,0 为正常
    //Constructors
    /** default constructor */
    public Product() {
    }
    /** full constructor */
     public Product (String productnumber, String productname, String categoryno,
    String category, String imagepath, String isnewproduct,
```

```java
            float price1, float price2, String stock, String realstock,
            String cas, String mdlint, String formula, String weight,
            String note, String delsoft) {
        super();
        this.productnumber=productnumber;
        this.productname=productname;
        this.categoryno=categoryno;
        this.category=category;
        this.imagepath=imagepath;
        this.isnewproduct=isnewproduct;
        this.price1=price1;
        this.price2=price2;
        this.stock=stock;
        this.realstock=realstock;
        this.cas=cas;
        this.mdlint=mdlint;
        this.formula=formula;
        this.weight=weight;
        this.note=note;
        this.delsoft=delsoft;
    }
    //Property accessors
    public Integer getId() {
        return id;
    }
    public void setId(Integer id) {
        this.id=id;
    }
    public String getProductnumber() {
        return productnumber;
    }
    public void setProductnumber(String productnumber) {
        this.productnumber=productnumber;
    }
    public String getProductname() {
        return productname;
    }
    public void setProductname(String productname) {
        this.productname=productname;
    }
    public String getCategoryno() {
        return categoryno;
    }
    public void setCategoryno(String categoryno) {
        this.categoryno=categoryno;
```

```
        }
        public String getCategory() {
            return category;
        }
        public void setCategory(String category) {
            this.category=category;
        }
        public String getImagepath() {
            return imagepath;
        }
        public void setImagepath(String imagepath) {
            this.imagepath=imagepath;
        }
        public String getIsnewproduct() {
            return isnewproduct;
        }
        public void setIsnewproduct(String isnewproduct) {
            this.isnewproduct=isnewproduct;
        }
        public float getPrice1() {
            return price1;
        }
        public void setPrice1(float price1) {
            this.price1=price1;
        }
        public float getPrice2() {
            return price2;
        }
        public void setPrice2(float price2) {
            this.price2=price2;
        }
        public String getStock() {
            return stock;
        }
        public void setStock(String stock) {
            this.stock=stock;
        }
        public String getRealstock() {
            return realstock;
        }
        public void setRealstock(String realstock) {
            this.realstock=realstock;
        }
        public String getCas() {
            return cas;
```

```
    }
    public void setCas(String cas) {
        this.cas=cas;
    }
    public String getMdlint() {
        return mdlint;
    }
    public void setMdlint(String mdlint) {
        this.mdlint=mdlint;
    }
    public String getFormula() {
        return formula;
    }
    public void setFormula(String formula) {
        this.formula=formula;
    }
    public String getWeight() {
        return weight;
    }
    public void setWeight(String weight) {
        this.weight=weight;
    }
    public String getNote() {
        return note;
    }
    public void setNote(String note) {
        this.note=note;
    }
    public String getDelsoft() {
        return delsoft;
    }
    public void setDelsoft(String delsoft) {
        this.delsoft=delsoft;
    }
}
```

（2）编写 ProductDAO.java。

```
package com.ascent.dao;
import java.sql.*;
import java.util.*;
import com.ascent.bean.Product;
import com.ascent.util.DataAccess;
/**
 * 对商品信息进行相关操作的类
 * @author zy
```

```
    * /
public class ProductDAO {
    /**
     * 查询所有商品对象
     * @return
     */
    public List<Product>getAllProduct() {
        List<Product>list=new ArrayList<Product>();
        Connection con=DataAccess.getConnection();
        String sql="select * from product p where delsoft='0'  order by p.id ";
        Statement stmt=null;
        ResultSet rs=null;
        try {
            stmt=con.createStatement();
            rs=stmt.executeQuery(sql);
            while (rs.next()) {
                Product pu=new Product();
                pu.setId(rs.getInt("id"));
                pu.setProductnumber(rs.getString("productnumber"));
                pu.setProductname(rs.getString("productname"));
                pu.setCategoryno(rs.getString("categoryno"));
                pu.setCategory(rs.getString("category"));
                pu.setImagepath(rs.getString("imagepath"));
                pu.setIsnewproduct(rs.getString("isnewproduct"));
                pu.setPrice1(rs.getFloat("price1"));
                pu.setPrice2(rs.getFloat("price2"));
                pu.setRealstock(rs.getString("realstock"));
                pu.setStock(rs.getString("stock"));
                pu.setCas(rs.getString("cas"));
                pu.setMdlint(rs.getString("mdlint"));
                pu.setFormula(rs.getString("formula"));
                pu.setWeight(rs.getString("weight"));
                pu.setDelsoft(rs.getString("delsoft"));
                pu.setNote(rs.getString("note"));
                list.add(pu);
            }
        } catch (SQLException e) {
            e.printStackTrace();
        } finally{
            try {
                if(rs!=null){
                    rs.close();
                }
                if(stmt!=null){
                    stmt.close();
```

```
            }
            if(con!=null){
                con.close();
            }
        } catch (Exception e2) {
            e2.printStackTrace();
        }
    }
    return list;
    }
}
```

（3）编写 FindAllProductServlet.java。

```
package com.ascent.servlet;
import java.io.IOException;
import java.util.List;
import javax.servlet.ServletException;
import javax.servlet.http.HttpServlet;
import javax.servlet.http.HttpServletRequest;
import javax.servlet.http.HttpServletResponse;
import com.ascent.bean.Product;
import com.ascent.dao.ProductDAO;
/**
 * 项目案例 查询所有商品控制器类
 */
public class FindAllProductServlet extends HttpServlet {

    public void doGet(HttpServletRequest request, HttpServletResponse response)
            throws ServletException, IOException {
        this.doPost(request, response);
    }
    public void doPost(HttpServletRequest request, HttpServletResponse response)
            throws ServletException, IOException {
        //控制层实现步骤
        //1.调用业务方法查询所有商品
        List<Product>list=new ProductDAO().getAllProduct ();
        //2.商品集合保存到请求范围
        request.setAttribute("allProduct", list);
        //3.请求转发至显示层 JSP
        request.getRequestDispatcher("/showProduct.jsp").forward(request,
            response);
    }
}
```

（4）编写 showProduct.jsp。

```jsp
<%@ page language="java" import="java.util.*,com.ascent.bean.*"
pageEncoding="UTF-8"%>
<%
String path=request.getContextPath();
String basePath=request.getScheme()+
"://"+request.getServerName()+":"+request.getServerPort()+path+"/";
%>
<!DOCTYPE HTML PUBLIC "-//W3C//DTD HTML 4.01 Transitional//EN">
<html>
  <head>
    <base href="<%=basePath%>">
    <title>My JSP 'showProduct.jsp' starting page</title>
    <meta http-equiv="pragma" content="no-cache">
    <meta http-equiv="cache-control" content="no-cache">
    <meta http-equiv="expires" content="0">
    <meta http-equiv="keywords" content="keyword1,keyword2,keyword3">
    <meta http-equiv="description" content="This is my page">
    <!--
    <link rel="stylesheet" type="text/css" href="styles.css">
    -->
  </head>
  <body>
    <center>
        <h1>商品列表</h1>
        <table cellspacing="1" cellpadding="0" width="40%" border="0">
            <tbody>
              <tr bgcolor="#fba661" height="20">
                <td><div align="center">编号</div></td>
                <td><div align="center">名称</div></td>
                <td><div align="center">药品分类</div></td>
                <td><div align="center">价格</div></td>
                <td><div align="center">图片</div></td>
                <td><div align="center">购买</div></td>
              </tr>

              <%
                List<Product>list=(List<Product>)request.getAttribute
                    ("allProduct");
                Iterator<Product>it=list.iterator();
                Product p=null;
                while(it.hasNext()){
                    p=it.next();
              %>
              <tr bgcolor="#f3f3f3" height="25">
```

```
    <td width="10%">
        <div align="center"><%=p.getProductnumber() %></div>
    </td>
    <td width="13%">
        <div align="center"><%=p.getProductname() %></div>
    </td>
    <td width="12%">
        <div align="center"><%=p.getCategory () %></div>
    </td>
    <td width="10%">
        <div align="center"><%=p.getPrice1() %></div>
    </td>
    <td width="12%"><div align="center">
        <img height="25" hspace="0" src="<%=path %>/images/<%=p.
            getImagepath() %>" width="83" border="0" /></div></td>
    <td width="13%">
        <div align="center">
            <a href="cart?pid=<%=p.getId() %>">购买</a>
        </div>
    </td>
        </tr>
    <%}%>
        </tbody>
    </table>
    </center>
  </body>
</html>
```

（5）测试。

访问 http://localhost:8080/ProjectExample/，如图 11-2 所示。

图 11-2　访问 index.jsp

在图 11-2 所示界面中单击"查看所有商品"链接，展现所有商品，如图 11-3 所示。

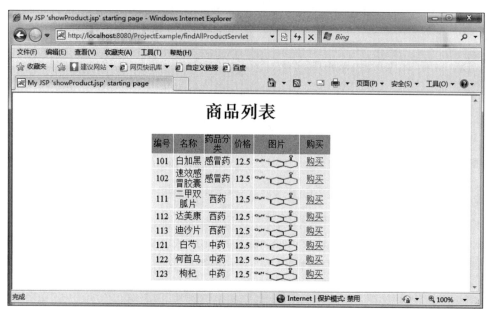

图 11-3 展现所有商品

11.3.5 特别提示

需要注意 Servlet 映射配置,以及数据库数据中商品图片信息与物理图片的存放位置是否相对应,否则将无法显示图片。

11.3.6 拓展与提高

了解常用的 MVC 框架,例如 Struts。

习题

1. 为什么需要 MVC 模式?
2. MVC 模式中,模型、视图和控制器三者间的关系如何?
3. 使用 MVC 模式有何优势?

学习目的与要求

实际开发中需要继续改进 JSP,应该尽量减少 JSP 中的 Java 代码(Scriptlet),自定义标签(Custom Tag)就是这样一个解决方案。通过本章的学习,理解自定义标签的工作原理,掌握开发中 JSTL 的使用以及自定义标签的开发。

本章主要内容

- 自定义标签概述。
- 自定义标签种类。
- 自定义标签的开发。
- 表达式语言简介。
- JSTL。

12.1 自定义标签概述

自定义标签是用户定义的 JSP 语言元素。当 JSP 页面包含一个自定义标签时被转化为 Servlet,标签转化为对称标签处理器(tag handler)的对象的操作。接下来,当 Servlet 执行时 Web 容器(container)将调用这些操作。

自定义标签有着以下丰富的特点:
- 可以通过调用页面传递的属性进行自定义。
- 可以访问 JSP 页面上可能的所有对象。
- 可以修改由调用页面产生的响应。
- 可以相互间通信。可以创建并初始化一个 JavaBean 组件,创建一个变量引用标签中的 Bean,接着在其他的标签中引用该 Bean。
- 可以在一个标签中嵌套另一个,可以在 JSP 页面中进行复杂的交互。

1. 声明和使用标签

通过在页面中使用下面的指令来声明在 JSP 中使用标签库。

```
<%@ taglib uri="WEB-INF/testtag.tld" prefix="tt" %>
```

说明：uri 属性引用了唯一识别的标签库描述符（TLD），该 URI 可以是直接的，也可以是间接的。Prefix 属性定义了区分其他标签的方法。

接下来就可以使用标签库中的 hello 标签了，例如：

```
...
<tt:hello />
...
```

2. 描述标签

在标签库描述文件中，可以描述每个具体的自定义标签。标签库描述文件必须以 tld 为扩展名命名。TLD 文件保存在 WEB-INF 目录中，可以直接或间接地引用 TLD。

下面的标签库指令直接引用了 TLD 文件。

```
<%@ taglib uri="/WEB-INF/testtag.tld" prefix="tt" %>
```

下面的标签库指令使用了短的逻辑名来间接引用 TLD。

```
<%@ taglib uri="/testtag" prefix="tt" %>
```

如果想使用逻辑名，需要将逻辑名/testtag 映射到绝对路径/WEB-INF/testtag.tld。在 web.xml 中配置如下。

```
<taglib>
    <taglib-uri>/testtag</taglib-uri>
    <taglib-location>/WEB-INF/testtag.tld</taglib-location>
</taglib>
```

3. 开发和部署标签处理器

对于每个自定义标签，需要开发相应的标签处理器。这是本章的重点，在后面的章节会展开介绍。

部署标签处理器的两种方法：

（1）将编译过的标签处理器类部署到项目的 WEB-INF/classes 目录下，这种方法应用在开发自己的标签或标签处理器类数目较少的情况。

（2）将编译过的标签处理器类打包成 jar 文件，之后部署到项目的 WEB-INF/lib 目录下。这种方法应用在需要导入第三方开发的标签或标签处理器类数目较多的情况。

12.2　自定义标签种类

根据对体内容的不同行为，可以将自定义标签分为以下两种类型。

（1）处理体内容的标签。对体内容进行操作的标签，它必须继承接口 javax.servlet.

jsp.tagext.BodyTag。

（2）简单标签。不对体内容进行处理的标签，它必须继承接口 javax.servlet.jsp. tagext.Tag。

1. 处理体内容的标签

自定义标签可以包含自定义的核心标签、脚本元素、HTML 文本以及标签依赖的体内容。那么，在传递信息时选择属性还是体？把一个给定的数据作为标签的属性或者体来传递是可能的。通常，无论是字符串或可以计算的简单表达式最好作为属性来传递。带体的标签的一种特例是嵌套的标签，这就需要标签的相互协作。

对于体标签的具体处理过程如下。

（1）Web 容器设置标签处理器的 pageContext 属性来初始化标签处理器。标签处理器使用这个属性访问使用该标签的 JSP 页面信息。

（2）Web 容器设置标签处理器的 parent 属性（如果标签不被其他标签包含，则该属性为 null）。

（3）设置标签开发定义的标签参数，它是一个从 XML 标签属性到相应标签处理器 bean 的属性的映射过程。如被调用的标签为＜mytag：hello name＝"John"＞，则 Web 容器调用标签处理器的 setName()方法。

（4）Web 容器调用标签处理器的 doStartTag()方法。方法返回 SKIP_BODY，引导 Web 容器忽略体内容；返回 EVAL_BODY_INCLUDE，Web 容器分析体内容及其包含的子标签。

（5）调用 SetBodyContent()方法。

（6）调用 doInitBody()方法。方法返回 SKIP_BODY，引导 Web 容器忽略体内容；返回 EVAL_BODY_Tag，Web 容器分析体内容及其包含的子标签。

（7）调用 doAfterBody()方法。方法返回 SKIP_BODY，引导 Web 容器忽略体内容；返回 EVAL_BODY_Tag，Web 容器分析体内容及其包含的子标签。

（8）Web 容器调用标签处理器的 doEndTag()方法。方法返回 SKIP_PAGE，引导 Web 容器忽略页面其他内容；返回 EVAL_PAGE，Web 容器分析页面其他内容。

（9）Web 容器调用标签处理器的 release()方法，释放标签处理器执行期间使用的资源，重置标签处理器的属性状态等。

2. 简单标签

1）没有体及属性的标签

```
<tt:simple />
```

2）带有属性的标签

自定义标签可以含有属性。属性在开始标签中指定，用这样的语法：attr＝"value"。属性值用于自定义标签的行为，就像方法中定义的参数一样。

我们可以给属性设置一字符串常量或运行时表达式。这个转换过程介于常量与运行时表达式之间，且属性类型遵循 JavaBean 组件属性描述的规则。

在下面的例子中，一个属性定义了一个请求参数 name：

```
<tt:greeting name="zjf">
```

对于简单标签的处理过程如下。

(1) Web 容器设置标签处理器的 pageContext 属性来初始化标签处理器。

(2) Web 容器设置标签处理器的 parent 属性(如果标签不被其他标签包含,则该属性为 null)。

(3) 设置标签开发定义的标签参数,它是一个从 XML 标签属性到相应标签处理器 Bean 的属性的映射过程。如被调用的标签为＜mytag:hello name＝"John"＞,则 Web 容器调用标签处理器的 setName()方法。

(4) Web 容器调用标签处理器的 doStartTag()方法。方法返回 SKIP_BODY,引导 Web 容器忽略体内容;返回 EVAL_BODY_INCLUDE,Web 容器分析体内容及其包含的子标签。

(5) Web 容器调用标签处理器的 doEndTag()方法。方法返回 SKIP_PAGE,引导 Web 容器忽略页面其他内容;返回 EVAL_PAGE,Web 容器分析页面其他内容。

(6) Web 容器调用标签处理器的 release()方法,释放标签处理器执行期间使用的资源,重置标签处理器的属性状态等。

自定义标签可以定义在脚本中使用的变量。下面的例子展示了如何定义并使用包含从 JNDIlookup 返回的对象的脚本变量。这个例子包含企业 Bean、事务处理、数据库、环境入口等。

```
<t:lookup id="tx" type="UserTransaction" name="java:comp/UserTransaction" />
<%tx.begin(); %>
```

12.3   自定义标签的开发

要定义一个标签,需要做准备工作: ①为标签开发一个标签处理器; ②在标签库中声明标签库描述符。

1. 标签处理器

标签处理器是由 Web 容器调用的,用来处理运行的包含标签的 JSP 页面。标签处理器必须实现 Tag 或 BodyTag 接口。这些接口可以携带 Java 对象并产生一个标签处理器。对新创建的处理器,可以使用 TagSupport 及 BodyTagSupport 类作为基类,这些基类接口在 javax.servlet.jsp.tagext 包中。之后需要实现具体的方法,见表 12-1。

表 12-1   Tag 需要实现的方法

标签处理器类型	方 法
Simple	doStartTag,doEndTag,release
Attributes	doStartTag,doEndTag,set/getAttributel~N,release
Body,Evaluation and No Interaction	doStartTag,doEndTag,release
Body,Iterative Evaluaton	doStartTag,doAfterBody,doEndTag,release
Body,Interaction	doStartTag,doEndTage,release,doInitBody,doAfterBody,release

1）对于简单标签

对于简单标签必须实现 doStartTag 和 doEndTag 方法，其中：

- doStartTag 必须返回 SKIP_BODY 这个常量，因为简单标签没有体。
- doEndTag 返回 EVAL_PAGE，如果想要继续执行 JSP 页面的其他部分，否则返回 SKIP_PAGE。
- 对于标签的每个属性，必须定义属性名和实现对属性的 getter/setter 方法，注意这里要符合 JavaBean 的默认命名规范。

2）对于有体的标签

对于有体的标签必须实现 doStartTag 和 doEndTag 方法，可以实现 doAfterBody、doInitBody 和 setBodyContent 方法，其中：

- doStartTag 可能返回 SKIP_BODY 这个常量（如果没有体），或者 EVAL_BODY_INCLUDE，EVAL_BODY_BUFFERED（如果你想使用体的内容）。
- doEndTag 返回 EVAL_PAGE，如果想要继续执行 JSP 页面的其他部分，否则返回 SKIP_PAGE。
- doAfterBody 方法可以返回 EVAL_BODY_AGAIN（如果想多次使用体），或者 SKIP_BODY。

这些方法由 JSP 页面的 Servlet 任何时候调用。当遇到标签的起始处时，JSP 页面的 Servlet 调用方法来初始化处理器，接着调用处理器的 doStartTag 方法；当遇到结束点时，处理器的 doEndTag 方法被调用。另外的一些方法在标签相互通信时使用。

标签处理器由 API 接口来与 JSP 页面通信。其 API 入口点是 page context（javax.servlet.jsp.PageContext）。通过 API，处理器可以返回其他隐含对象（request、session、application）。

隐含对象有些属性可以通过使用[set|get]方法来调用。如果标签嵌套，标签处理器也要访问相应的标签。

2. 标签库描述符

标签库描述符是 XML 格式的文档。TLD 包含库的所有信息以及库中的每个标签。TLD 由 Web 容器使用来验证标签，并由 JSP 页面开发工具来使用。

TLD 文件必须以 tld 为扩展名。这类文件保存在 WEB-INF 目录中或它的子目录中，当使用部署工具将 TLD 加到 WAR 中时，它会自动地加入到 WEB-INF 中。

TLD 文件必须有特定的开头格式，例如：

```
<?xml version="1.0" encoding="ISO-8859-1" ?>
<!DOCTYPE taglib PUBLIC "-//Sun Microsystems,Inc.//DTD JSP Tag Library 1.2//EN"
http://java.sun.com/dtd/web-jsptaglibrary_1_2.dtd>
```

TLD 的根元素是 taglib，taglib 子元素如表 12-2。

1）元素 listener

标签库可以指定一些类——事件监听类。（参照处理 Servlet 生命周期事件）。这些监听类都作为 listener 元素列于 TLD 中，网络容器将实例化监听类并通过与在 WAR 中定义的监听类类似的方法来注册。不像 WAR 级的监听类，标签库中注册的监听类没有定义顺序。Listener 元素的唯一子元素是 listener-class,它必须包含监听类名的全称。

表 12-2　taglib 子元素

元　素	描　述
tlib-version	标签库的版本号
jsp-version	支持标签库所需要的 JSP 版本号
short-name	可选的、被 JSP 页面开发工具使用的缩略名称
uri	唯一标识标签库的 URI
display-name	可选的、被工具识别的显示名称
small-icon	可由工具使用的、可选的小图标
large-icon	可由工具使用的、可选的大图标
description	可选的描述信息
listener	见下面 listener 具体描述
tag	见下面 Tag 具体描述

2) 元素 tag

库中的每个标签都有一个给定的名称及该标签的处理器来描述,标签创建的脚本变量信息、标签属性信息。脚本变量信息可以直接在 TLD 中给出或通过标签的额外信息获取。每一属性都包含说明是否需要该属性,它的值是否可以通过请求时表达式来决定,及其属性类型。

表 12-3 列出了 tag 子元素信息。

表 12-3　tag 子元素

元　素	描　述
name	标签唯一名称
tag-class	标签处理器类名
tei-class	可选子类 javax.servlet.jsp.tagext.TagExtraInfo
body-content	体内容
display-name	可选的、用来显示的名字
small-icon	可由工具使用的、可选的 small-icon
large-icon	可由工具使用的、可选的 large-icon
description	可选的描述信息
variable	可选的脚本变量信息
attribute	标签属性信息

12.3.1　简单标签的开发

简单标签处理器必须实现 Tag 接口(或继承 TagSupport)的 doStartTag 及 doEndTag

两个方法。方法 doStartTag 在开始时被调用，并返回 SKIP_BODY，因为简单标签没有体。方法 doEndTag 在标签结束时被调用，如果其他页面需要使用则返回 EVAL_PAGE，否则返回 SKIP_PAGE。

（1）最简单的标签＜tt：simple /＞将由下面的标签处理器来实现。

```
public SimpleTag extends TagSupport {
  public int doStartTag() throws JspException {
     try{
       pageContext.getOut().print("Hello World.");
     }catch(Exception e) {
       throw new JspTagException("SimpleTag:"+e.getMessage());}
     return SKIP_BODY;
  }
  public int doEndTag() {
    return EVAL_PAGE;
  }
}
```

TLD 元素 body-content：TLD 中没有体的标签必须用 body-content 元素来声明体内容为空。

```
<body-content>empty</body-contnent>
```

（2）带属性的标签。除了上面最简单标签的开发内容以外，还需要在标签处理器中定义属性。对于每一个标签属性，必须在标签处理器中定义一个属性及 get/set 方法来遵循 JavaBean 的结构。例如，下面的处理器处理＜tt：greeting name＝"Lixin"＞标签。

```
package sample;
import javax.servlet.jsp.tagext.*;
import javax.servlet.jsp.*;
public class GreetingTag extends TagSupport {
    private String name;
    public void setName(String name){ this.name=name; }
    public String getName() { return name; }
    public int doStartTag() throws JspException {
        return SKIP_BODY;
    }
    public int doEndTag() throws JspException{
        try{
            //get JspWriter, send content to client
            pageContext.getOut().print("Hello, "+name);
        }catch(java.io.IOException e){e.printStackTrace();}
        return EVAL_PAGE;
    }
}
```

注意：如果属性命名为 id，标签处理器继承了 TagSupport 类，无须再定义该属性及

set/get 方法,因为已经由 TagSupport 定义了。

TLD 元素 attribute:对于每一个标签属性,必须指定该属性是否必需,该标签的值是否可以通过表达式确定,属性类型在元素 attribute 中。对于静态类型数值通常为 java. lang.String。如果元素 rtexprvalue 是 true 或 yes,则元素类型决定了返回值类型。

```
<attribute>
    <name>attr1</name>
    <required>true|false|yes|no</required>
    <rtexprvalue>true|false|yes|no</rtexprvalue>
    <type>fully_qualified_type</type>
<attribute>
```

如果属性不必需,标签处理器应该指定一个默认值。

标签元素 tt:greeting 声明了一个属性 name 不必需,且它的值可以有一个表达式来赋值。

```
<tag>
    …
    <body-content>JSP</body-content>
    …
    <attribute>
        <name>name</name>
        <required>false</required>
        <rtexprvalue>true</rtexprvalue>
    </attribute>
    …
</tag>
```

12.3.2　带体的标签开发

标签处理器在处理含标签体的标签时其实现有所不同,主要取决于处理器是否需要与体交互。这里交互指的是标签处理器读取或修改体的内容。

1. 标签处理器不与体交互

如果处理器不与体交互,标签处理器需要实现 Tag 接口(或继承 TagSupport)。如果标签的体需要计算,方法 doStartTag 需要返回 EVAL_BODY_INCLUDE;否则返回 SKIP _BODY。

如果标签处理器需要重复计算体,则该标签需要实现接口 IterationTag 或者继承 TagSupport。如果标签决定体需要再计算一次,则从 doStartTag 和 doAfterBody 返回 EVAL_BODY_AGAIN。

2. 标签处理器与体交互

如果标签处理器需要与体交互,标签处理器必须实现 BodyTag 接口(或继承 BodyTagSupport),这样的处理器实现了方法 doInitBody、doAfterBody。这些方法与传递到标签处理器的体内容交互。

（1）doInitBody 方法：该方法在体内容设置之前求值之后被调用。通常使用该方法初始化体内容。

（2）doAfterBody 方法：该方法在体内容求值之后被调用。像方法 doStartTag 一样，doAfterBody 方法必须返回指示是否继续计算体。这样，如果体需要再计算一次，就像实现了迭代标签一样，doAfterBody 方法应返回 EVAL_BODY_BUFFERED，否则返回 SKIP_BODY。

标签体支持一些方法来读写它的内容。标签处理器可以使用体内容的 getString/getReader 方法从体中获取信息，并通过 writeOut 方法来将体内容写到输出流。写提供 writeOut 方法，该方法可以通过使用标签处理器的方法 getPreviousOut 来获取。该方法确保标签处理器的结果对封闭的标签处理器可行。

下面的例子从体中读取内容并传递到一个执行查询的对象。由于体不需要重复计算，所以 doAfterBody 返回 SKIP_BODY。

```
public class QueryTag extend BodyTagSupport
{
  ...
  public int doAfterBody() throws JspTagException
  {
    BodyContent bc=getBodyContent();
    String query=bc.getString();
    bc.clearBody();
    try
    {
      tatement stm=connection.createStatement();
      result=stm.executeQuery(query);
    }catch(SQLException e){
      throw new JspTagException("QueryTag:"+e.getMessage());
    }
      return SKIP_BODY;
    }
  ...
}
```

TLD 元素 body-content：对于有体的标签，必须用下面的方法指定体内容的类型。

```
<body-content>JSP|tagdependent</body-content>
```

体内容包含自定义及核心标签、脚本元素，HTML 文本都统一为 JSP。

说明：body-content 元素的值不会影响体处理器的解释。

下面这个例子，需要对体重复计算，所以 doAfterBody 返回 EVAL_BODY_AGAIN。

```
package sample;
import javax.servlet.jsp.*;
import javax.servlet.jsp.tagext.*;
public class RepeatTag extends BodyTagSupport {
```

```
        private int count;
        private String name;
        public void setCount(int n){ count=n; }
        public int getCount() { return count; }
        public void setName(String name){
            this.name=name;
            System.out.println("setName:"+name);
        }
        public String getName() { return this.name; }
        public int doStartTag() throws JspException {
            System.out.println("name="+name);
            if(name!=null)
                pageContext.setAttribute("name", name);
            if(count>0)
                return EVAL_BODY_BUFFERED;
            else
                return SKIP_BODY;
        }
        public int doAfterBody() throws JspException{
            if(count>1){
                count--;
                return EVAL_BODY_AGAIN;
            }
            return SKIP_BODY;
        }
    public int doEndTag() throws JspException{
      BodyContent bc=getBodyContent();
      if(bc!=null){
        try{
          //write content of body to enclosing writer
          bc.writeOut( bc.getEnclosingWriter());
        }catch(java.io.IOException e){e.printStackTrace();}
      }
        return EVAL_PAGE;
    }
  public void setBodyContent(BodyContent bodycontent){
      this.bodyContent=bodycontent;
  }
}
```

12.3.3 定义脚本变量的标签

在自定义标记中引入脚本变量，需要以下步骤。

（1）实现一个 TagExtraInfo 子类来定义变量。

```
import javax.servlet.jsp.tagext.*;
```

```
//TagExtraInfo 用于提供一些在标签翻译时相关的信息
public class IterateTEI extends TagExtraInfo  {
    public IterateTEI()  {
        super();
    }
    public VariableInfo[] getVariableInfo(TagData data)  {
      return new VariableInfo[]  {
        new VariableInfo(
          data.getAttributeString("name"),
          data.getAttributeString("type"),
          true,
          VariableInfo.NESTED);
      };
    }
}
```

（2）在标签描述文件中引入 TagExtraInfo 子类。

（3）编写代码在标签处理器本身的页面上下文中引入变量。

```
VariableInfo(String varName,String className,Boolean declare,int scope)
```

定义构造函数各参数意义如下。

varName：变量名称，在 JSP 中用它访问脚本变量。

className：类名称，用来定义变量类型。

declare：作为一个 boolean 参数，用来控制是否要创建一个新的变量。一般情况下默认值为 true。

scope：定义标记中变量的范围。自定义标记中定义的变量有 3 种类型的范围：Nested、AT_begin 和 AT_end。如果定义的范围是 Nested，则 Web 容器只能在定义标签体中获取该变量；如果定义的范围是 AT_begin，则只有在标签打开之后，Web 容器才能获取该变量；如果定义的范围是 AT_end，则只有在标签关闭之后，Web 容器才能获取该变量。

TLD 配置：

```
<?xml version="1.0" encoding="ISO-8859-1" ?>
<taglib xmlns="http://java.sun.com/xml/ns/j2ee"
    xmlns:xsi="http://www.w3.org/2001/XMLSchema-instance"
  xsi:schemaLocation="http://java.sun.com/xml/ns/j2ee web-jsptaglibrary_2_
0.xsd"
    version="2.0">
    <description>A tag library exercising SimpleTag handlers.</description>
    <tlib-version>1.0</tlib-version>
    <short-name>examples</short-name>
    <uri>/demotag</uri>
    <description>A simple tab library for the examples </description><tag>
  <name>iterate</name>
```

```
<tag-class>com.tfsoftware.taglib.IterateTag</tag-class>
<tei-class>com.tfsoftware.taglib.IterateTEI</tei-class>
<body-content>jsp</body-content>
<attribute>
    <name>collection</name>
    <required>true</required>
    <rtexprvalue>true</rtexprvalue>
</attribute>
<attribute>
    <name>name</name>
    <required>true</required>
    <rtexprvalue>true</rtexprvalue>
</attribute>
<attribute>
    <name>type</name>
    <required>true</required>
    <rtexprvalue>true</rtexprvalue>
</attribute>
  </tag>
</taglib>
```

12.3.4　嵌套或协作标签

通过共享对象实现标签的协作，JSP 技术支持两种类型的对象共享。

第一种类型需要共享对象命名、存储在 page context 中。为了让其他标签访问，标签处理器使用 pageContext.getAttribute(name,scope)方法。

第二种方法是由封闭的标签处理器创建的对象对内部的标签处理器是可访问的。这种形式的对象共享的是优点，它使用了对象私有的名字空间，这样就减少了潜在的命名冲突。

为访问闭合标签创建的对象，标签处理器必须首先通过静态方法 TagSupport.findAncestorWithClass(from,class)或 TagSupport.getParent 方法获得封闭标签。前一个方法应该在特定的嵌套的标签处理器不能保证时使用。一旦 ancestor 返回，标签处理器就能访问任何静态或动态创建的对象。静态创建的对象是父类的成员。私有对象也可以动态创建。这样的对象可以通过方法 setValue 存储在标签处理器中，可以通过 getValue 方法返回。

常用的 switch/case 流程控制示例如下。

```
package sample;
import javax.servlet.jsp.*;
import javax.servlet.jsp.tagext.*;
import java.util.Hashtable;
import java.io.Writer;
import java.io.IOException;
public class SwitchTag extends TagSupport{
```

```
        String value;
        public SwitchTag(){
                super();
        }
        public void setValue(String value){
                this.value=value;
        }
        public String getValue(){
                return value;
        }
        public int doStartTag(){
                return EVAL_BODY_INCLUDE;
        }
}
package sample;
import javax.servlet.jsp.*;
import javax.servlet.jsp.tagext.*;
import java.util.Hashtable;
import java.io.Writer;
import java.io.IOException;
public class CaseTag extends TagSupport{
        String value;
        public int doStartTag() throws JspTagException{
          //SwitchTag
    parent=(SwitchTag)findAncestorWithClass(this,SwitchTag.class);
        SwitchTag parent=(SwitchTag)this.getParent();
                try{
                        if(parent.getValue().equals(getValue())){
                                return EVAL_BODY_INCLUDE;
                        }else{
                                return SKIP_BODY;
                        }
                }catch(NullPointerException e){
                        return SKIP_BODY;
                }
        }
        public void setValue(String value){
                this.value=value;
        }
        public String getValue(){
                return value;
        }
}
```

下面的 testTag.tld 文件包括了 switch/case 标签以及前面介绍的 greeting、repeat 标签。

```xml
<?xml version="1.0" encoding="UTF-8" ?>
<!DOCTYPE taglib
        PUBLIC "-//Sun Microsystems, Inc.//DTD JSP Tag Library 1.2//EN"
        "http://java.sun.com/dtd/web-jsptaglibrary_1_2.dtd">
<taglib>
    <tlib-version>1.0</tlib-version>
    <jsp-version>1.2</jsp-version>
    <short-name>tagSample</short-name>
    <uri>/tagSample</uri>
    <description>A blank tag library template.
    </description>
    <tag>
        <name>greeting</name>
        <tag-class>sample.GreetingTag</tag-class>
        <body-content>empty</body-content>
        <display-name>Greeting Tag</display-name>
        <small-icon></small-icon>
        <large-icon></large-icon>
        <description></description>
        <attribute>
            <name>name</name>
            <required>true</required>
            <rtexprvalue>true</rtexprvalue>
            <type>java.lang.String</type>
        </attribute>
        <example></example>
    </tag>
    <tag>
        <name>repeat</name>
        <tag-class>sample.RepeatTag</tag-class>
        <body-content>JSP</body-content>
        <display-name>Repeat Tag</display-name>
        <small-icon></small-icon>
        <large-icon></large-icon>
        <description></description>
        <attribute>
            <name>count</name>
            <required>true</required>
            <rtexprvalue>true</rtexprvalue>
            <type>int</type>
        </attribute>
        <attribute>
            <name>name</name>
            <required>false</required>
            <rtexprvalue>true</rtexprvalue>
```

```
            <type>java.lang.String</type>
        </attribute>
        <example></example>
    </tag>
    <tag>
        <name>switch</name>
        <tag-class>sample.SwitchTag</tag-class>
        <body-content>jsp</body-content>
        <attribute>
            <name>value</name>
            <required>true</required>
            <rtexprvalue>true</rtexprvalue>
        </attribute>
    </tag>
    <tag>
        <name>case</name>
        <tag-class>sample.CaseTag</tag-class>
        <body-content>jsp</body-content>
        <attribute>
            <name>value</name>
            <required>true</required>
            <rtexprvalue>true</rtexprvalue>
        </attribute>
</tag>
</taglib>
```

综合使用这几个标签的 testTag.jsp 代码如下。

```
<%@ page contentType="text/html; charset=GBK" %>
<%@ taglib uri="/WEB-INF/test.tld" prefix="tt" %>
<html><head><title>Greeting Tag Test</title></head>
<body>
  <tt:switch value="dark">
      <tt:case value="light">
          <P>This is light.</P>
      </tt:case>
      <tt:case value="Dark">
          <P>This is Dark.</P>
      </tt:case>
      <tt:case value="dark">
          <P>This is dark.</P>
      </tt:case>
  </tt:switch>
</body>
</html>
```

12.4 表达式语言简介

表达式语言(Expression Language,EL)是为了便于存取数据而定义的一种语言,JSP 2.0 之后才成为一种标准。

形式:以"${"开头,以"}"结尾,通过 PAGE 指令来说明是否支持 EL 表达式。例如:

```
<%@ page contentType="text/html; charset=GB2312" isELIgnored="false" %>
//声明可以使用 EL 表达式,如果为"true",则表示忽略${,即不能使用 EL 表达式
<html>
<head>
<title>EL</title>
</head>
<%!
int count=0;
%>
<body bgcolor="#ffffff">
${count}        //如何在这里用 EL 表达式输入上面定义的 count
</body>
</html>
```

1. 基本语法

1) 语法格式

语法格式为:

```
${expression}
```

2) []与.运算符

EL 提供.和[]两种运算符用于存取数据。

当要存取的属性名称中包含一些特殊字符,如.或? 等并非字母或数字的符号,就一定要使用 []。例如:

```
${user.My-Name}
```

应当改为

```
${user["My-Name"]}
```

如果要动态取值时,就可以用[]来做,而.无法做到动态取值。例如:

```
${sessionScope.user[data]}
```

其中,data 是一个变量。

3) 变量

EL 存取变量数据的方法很简单,例如 ${username},含义是取出某一范围中名称为 username 的变量。

因为并没有指定哪一个范围的 username,所以它会依序从 Page、Request、Session、

Application 范围查找。

假如途中找到 username，就直接回传，不再继续找下去；假如在全部的范围都没有找到时，就回传 null。

属性范围在 EL 中的名称有 Page、PageScope、Request、RequestScope、Session、SessionScope、Application、ApplicationScope。

2. EL 隐含对象

1）与范围有关的隐含对象

与范围有关的 EL 隐含对象有 pageScope、requestScope、sessionScope 和 applicationScope。它们基本上和 JSP 的 page、request、session 和 application 一样。

在 EL 中，这 4 个隐含对象只能用来取得范围属性值，即 getAttribute(String name)，却不能取得其他相关信息。

例如，要取得 session 中储存的一个属性 username 的值，可以利用下列方法：

```
session.getAttribute("username")
```

取得 username 的值。

在 EL 中则使用下列方法：

```
${sessionScope.username}
```

2）与输入有关的隐含对象

与输入有关的隐含对象有 param 和 paramValues，它们是 EL 中比较特别的隐含对象。例如，要取得用户的请求参数时，可以利用下列方法：

```
request.getParameter(String name)
request.getParameterValues(String name)
```

在 EL 中则可以使用 param 和 paramValues 两者来取得数据：

```
${param.name}
${paramValues.name}
```

3）其他隐含对象

（1）Cookie。

JSTL 并没有提供设定 Cookie 的动作。

例如，要取得 Cookie 中有一个设定名称为 userCountry 的值，可以使用 ${cookie.userCountry} 来取得它。

（2）header 和 headerValues。

header 储存用户浏览器和服务端用来沟通的数据。

例如，要取得用户浏览器的版本，可以使用 ${header["User-Agent"]}。

另外，有可能同一表头名称拥有不同的值，此时必须改为使用 headerValues 来取得这些值。

（3）initParam。

initParam 用于获取设定 Web 站点的环境参数（Context）。

例如，一般的方法

```
String userid=(String)application.getInitParameter("userid");
```

可以使用 ${initParam.userid}来获取名称为 userid。

（4）pageContext。

pageContext 用于获取其他有关用户要求或页面的详细信息。

- ${pageContext.request.queryString}

//获取请求的参数字符串

- ${pageContext.request.requestURL}

//获取请求的 URL，但不包括请求的参数字符串

- ${pageContext.request.contextPath}

//服务的 web application 的名称

- ${pageContext.request.method}

//获取 HTTP 的方法（GET、POST）

- ${pageContext.request.protocol}

//获取使用的协议（HTTP/1.1、HTTP/1.0）

- ${pageContext.request.remoteUser}

//获取用户名称

- ${pageContext.request.remoteAddr}

//获取用户的 IP 地址

- ${pageContext.session.new}

//判断 session 是否为新的

- ${pageContext.session.id}

//获取 session 的 ID

- ${pageContext.servletContext.serverInfo}

//获取主机端的服务信息

3. EL 运算符

（1）算术运算符：＋、－、* 或 $、/或 div、%或 mod。

（2）关系运算符：＝＝或 eq、!＝或 ne、<或 lt、>或 gt、<=或 le、>=或 ge。

（3）逻辑运算符：&& 或 and、||或 or、!或 not。

（4）其他运算符：Empty、条件运算符、()。

例如，${empty param.name}、${A?B：C}、${A * (B+C)}。

4. EL 函数（functions）

EL 函数的语法格式为：

```
ns:function(arg1, arg2, arg3, …, argN)
```

说明：ns 为前置名称（prefix），它必须和 taglib 指令的前置名称一致。

12.5 JSTL

12.5.1 JSTL 简介

1. JSTL（JSP 标准标签库）

为实现复杂的动态页面，JSP 实现了脚本技术。通过脚本可以生成复杂的动态页面，但是将大量的 Java 代码嵌入 JSP 页面中，大大降低了 Web 应用的开发效率，更重要的是，这种开发模式将业务逻辑与表示逻辑混合在一起，严重违反了 Web 应用多层体系架构的基本思想。为了减少 JSP 中的脚本，Java EE 规范允许开发人员自定义标签。尽管 JSP 自定义标签大大减少了 JSP 页面的脚本数量，但是对于企业应用开发中的一些常见任务（如逻辑控制、格式化显示等），由开发人员通过定制自定义标签各自实现无疑是一种浪费。由于缺乏统一的标准规范，这些自定义标记库在功能范围、方法实现上存在很大差异，因此很难在不同的应用中移植。

为改变上述情况，Java EE 规范中提出了标准标记库。JSTL（Java server pages standarded tag library，JSP 标准标签库）是一个实现 Web 应用程序中常用功能的定制标记库集，由不同的功能标记库组成，包括：核心标签库（Core）、格式标签库（Format tab libaray）、SQL 标签库（SQL tag libaray）、XML 标签库（XML tag libaray）和函数标签库（Functions tag libaray）。

1）核心标签

核心标签是最常用的 JSTL 标签，见表 12-4。引用核心标签库的语法格式为：

```
<%@ taglib prefix="c" uri="http://java.sun.com/jsp/jstl/core" %>
```

表 12-4　核心标签

标　　签	描　　述
＜c:out＞	用于在 JSP 中显示数据，就像＜％＝…＞
＜c:set＞	用于保存数据
＜c:remove＞	用于删除数据
＜c:catch＞	用来处理产生错误的异常状况，并且将错误信息储存起来
＜c:if＞	与在一般程序中用的 if 一样
＜c:choose＞	本身只当做＜c:when＞和＜c:otherwise＞的父标签
＜c:when＞	＜c:choose＞的子标签，用来判断条件是否成立
＜c:otherwise＞	＜c:choose＞的子标签，接在＜c:when＞标签后，当＜c:when＞标签判断为 false 时被执行
＜c:import＞	检索一个绝对或相对 URL，然后将其内容暴露给页面
＜c:forEach＞	基础迭代标签，接受多种集合类型
＜c:forTokens＞	根据指定的分隔符来分隔内容并迭代输出

续表

标　签	描　述
＜c:param＞	用来给包含或重定向的页面传递参数
＜c:redirect＞	重定向至一个新的 URL
＜c:url＞	使用可选的查询参数来创造一个 URL

2) 格式化标签

JSTL 的格式化标签用来格式化并输出文本、日期、时间、数字,见表 12-5。引用格式化标签库的语法格式为:

```
<%@ taglib prefix="fmt" uri="http://java.sun.com/jsp/jstl/fmt" %>
```

表 12-5　格式化标签

标　签	描　述
＜fmt:formatNumber＞	使用指定的格式或精度格式化数字
＜fmt:parseNumber＞	解析一个代表着数字、货币或百分比的字符串
＜fmt:formatDate＞	使用指定的风格或模式来格式化日期和时间
＜fmt:parseDate＞	解析一个代表着日期或时间的字符串
＜fmt:bundle＞	绑定资源
＜fmt:setLocale＞	指定地区
＜fmt:setBundle＞	设置资源
＜fmt:timeZone＞	指定时区
＜fmt:setTimeZone＞	设置时区
＜fmt:message＞	显示资源配置文件信息
＜fmt:requestEncoding＞	设置 request 的字符编码

3) SQL 标签

JSTL 的 SQL 标签库提供了与关系数据库(Oracle,MySQL,SQL Server 等)进行交互的标签,见表 12-6。引用 SQL 标签库的语法格式为:

```
<%@ taglib prefix="sql" uri="http://java.sun.com/jsp/jstl/sql" %>
```

表 12-6　SQL 标签

标　签	描　述
＜sql:setDataSource＞	指定数据源
＜sql:query＞	运行 SQL 查询语句
＜sql:update＞	运行 SQL 更新语句
＜sql:param＞	将 SQL 语句中的参数设为指定值
＜sql:dateParam＞	将 SQL 语句中的日期参数设为指定的 java.util.Date 对象值
＜sql:transaction＞	在共享数据库连接中提供嵌套的数据库行为元素,将所有语句以一个事务的形式来运行

4）XML 标签

JSTL 的 XML 标签库提供了创建和操作 XML 文档的标签，见表 12-7。引用 XML 标签库的语法格式为：

```
<%@ taglib prefix="x"  uri="http://java.sun.com/jsp/jstl/xml" %>
```

表 12-7 XML 标签

标　　签	描　　述
＜x：out＞	与＜%＝ … ＞，类似，不过只用于 XPath 表达式
＜x：parse＞	解析 XML 数据
＜x：set＞	设置 XPath 表达式
＜x：if＞	判断 XPath 表达式。若为真，则执行本体中的内容；否则跳过本体
＜x：forEach＞	迭代 XML 文档中的节点
＜x：choose＞	＜x：when＞和＜x：otherwise＞的父标签
＜x：when＞	＜x：choose＞的子标签，用来进行条件判断
＜x：otherwise＞	＜x：choose＞的子标签，当＜x：when＞判断为 false 时被执行
＜x：transform＞	将 XSL 转换应用在 XML 文档中
＜x：param＞	与＜x：transform＞共同使用，用于设置 XSL 样式表

在使用 XML 标签前，必须将 XML 和 XPath 的相关包复制至＜Tomcat 安装目录＞\ lib 下。

XercesImpl.jar 下载地址：

```
http://www.apache.org/dist/xerces/j/
```

xalan.jar 下载地址：

```
http://xml.apache.org/xalan-j/index.html
```

5）JSTL 函数

JSTL 包含一系列标准函数，大部分是通用的字符串处理函数，JSTL 函数见表 12-8。引用 JSTL 函数库的语法格式为：

```
<%@ taglib prefix="fn"  uri="http://java.sun.com/jsp/jstl/functions" %>
```

表 12-8 JSTL 函数

函　　数	描　　述
fn：contains()	测试输入的字符串是否包含指定的子串
fn：containsIgnoreCase()	测试输入的字符串是否包含指定的子串，大小写不敏感
fn：endsWith()	测试输入的字符串是否以指定的后缀结尾
fn：escapeXml()	跳过可以作为 XML 标记的字符
fn：indexOf()	返回指定字符串在输入字符串中出现的位置

函　　数	描　　述
fn:join()	将数组中的元素合成一个字符串,然后输出
fn:length()	返回字符串长度
fn:replace()	将输入字符串中指定的位置替换为指定的字符串,然后返回
fn:split()	将字符串用指定的分隔符分隔,然后组成一个子字符串数组并返回
fn:startsWith()	测试输入字符串是否以指定的前缀开始
fn:substring()	返回字符串的子集
fn:substringAfter()	返回字符串在指定子串之后的子集
fn:substringBefore()	返回字符串在指定子串之前的子集
fn:toLowerCase()	将字符串中的字符转为小写
fn:toUpperCase()	将字符串中的字符转为大写
fn:trim()	移除首尾的空白符

12.5.2　JSTL 使用条件

在 JSP 中使用 JSTL 标签需要具备以下两个条件。

(1) 要在 JSP 页面中使用 JSTL 标签,需要使用 taglib 指令引用标签库。例如,使用核心标签库需要<%@ taglib prefix="c" uri="http://java.sun.com/jsp/jstl/core" %>。

(2) 要在 JSP 中使用 JSTL 标签,还需要下载安装 JSTL 实现(Implementation),将相关 Jar 包复制到 Web 应用程序的 WEB-INF\lib 文件夹。

JSTL 1.0 和 JSTL 1.1 官网下载地址:

```
http://archive.apache.org/dist/jakarta/taglibs/standard/binaries/
```

JSTL 1.2 官网下载地址:

```
http://tomcat.apache.org/download-taglibs.cgi
```

12.6　项目案例

12.6.1　学习目标

(1) 掌握表达式语言(EL)的使用。
(2) 掌握 JSTL 标签库使用。

12.6.2　案例描述

本案例是对第 11 章实现普通登录用户查看系统商品功能的改进,商品的展现使用 EL 和 JSTL 来实现。

12.6.3 案例要点

本案例是使用 EL 和 JSTL 来实现商品展现功能，EL 的基本语法和使用规范必须准确，JSTL 标签库的使用要求工程必须正确安装配置 JSTL 库文件以及页面正确导入标签库。

12.6.4 案例实施

（1）项目装配 JSTL 库文件。

在项目的 WebRoot\WEB-INF\lib 下添加 jstl-1.2.jar，如果该项目已经引入，则不需要此步骤。

（2）修改第 11 章的 showProduct.jsp。

① 引入标签库。

JSP 使用 taglib 指令引入标签库。

```
<%@ taglib uri="http://java.sun.com/jsp/jstl/core"  prefix="c" %>
```

② 商品集合展现。

商品集合展现使用 JSTL 和 EL 完成，代码如下。

```
<%@ page language="java" import="java.util. * ,com.ascent.bean. * "
pageEncoding="UTF-8"%>
<%@ taglib uri="http://java.sun.com/jsp/jstl/core"  prefix="c" %>
<%
String path=request.getContextPath();
String basePath=request.getScheme()+
"://"+request.getServerName()+":"+request.getServerPort()+path+"/";
%>
<!DOCTYPE HTML PUBLIC "-//W3C//DTD HTML 4.01 Transitional//EN">
<html>
  <head>
    <base href="<%=basePath%>">
    <title>My JSP 'showProduct.jsp' starting page</title>
    <meta http-equiv="pragma" content="no-cache">
    <meta http-equiv="cache-control" content="no-cache">
    <meta http-equiv="expires" content="0">
    <meta http-equiv="keywords" content="keyword1,keyword2,keyword3">
    <meta http-equiv="description" content="This is my page">
    <!--
    <link rel="stylesheet" type="text/css" href="styles.css">
    -->
  </head>
  <body>
    <center>
        <h1>商品列表</h1>
```

```
<table cellspacing="1" cellpadding="0" width="40%" border="0">
    <tbody>
        <tr bgcolor="#fba661" height="20">
            <td><div align="center">编号</div></td>
            <td><div align="center">名称</div></td>
            <td><div align="center">药品分类</div></td>
            <td><div align="center">价格</div></td>
            <td><div align="center">图片</div></td>
            <td><div align="center">购买</div></td>
        </tr>
        <c:forEach var="p" items="${allProduct}">
        <tr bgcolor="#f3f3f3" height="25">
            <td width="10%"><div align="center">${p.productnumber}</div>
                </td>
            <td width="13%"><div align="center">${p.productname}</div>
                </td>
            <td width="12%"><div align="center">${p.category}</div></td>
            <td width="10%"><div align="center">${p.price1}</div></td>
            <td width="12%"><div align="center"><img height="25" hspace="0"
                src="<%=path %>/images/${p.imagepath}" width="83"
                border="0" /></div></td>
            <td width="13%">
<div align="center">
<a  href="cart?pid=${p.id}">购买</a>
</div>
</td>
        </tr>
        </c:forEach>
        </tbody>
    </table>
    </center>
  </body>
</html>
```

（3）测试。

测试过程和第 11 章相同。

12.6.5　特别提示

使用标签可以使页面更加整洁和利于维护，推荐使用标签开发表现层。

12.6.6　拓展与提高

熟悉常用的第三方自定义标签库 dispayTag。

习题

1. 为什么要使用自定义标签?
2. 简单标签和带体内容的标签有什么区别?
3. 编写简单标签将阿拉伯数字转换为银行数字表示。
4. 表达式语言 EL 与范围有关的隐含对象有哪些?
5. JSP 标准标签库主要由哪些不同的功能标记库组成?

图 书 资 源 支 持

感谢您一直以来对清华版图书的支持和爱护。为了配合本书的使用,本书提供配套的资源,有需求的读者请扫描下方的"书圈"微信公众号二维码,在图书专区下载,也可以拨打电话或发送电子邮件咨询。

如果您在使用本书的过程中遇到了什么问题,或者有相关图书出版计划,也请您发邮件告诉我们,以便我们更好地为您服务。

我们的联系方式:

地　　址: 北京市海淀区双清路学研大厦 A 座 714

邮　　编: 100084

电　　话: 010-83470236　010-83470237

客服邮箱: 2301891038@qq.com

QQ: 2301891038（请写明您的单位和姓名）

资源下载: 关注公众号"书圈"下载配套资源。

资源下载、样书申请

书圈

获取最新书目

观看课程直播